组态王软件实用技术

穆亚辉 编著

黄河水利出版社

·郑州·

内 容 提 要

本书以组态王 KingView 为例,通过设计一个反应车间监控画面,介绍了组态王软件的安装、新工程的建立、画面的动画设计和输出、软件的管理和应用等。

本书在教学实践的基础上编写而成。在编写过程中,重点突出实用性和先进性。本书可作为自学监控组态王软件的工程人员的入门读物,也可作为大中专院校自动化和机电一体化等相关专业实践教学的参考书籍,还可作为有关专业职业院校和在职人员的培训教材。

图书在版编目(CIP)数据

组态王软件实用技术/穆亚辉编著. —郑州:黄河水利出版社,2012.6

ISBN 978-7-5509-0274-9

Ⅰ.①组… Ⅱ.①穆… Ⅲ.①工业监控系统-应用软件 Ⅳ.①TP31

中国版本图书馆 CIP 数据核字(2012)第108005号

组稿编辑:王文科　电话:0371-66028027　E-mail:wwk5257@163.com

出 版 社:黄河水利出版社

地址:河南省郑州市顺河路黄委会综合楼14层　　邮政编码:450003

发行单位:黄河水利出版社

发行部电话:0371-66026940、66020550、66028024、66022620(传真)

E-mail:hhslcbs@126.com

承印单位:河南省瑞光印务股份有限公司

开本:787 mm×1 092 mm　1/16

印张:10.5

字数:256千字　　印数:1—4 000

版次:2012年6月第1版　　印次:2012年6月第1次印刷

定价26.00元

前　言

组态软件作为用户可定制功能的软件平台工具，是随着分布式控制系统（DCS）、PC总线控制机和计算机控制技术的日趋成熟而发展起来的。组态软件的应用领域已经拓展到了社会的各个方面，对于与电子有关的专业技术人员的知识更新和再教育都具有十分重要的作用。

目前常用的组态软件有十几种，本书以一种有代表性的北京亚控科技发展有限公司组态软件产品为例，全面具体地介绍了组态软件的使用方法，引导读者掌握其中的共性知识，了解产品的技术发展趋势。考虑到读者大多是组态软件的初学者，本书在阐述软件功能、使用方法的同时，引入必要的理论知识，配合实例，引导读者由浅入深地掌握组态软件技能。

全书共分为六个部分，第一部分包括组态软件概述，组态王软件的安装、组成、与下位机的通信以及建立应用工程的一般过程；第二部分主要讲述了建立新工程的方法以及外部设备和数据变量；第三部分主要讲述了如何让所建立的工程动起来；第四和第五部分主要讲述了如何输出和管理所建立的工程；第六部分以几个具体的实例来说明组态王软件的应用。

本书在编写过程中得到了北京亚控科技发展有限公司的大力支持，并提供了生动、翔实的案例。另外，本书部分章节的编写参考了有关资料（见参考文献），在此，谨对北京亚控科技发展有限公司和参考文献的作者一并表示衷心的感谢！

由于编者水平有限，加之时间仓促，书中难免有不足之处，恳请广大读者予以批评指正。

编　者

2012年3月

目　录

第四部分　组态画面的输出

第五部分　组态王管理

第六部分 组态王软件应用实例

第一部分　认识组态王软件

1.1　组态软件概述

1.1.1　组态软件的产生背景

组态软件是伴随着计算机技术的突飞猛进发展起来的。20 世纪 60 年代计算机开始用于工业过程控制，但由于计算机技术人员缺乏工厂仪表和工业过程的知识，计算机工业过程系统在各行业的推广速度比较缓慢。70 年代初期，微处理器的出现，促进了计算机控制走向成熟。首先，微处理器在提高计算能力的基础上，大大降低了计算机的硬件成本，缩小了计算机的体积，很多从事控制仪表和原来一直从事工业控制计算机的公司先后推出了新型控制系统。这一历史时期较有代表性的就是 1975 年美国 Honeywell 公司推出的世界上第一台 DCS。而随后的 20 年间，DCS 及其计算机控制技术日趋成熟，得到了广泛应用。

"组态"的概念是伴随着集散控制系统（Distributed Control System，DCS）的出现才开始被广大的生产过程自动化技术人员所熟知。由于每一台 DCS 都是比较通用的控制系统，可以应用到很多领域中，为了使用户在不需要编代码程序的情况下，便可以生成适合自己需求的应用系统，每个 DCS 厂商都在 DCS 中预装了系统软件和应用软件，而其中的应用软件实际上就是组态软件，但一直没有人给出明确的定义，只是将使用这种应用软件设计生成目标应用系统的过程称为"组态（Configure）"或"做组态"。

组态的概念最早来自英文 configuration，含义是使用软件工具对计算机及软件的各种资源进行配置，达到使计算机或软件按照预先设置自动执行特定任务、满足使用者要求的目的。在工程实践中所谓的组态，就是工程技术人员按应用要求，选择所需的功能模块，确定其运行方式，结合相关信息组成合适的应用系统。组态软件，就是一种通过其运行从而帮助人们完成组态的工具软件。

1.1.2　组态软件的设计思想

组态软件一般由若干组件构成，而且组件的数量在不断增长，功能不断加强，各组态软件普遍使用了"面向对象"的编程和设计方法，使软件更加易于学习和掌握，功能也更强大。一般的组态软件都有图形界面系统、实时数据库系统、第三方程序接口组件。下面分别介绍每一类组件的设计思想。

在图形画面生成方面，构成现场各过程图形的画面被分成 3 类简单的对象，即线、填充形状和文本。每个简单的对象均有影响其外观的属性，对象的基本属性包括线的颜色、填充颜色、高度、宽度、取向、位置移动等。这些属性可以是静态的，也可以是动态的。静态属性在系统投入运行后保持不变，与原来组态时一致，而动态属性则与表达式的值有关。表达式可以是来自 I/O 设备的变量，也可以是由变量和运算符组成的数学表达式。这种对象的动态属性随表达式值的变化而实时改变。例如,用一个矩形填充体模拟现场的液位,组态这个矩形的填充属性,指定代表液位的工位号名称、液位的上下限及对应的填充高度,就完成了液位的图形组态。这个组态过程通常叫做动画连接。

在图形界面上还具备报警通知及确认、报表组态及打印、历史数据查询与显示等功能。各种报警、报表、趋势都是动画连接的时候,其数据源都可以通过组态来指定。这样每个画面的内容就可以根据实际情况由工程技术人员灵活设计,每幅画面中的对象数量均不受限制。

在图形界面中,各类组态软件普遍提供了一种类似 Basic/C 语言的编程工具——脚本语言来扩充其功能。用脚本语言编写的程序段可由事件驱动或周期性地执行,是与对象密切相关的。例如,当按下某个按钮时可指定执行一段脚本语言程序,完成特定的控制功能,也可以指定某一变量的值变化到关键值以下时,马上启动一段脚本语言程序来完成特定的控制功能。

实时数据库是更为重要的一个组件。因为 PC 的处理能力太强了,因此实时数据库更加充分地表现了组态软件的长处。实时数据库可以存储每个工艺点的多年数据,用户既可浏览工厂当前的生产情况,又可以回顾过去的生产情况。

可以说,实时数据库对于工厂来说就如同飞机上的"黑匣子"。工厂的历史数据是很有价值的,实时数据库具备数据档案管理功能。工厂的实践告诉我们:现在很难知道将来分析哪些数据是必需的。因此,保存所有的数据是防止丢失信息的最好方法。

通信及第三方程序接口组件是开放系统的标志,是组态软件与第三方程序交互及实现远程数据访问的重要手段之一。主要有以下三种作用:

(1)用于双机冗余系统中,主机与从机间的通信。

(2)用于构建分布式 HMI/SACDA 应用时多机间的通信。

(3)在基于 Internet 或 Browser/Server(B/S)应用中实现通信功能。

通信组件中有的功能是一个独立的程序,可单独使用;有的被"绑定"在其他程序当中,不被"显示"地使用。

1.1.3 组态软件的发展趋势

随着以工业 PC 为核心的自动控制集成系统技术的日趋完善和工程技术人员使用组态软件水平的不断提高,用户对组态软件的要求已不再像过去那样主要侧重画面,而是要考虑一些实质性的应用功能,例如,软 PLC、过程控制策略、远程联网、冗余等,并且要求组态操作更加简便易行。制造业的发展,带来了对组态软件需求的提升,也决定了组态软件将由过去单纯的组态监控功能,向着更高和更广的层面发展。今后组态软件的趋势化设计如下:

(1)增强开放性。组态软件正逐渐成为协作生产制造过程中不同阶段的核心系统,无论是用户还是硬件提供商,都将组态软件作为全厂信息收集和集成的工具,这就要求组态软件大量采用"标准化技术",如 OPC、DDE、ACTIVE X 控件、COM/DCOM 等,使组态软件演变成软件平台,在软件功能不能满足用户特殊需要时,用户可以根据自己的需要进行二次开发。组态软件采用标准化技术还便于将局部的功能进行互连。在全厂范围内,不同厂家的组态软件也可以实现互连。目前,组态软件一般都支持 DDE 协议,OPC 是近几年新兴的工业标准,一些组态软件还没有提供相应的支持。增强开放性是组态软件的发展方向。

（2）丰富控制算法。工控组态软件常用于工业过程控制、工业自动化。因此，它应该既包含PID（位置型、增量型、归一参数型、近似微分型等）、滞后补偿、自适应、模糊、神经元、Smith专家系统、最优控制等丰富、经典的控制算法控件，又包含用户定制的专用的控制算法控件，还要能够让用户随时根据需要嵌入自己开发的控制算法控件。目前，国内外组态软件产品很多，但是这些组态软件的共同缺点是其控制算法组态功能不强或操作、组态不方便。这些组态软件虽然提供了友好的人机界面和强大的通信能力，但是计算能力不强，难以实现复杂的控制策略。加强控制技术在组态软件中的应用是今后研究的重点。

（3）加强网络功能。可支持Client/Server模式，实现多点数据传输；能运行Client/Server在基于网络协议的网上，利用浏览器技术TCP/IP实现远程监控；提供基于网络的报警系统、基于网络的数据库系统、基于网络的冗余系统；实现以太网与不同的现场总线之间的通信。目前，组态软件的网络功能主要体现在局域网内，随着社会的信息化、网络化，现代企业的生产已经趋向国际化、分布式的生产方式，Internet将是实现分布式生产的基础。组态软件能否从原有的局域网运行方式跨越到支持Internet是一个重要的课题。

（4）提供广泛的数据源。数据库是工控软件的核心，数据来源途径的多少直接决定开发设计出来的工控组态软件的应用领域与范围。工控组态软件的开发设计应该注重考虑与广泛的数据源进行的数据交换，如提供更多厂家的硬件设备的I/O驱动程序；能与Microsoft Access、SQL Server、Oracle等众多的数据库连接；全面支持OPC标准，从OPC服务器直接获取动态数据；全面支持动态数据交换DDE标准和其他支持DDE标准的应用程序（如Excel）进行数据交换；全面支持Windows可视控件及用户自已用VB或VC++开发的OLE控件。

1.2 组态王软件的安装

“组态王”软件存储于一张光盘上。光盘上的安装程序Install.exe程序会自动运行，启动组态王安装过程向导。

“组态王”软件的安装步骤如下（以Windows 2000下的安装为例，Windows NT4.0和Windows XP下的安装无任何差别）：

第一步：启动计算机系统。

第二步：在光盘驱动器中插入“组态王”软件的安装盘，系统自动启动Install.exe安装程序，如图1-1所示。只要按照所提示的步骤点击安装就可以了。

1.3 组态王软件的组成

“组态王6.55”是运行于Microsoft Windows 98/2000/NT/XP中文平台的中文界面的人机界面软件，采用了多线程、COM+组件等新技术，实现了实时多任务，软件运行稳定可靠。

“组态王6.55”软件由工程浏览器TouchExplorer、工程管理器ProjManager、画面开发系统TouchMak（内嵌于工程浏览器中）和画面运行系统TouchVew四部分组成。通过工程浏览器可以查看工程的各个组成部分，也可以完成数据库的构造、定义外部设备等工作；工程管理器用于新工程的创建和已有工程的管理；画面的开发和运行由工程浏览器调用画面开发系统TouchMak和画面运行系统TouchVew来完成。

图 1-1 组态王安装程序

工程浏览器是应用工程的设计管理配置环境，进行应用工程的程序语言的设计、变量的定义管理、连接设备的配置、开放式接口的配置、系统参数的配置、第三方数据库的管理等。

工程管理器是计算机内所有应用工程的统一管理系统。ProjManager 具有很强的管理功能，可用于新工程的创建及删除，并能对已有工程进行搜索、备份及有效恢复，实现数据词典的导入和导出。

画面开发系统是应用工程的开发环境。需要在这个环境中完成画面设计、动画连接等工作。TouchMak 具有先进完善的图形生成功能；数据库提供多种数据类型，能合理地提取控制对象的特性；对变量报警、趋势曲线、过程记录、安全防范等重要功能都有简洁的操作方法。

画面运行系统是"组态王 6.55"软件的实时运行环境，在应用工程的开发环境中建立的图形画面只有在 TouchVew 中才能运行。TouchVew 从控制设备中采集数据，并存储于实时数据库中。它还负责把数据的变化以动画的方式形象地表示出来，同时可以完成变量报警、操作记录、趋势曲线等监视功能，并按实际需求记录在历史数据库中。

组态王作为一个开放型的通用工业监控系统，支持国内工控行业中大部分常见的测量控制设备。遵循工控行业的标准，采用开放接口提供第三方软件的连接（DDE/OPC/ACTIVE X 等）。用户无须关心复杂的通信协议源代码，无须编写大量的图形生成、数据统计处理程序代码就可以方便快捷地进行设备的连接、画面的开发、简单程序的编写，从而完成一个监控系统的设计。

1.4 组态王与下位机的通信

"组态王 6.55"把每一台与之通信的设备（硬件或软件）看做是外部设备。为实现组态王和外部设备的通信，组态王内置了大量的设备驱动作为组态王和外部设备的通信接口，在开发过程中只需根据工程浏览器提供的"设备配置向导"窗口完成连接过程，即可实现组态王和相应外部设备驱动的连接。运行期间,组态王可通过通信接口和外部设备交换数据,包括采集数据和发送数据/指令。每一个驱动程序都是一个 COM 对象,这种方式使驱动程序和组态王构成一个完整的系统,既保证了运行系统的高效率,又使系统有很强的扩展性(见图 1-2)。

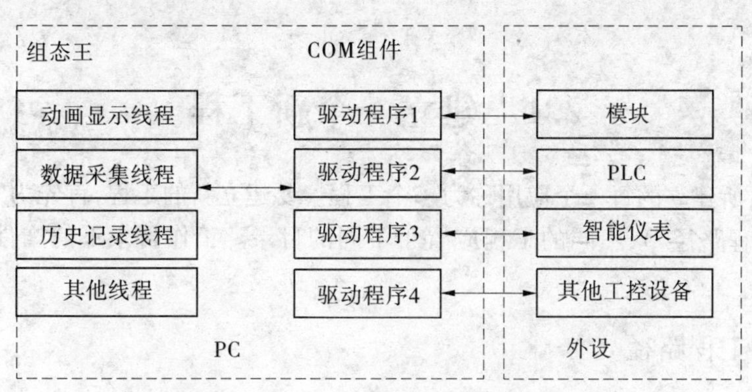

图 1-2　组态王与下位机的通信

1.5　建立应用工程的一般过程

建立应用工程的一般过程如下:

(1)设计图形界面。

(2)定义设备驱动。

(3)构造数据库变量。

(4)建立动画连接。

(5)运行和调试。

需要说明的是,这五个步骤并不是完全独立的,事实上,这五个部分常常是交错进行的。在用 TouchMak 构造应用工程之前,要仔细规划项目,主要考虑以下三方面的问题:

画面:希望用怎样的图形画面来模拟实际的工业现场和相应的控制设备?用组态王系统开发的应用工程是以"画面"为程序显示单位的,"画面"显示在程序实际运行时的 Windows 窗口中。

数据:怎样用数据来描述控制对象的各种属性?也就是创建一个实时数据库,用此数据库中的变量来反映控制对象的各种属性,比如变量"温度"、"压力"等。此外,还有代表操作者指令的变量,比如"电源开关"。规划中可能还要为临时变量预留空间。

动画:数据和画面中的图素的连接关系是什么?也就是画面上的图素以怎样的动画来模拟现场设备的运行,以及怎样让操作者输入控制设备的指令。

第二部分　开始一个新工程

2.1　建立一个新工程

在软件中,所建立的每一个应用称为一个工程。要建立新的工程,首先为工程指定工作目录(或称"工程路径"),不同的工程应置于不同的目录。工作目录下的文件由"组态王"软件自动管理。

2.1.1　创建工程路径

启动软件工程管理器(ProjManager),选择菜单"文件\新建工程"或单击"新建"按钮,弹出如图 2-1 所示的对话框。

单击"下一步"按钮。弹出新建工程向导之二对话框,如图 2-2 所示。

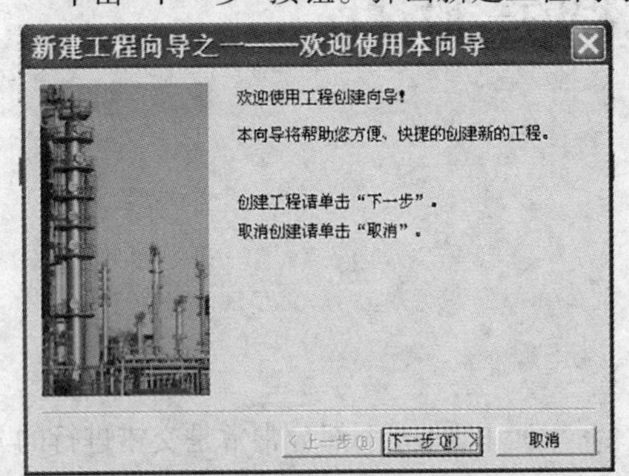

图 2-1　新建工程向导之一

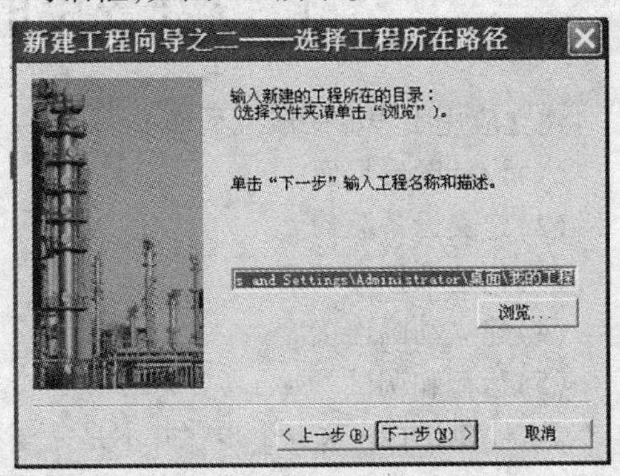

图 2-2　新建工程向导之二

在工程路径文本框中输入一个有效的工程路径,或单击"浏览…"按钮,在弹出的路径选择对话框中选择一个有效的路径。单击"下一步"按钮。弹出新建工程向导之三对话框,如图 2-3 所示。

在工程名称文本框中输入工程的名称,该工程名称同时将被作为当前工程的路径名称。在工程描述文本框中输入对该工程的描述文字。工程名称长度应小于 32 个字符,工程描述长度应小于 40 个字符。单击"完成"完成工程的新建。系统会弹出如图 2-4 所示的对话框,询问用户是否将新建的工程设为当前工程。

单击"否"按钮,则新建工程不是工程管理器的当前工程,如果要将该工程设为新建工程,还要执行"文件\设为当前工程"命令;单击"是"按钮,则将新建的工程设为组态王的当前工程。定义的工程信息会出现在工程管理器的信息表格中。双击该信息条或单击"开发"按钮或选择菜单"工具\切换到开发系统",进入开发系统。

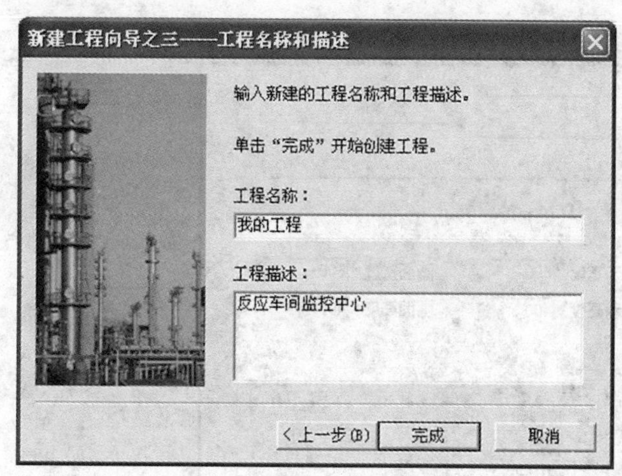

图 2-3　新建工程向导之三

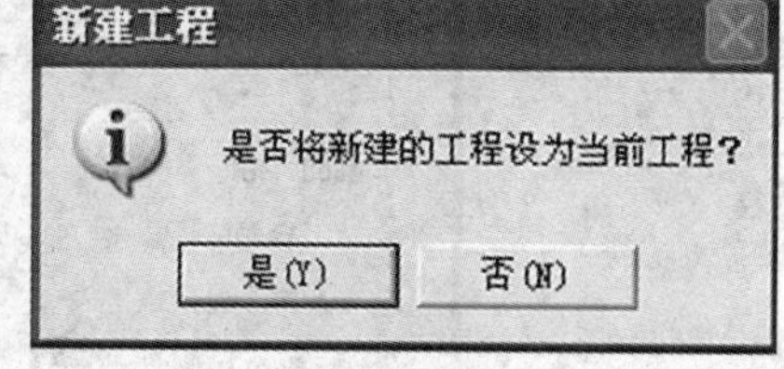

图 2-4　是否设为当前工程

2.1.2　创建组态动态画面

进入开发系统后,就可以为每个工程建立数目不限的画面,在每个画面上生成互相关联的静态或动态图形对象。这些画面都是由软件提供的类型丰富的图形对象组成的。系统为用户提供了矩形(圆角矩形)、直线、椭圆(圆)、扇形(圆弧)、点位图、多边形(多边线)、文本等基本图形对象,以及按钮、趋势曲线窗口、报警窗口、报表等复杂的图形对象。系统还提供了对图形对象在窗口内任意移动、缩放、改变形状、复制、删除、对齐等编辑操作,全面支持键盘、鼠标绘图,并可提供对图形对象的颜色、线型、填充属性进行改变的操作工具。

本软件采用面向对象的编程技术,使用户可以方便地建立画面的图形界面。用户构图时可以像搭积木那样利用系统提供的图形对象完成画面的生成。同时,软件支持画面之间的图形对象拷贝,可重复使用以前的开发结果。

2.1.2.1　建立新画面

进入新建的工程,选择工程浏览器左侧大纲项"文件\画面",在工程浏览器右侧用鼠标左键双击"新建"图标,弹出"新画面"对话框,新画面属性设置如图 2-5 所示。

2.1.2.2　使用图形工具箱

接下来在此画面中绘制各种图素。绘制图素的主要工具放置在图形编辑工具箱内。当画面打开时,工具箱自动显示。

(1)如果工具箱没有出现,选择"工具"菜单中的"显示工具箱"或按 F10 键将其打开,工具箱中各种基本工具的使用方法和 Windows 中的"画笔"很类似,如图 2-6 所示。

(2)在工具箱中单击文本工具 T,在画面上输入文字:反应车间监控画面。

(3)如果要改变文本的字体、颜色和字号,先选中文本对象,然后在工具箱内选择字体工具。在弹出的"字体"对话框中修改文本属性。

2.1.2.3　使用调色板

选择"工具"菜单中的"显示调色板",或在工具箱中选择按钮,弹出调色板画面(注意,再次单击就会关闭调色板画面)如图 2-7 所示。

选中文本,在调色板上按下"对象选择按钮区"中"字符色"按钮(即图 2-7 所示),然后在"选色区"选择某种颜色,则该文本就变为相应的颜色。

新画面

画面名称　命令语言...

对应文件　pic00001.pic

注释

画面位置

左边 0　显示宽度 600　画面宽度 600

顶边 0　显示高度 400　画面高度 400

画面风格

标题杆　大小可变　背景色

类型：覆盖式　替换式　弹出式

边框：无　细边框　粗边框

确定　取消

图 2-5　新画面

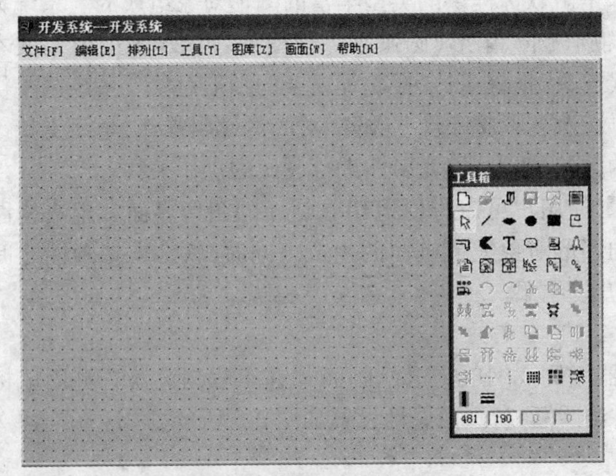

图 2-6　开发工具箱

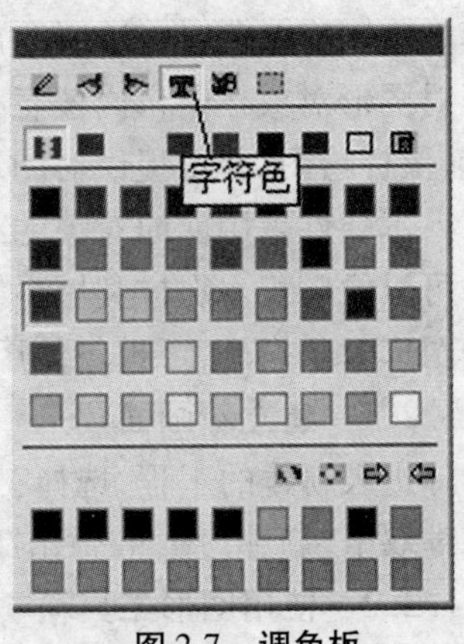

图 2-7　调色板

2.1.2.4　使用图库管理器

选择“图库”菜单中“打开图库”命令或按 F2 键打开图库管理器，如图 2-8 所示。

使用图库管理器降低了工程人员设计界面的难度，用户更加集中精力于维护数据库和增强软件内部的逻辑控制，缩短了开发周期；同时，用图库开发的软件具有统一的外观，方便工程人员学习和掌握；另外，利用图库的开放性，工程人员可以生成自己的图库元素。

在图库管理器左侧图库名称列表中选择图库名称“反应器”，选中后双击鼠标，图库管理器自动关闭，在工程画面上光标位置出现一“|_”标志，在画面上单击鼠标，该图素就被放置在画面上作为原料油罐。拖动边框到适当的位置，改变其至适当的大小并利用工具T标注此罐为“原料油罐”。

重复上述的操作，在图库管理器中选择不同的图素，分别作为催化剂罐和成品油罐，并

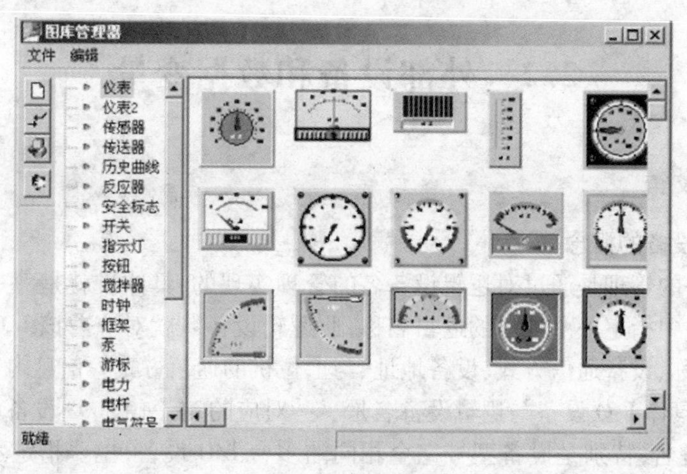

图 2-8　图库管理器

分别标注为“催化剂罐”、“成品油罐”。

2.1.2.5　继续生成画面

（1）选择工具箱中的立体管道工具，在画面上光标图形变为“＋”形状，选择适当位置作为立体管道的起始位置，按住鼠标左键，移动鼠标到结束位置后双击，则立体管道在画面上显示出来。如果立体管道需要拐弯，只需在折点处单击鼠标，然后继续移动鼠标，就可实现折线形式的立体管道绘制。

（2）选中所画的立体管道，在调色板上按下“对象选择按钮区”中“线条色”按钮，在“选色区”中选择某种颜色，则立体管道变为相应的颜色。选中立体管道，在立体管道上单击右键，在弹出的右键菜单中选择“管道宽度”来修改立体管道的宽度。

（3）打开图库管理器，在阀门图库中选择图素，双击后在反应车间监控画面上单击鼠标，则该图素出现在相应的位置，将其移动到原料油罐和成品油罐之间的立体管道上，拖动边框改变其大小，并在其旁边标注文本：原料油出料阀。

重复以上的操作在画面上添加催化剂出料阀和成品油出料阀。

最后生成的画面如图 2-9 所示。

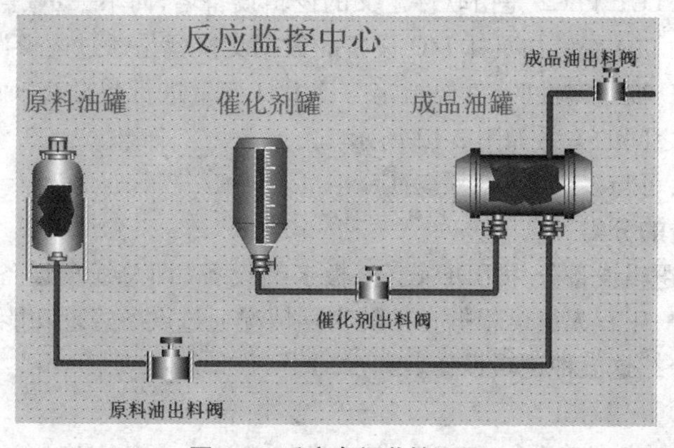

图 2-9　反应车间监控画面

2.2 外部设备和数据变量

2.2.1 外部设备

2.2.1.1 逻辑设备的概念

软件对设备的管理是通过对逻辑设备名的管理实现的，具体讲就是每一个实际 I/O 设备都必须在软件中指定一个唯一的逻辑名称，此逻辑设备名就对应着该 I/O 设备的生产厂家、实际设备名称、设备通信方式、设备地址、与上位机的通信方式等信息内容。

在软件中，具体 I/O 设备与逻辑设备名是一一对应的，有一个 I/O 设备就必须指定一个唯一的逻辑设备名，特别是设备型号完全相同的多台 I/O 设备，也要指定不同的逻辑设备名。变量、逻辑设备与实际设备的对应关系如图 2-10 所示。

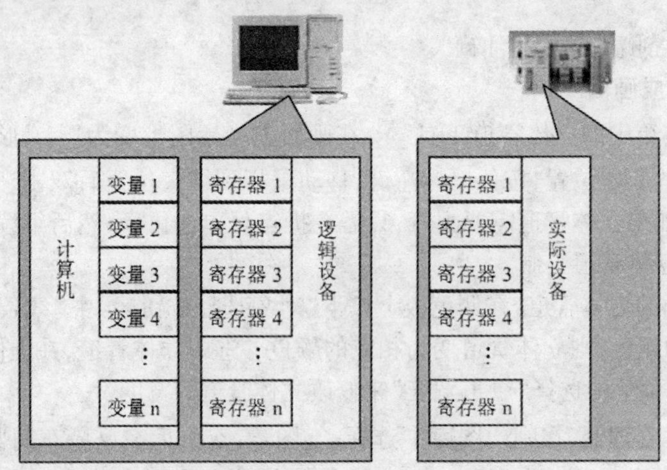

图 2-10 变量、逻辑设备与实际设备的对应关系

设有两台型号为三菱公司 FX2 - 60MR PLC 作下位机的控制工业生产现场，这两台 PLC 均要与装有组态王的上位机通信，则必须给两台 FX2 - 60MR PLC 指定不同的逻辑名，如图 2-11 所示，其中 PLC1、PLC2 是由软件定义的逻辑设备名，而不一定是实际的设备名称。

另外，软件中的 I/O 变量与具体 I/O 设备的数据交换就是通过逻辑设备名来实现的，当工程人员在定义 I/O 变量属性时，就要指定与该 I/O 变量进行数据交换的逻辑设备名，I/O 变量与逻辑设备名之间的关系如图 2-12 所示。

一个逻辑设备，可与多个 I/O 变量对应。

2.2.1.2 逻辑设备的分类

设备管理中的逻辑设备分为 DDE 设备、板卡类设备（即总线型设备）、串口类设备、人机界面卡、网络模块，工程人员可根据自己的实际情况通过设备管理功能来配置定义这些逻辑设备，下面分别介绍这五种逻辑设备。

1. DDE 设备

DDE 设备是指与组态王进行 DDE 数据交换的 Windows 独立应用程序。因此，DDE 设备通常就代表了一个 Windows 独立应用程序，该独立应用程序的扩展名通常为. EXE，组态王与 DDE 设备之间通过 DDE 协议交换数据，如：Excel 是 Windows 的独立应用程序，当 Ex-

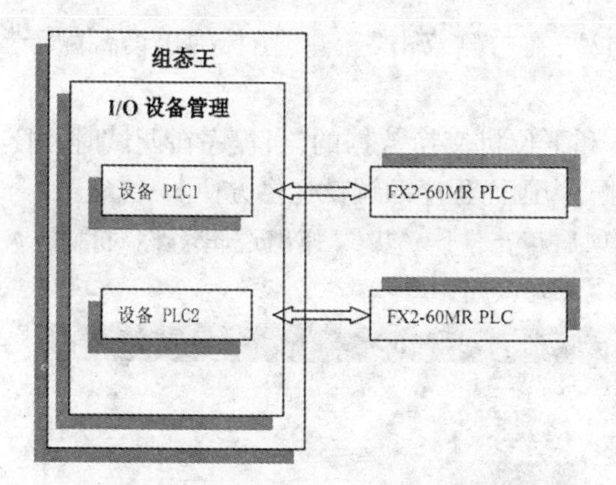

图 2-11　逻辑设备与实际设备示例

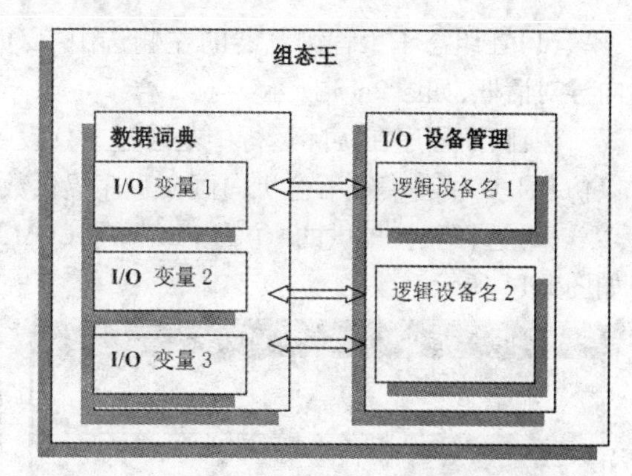

图 2-12　I/O 变量与逻辑设备名之间的关系

cel 与组态王交换数据时，就是采用 DDE 的通信方式进行。

2. 板卡类设备

板卡类设备实际上是内嵌的板卡驱动程序的逻辑名称，内嵌的板卡驱动程序不是一个独立的 Windows 应用程序，而是以 DLL 形式供系统调用，这种内嵌的板卡驱动程序对应着实际插入计算机总线扩展槽中的 I/O 设备。因此，一个板卡逻辑设备也就代表了一个实际插入计算机总线扩展槽中的 I/O 板卡。

3. 串口类设备

串口类设备实际上是组态王内嵌的串口驱动程序的逻辑名称，内嵌的串口驱动程序不是一个独立的 Windows 应用程序，而是以 DLL 形式供系统调用，这种内嵌的串口驱动程序对应着实际与计算机串口相连的 I/O 设备。因此，一个串口逻辑设备也就代表了一个实际与计算机串口相连的 I/O 设备。

4. 人机界面卡

人机界面卡又可称为高速通信卡，它既不同于板卡，也不同于串口通信，它往往由硬件厂商提供，如西门子公司的 S7－300 用的 MPI 卡、莫迪康公司的 SA85 卡。通过人机界面卡可以使设备与计算机进行高速通信，这样不占用计算机本身所带的 RS232 串口，因为这种人机界面卡一般插在计算机的 ISA 板槽上。

5. 网络模块

软件利用以太网和 TCP/IP 协议可以与专用的网络通信模块进行连接，例如选用松下 ET－LAN 网络通信单元通过以太网与上位机相连，该单元和其他计算机上的组态王运行程序使用 TCP/IP 协议。

2.2.1.3　定义 I/O 设备

系统把那些需要与之交换数据的硬件设备或软件程序都作为外部设备使用。外部设备包括 PLC、仪表、模块、板卡、变频器等。按照通信方式可以分为：串行通信（232/422/485）、以太网、专用通信卡（如 CP5611）等。

只有在定义了外部设备之后，才能通过 I/O 变量和它们交换数据。为方便定义外部设备，设计了“设备配置向导”引导用户一步步完成设备的连接。

本软件中使用仿真 PLC 和软件通信，仿真 PLC 可以模拟现场的 PLC 为软件提供数据。假设仿真 PLC 连接在计算机的 COM 口。

(1)在组态王工程浏览器的左侧选中“COM2”,在右侧双击“新建”图标弹出设备配置向导对话框,如图2-13所示。

注:画面程序在实际运行中是通过I/O设备和下位机交换数据的,当程序在调试时,可以仿真I/O设备模拟下位机向画面程序提供数据,为画面程序的调试提供方便。

(2)选择亚控提供的“仿真PLC”的“COM”项后单击“下一步”,弹出逻辑名称对话框,如图2-14所示。

图2-13　设备配置向导一

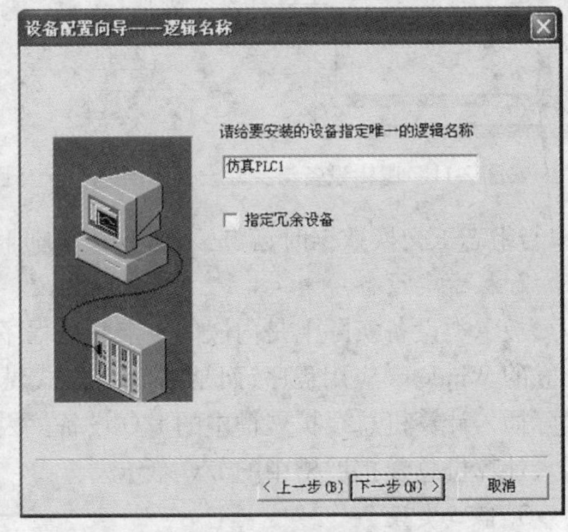

图2-14　设备配置向导二

(3)为仿真PLC设备取一个名称,如:仿真PLC1,单击“下一步”弹出连接串口号对话框,如图2-15所示。

(4)为设备选择连接的串口为COM2,单击“下一步”弹出设备地址设置指南对话框,如图2-16所示。

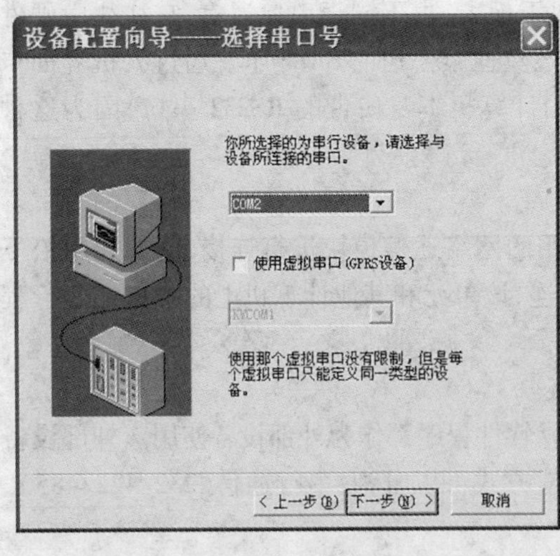

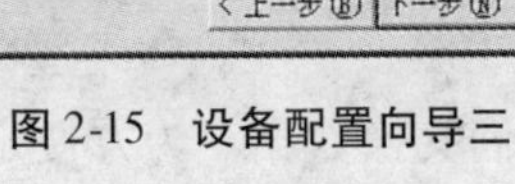
图2-15　设备配置向导三

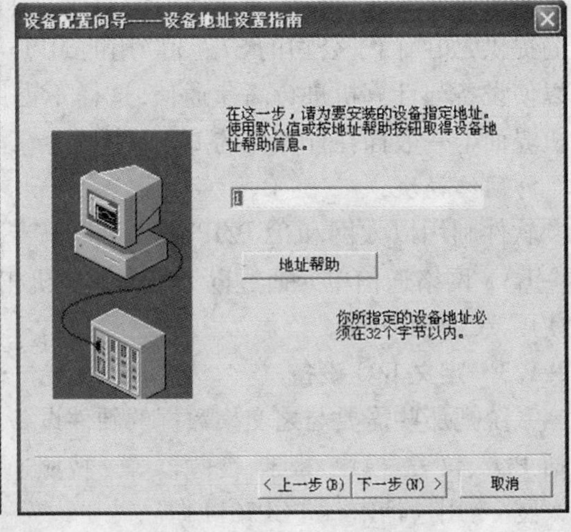

图2-16　设备配置向导四

(5)填写设备地址为1,单击“下一步”,弹出通信参数对话框,如图2-17所示。

在实际连接设备时,设备地址处填写的地址要和用户实际设备上设定的地址完全一致。

(6)设置通信故障恢复参数(一般情况下使用系统默认设置即可),单击“下一步”系统弹出信息总结对话框,如图 2-18 所示。

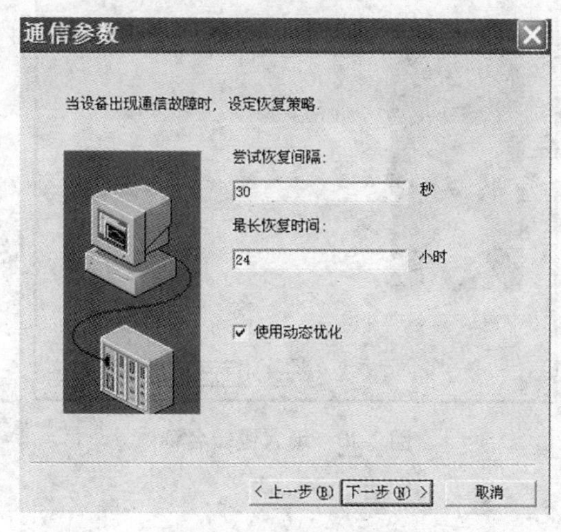

图 2-17　设备配置向导五

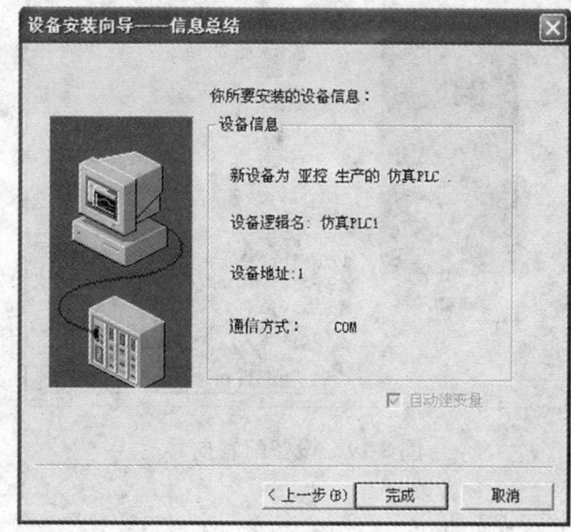

图 2-18　设备配置向导六

(7)检查各项设置是否正确,确认无误后,单击“完成”。

设备定义完成后,可以在工程浏览器的右侧看到新建的外部设备“仿真 PLC1”。在定义数据库变量时,只要把 I/O 变量连接到这台设备上,它就可以和软件交换数据了。

2.2.1.4　模拟设备——仿真 PLC

程序在实际运行中是通过 I/O 设备和下位机交换数据的,当程序在调试时,可以使用仿真 I/O 设备模拟下位机向画面程序提供数据,为画面程序的调试提供方便。

软件提供了一个仿真 PLC 设备,用来模拟实际设备向程序提供数据,供用户调试。

1. 仿真 PLC 定义

在使用仿真 PLC 设备前,首先要定义它,实际 PLC 设备都是通过计算机的串口向软件提供数据,所以仿真 PLC 设备也是模拟安装到串口 COM 上。定义过程如下。

(1)在工程浏览器中,从左边的工程目录显示区中选择大纲项设备下的成员名 COM1 或 COM2,然后在右边的目录内容显示区中用左键双击“新建”图标,则弹出设备配置向导对话框,如图 2-19 所示。

在 I/O 设备列表显示区中,选中 PLC 设备,单击符号“ + ”将该节点展开,再选中“亚控”,单击符号“ + ”将该节点展开,选中“仿真 PLC”设备,再单击符号“ + ”将该节点展开,选中“COM”。

(2)单击“下一步”按钮,则弹出“设备配置向导——逻辑名称”对话框,如图 2-20 所示。在编辑框输入一个仿真 PLC 设备的逻辑名称,例如设定为“simu”。

(3)继续单击“下一步”按钮,则弹出“设备配置向导——选择串口号”对话框,如图 2-21 所示。

在下拉式列表框中列出了 32 个串口设备(COM1 ~ COM32)供用户选择,例如从下拉式列表框中选中 COM2 串口。

(4)继续单击“下一步”按钮,则弹出“设备配置向导——设备地址设置指南”对话框,

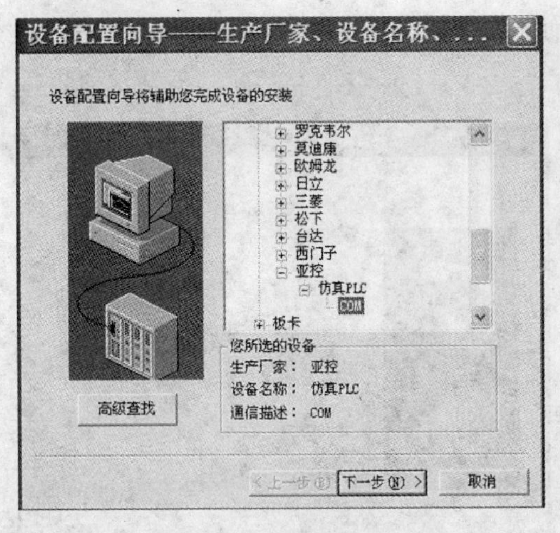

图 2-19　设备配置向导七

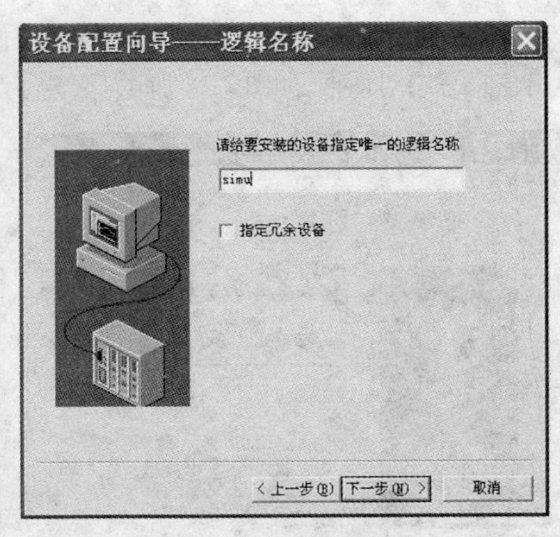

图 2-20　填入逻辑名称

如图 2-22 所示。

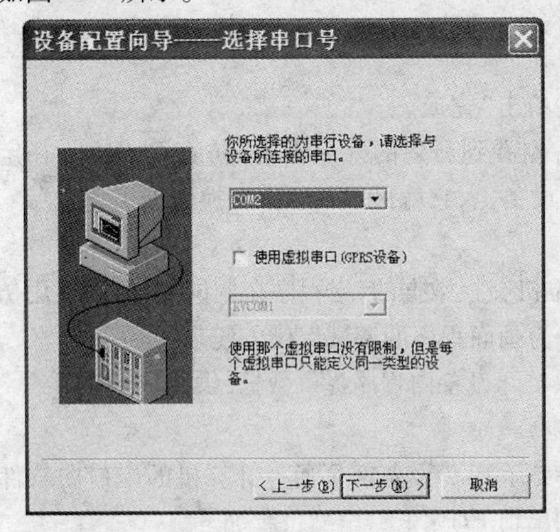

图 2-21　选择串口号

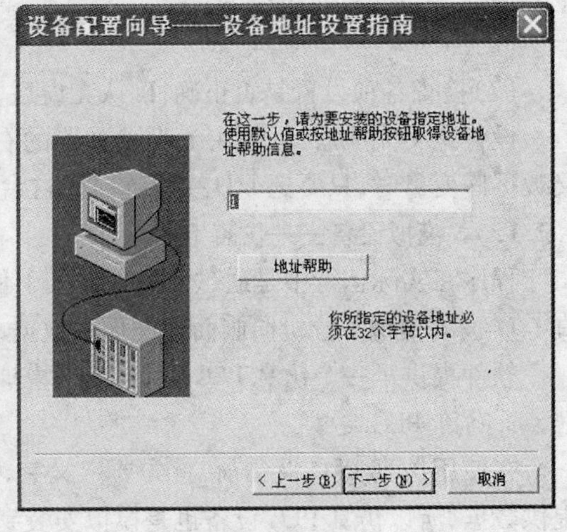

图 2-22　设备地址设置

(5)继续单击“下一步”按钮，则弹出“通信参数”对话框，如图 2-23 所示。

(6)继续单击“下一步”按钮，则弹出“设备安装向导——信息总结”对话框，如图 2-24 所示。

单击“完成”按钮，则设备安装完毕，单击“上一步”按钮，可返回上一次操作进行修改。

仿真 PLC 设备安装完毕后，可用工程浏览器进行查看，选择大纲项设备下的成员名 COM2，则在右边的目录内容显示区显示已安装的设备，如图 2-25 所示。

2. 仿真 PLC 的寄存器

仿真 PLC 提供五种类型的内部寄存器变量：INCREA、DECREA、STATIC、RADOM、CommErr，INCREA、DECREA、STATIC、RADOM 寄存器变量的编号为 1 ~ 1000，变量的数据类型均为整型(即 INT)。对这五类寄存器变量分别介绍如下：

(1)自动加 1 寄存器 INCREA。该寄存器变量的最大变化范围是 0 ~ 1000，寄存器变量的编号原则是在寄存器名后加上整数值，此整数值同时表示该寄存器变量的递增变化范围，

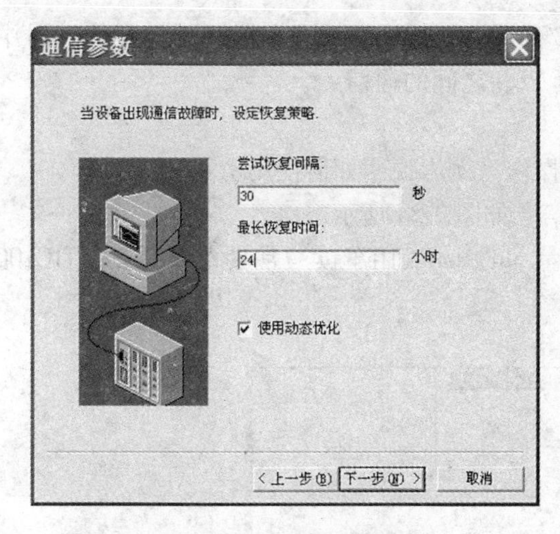

图 2-23　通信参数设置

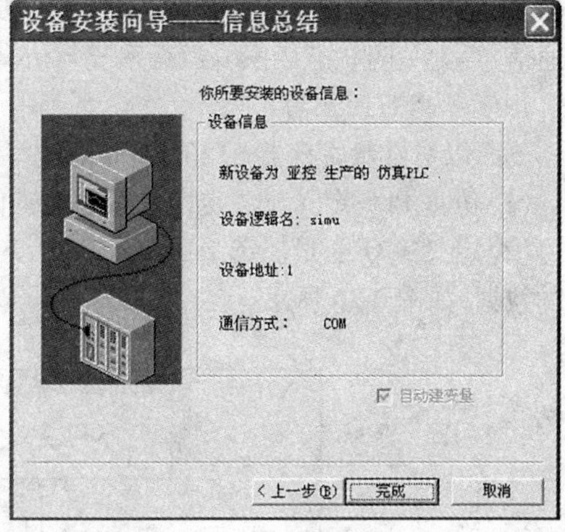

图 2-24　设备配置信息总结

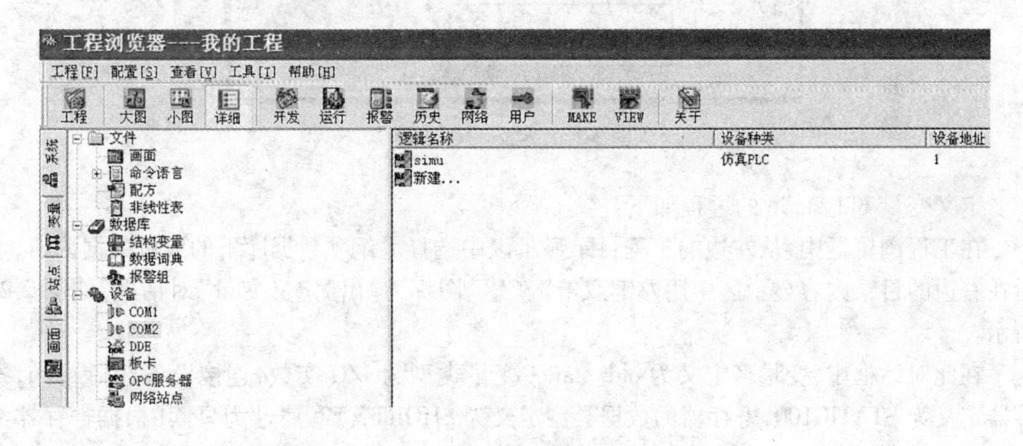

图 2-25　定义的仿真 PLC 设备

例如，INCREA100 表示该寄存器变量从 0 开始自动加 1，其变化范围是 0 ~ 100。

(2)自动减 1 寄存器 DECREA。该寄存器变量的最大变化范围是 0 ~ 1000，寄存器变量的编号原则是在寄存器名后加上整数值，此整数值同时表示该寄存器变量的递减变化范围，例如，DECREA100 表示该寄存器变量从 100 开始自动减 1，其变化范围是 0 ~ 100。

(3)静态寄存器 STATIC。该寄存器变量是一个静态变量，可保存用户下发的数据，当用户写入数据后就保存下来，并可供用户读出，直到用户再一次写入新的数据。此寄存器变量的编号原则是在寄存器名后加上整数值，此整数值同时表示该寄存器变量能存储的最大数据范围，例如，STATIC100 表示该寄存器变量能接收 0 ~ 100 中的任意一个整数。

(4)随机寄存器 RADOM。该寄存器变量的值是一个随机值，可供用户读出，此变量是一个只读型，用户写入的数据无效。此寄存器变量的编号原则是在寄存器名后加上整数值，此整数值同时表示该寄存器变量产生数据的最大范围，例如，RADOM100 表示随机值的范围是 0 ~ 100。

(5)CommErr 寄存器。该寄存器变量为可读写的离散变量，用来表示软件与设备之间的通信状态。CommErr = 0 表示通信正常，CommErr = 1 表示通信故障。用户通过控制 CommErr 寄存器状态来控制运行系统与仿真 PLC 通信，将 CommErr 寄存器置为打开状态时中断通信，置为关闭状态后恢复运行系统与仿真 PLC 之间的通信。

3. 仿真 PLC 的应用

下面以对常量寄存器 STATIC100 的读写操作为例来说明如何使用仿真 PLC 设备。

(1)仿真 PLC 定义。假定定义后的设备信息如图 2-24 所示。

(2)定义 I/O 变量。定义一个 I/O 型变量 old_static，用于读写常量寄存器 STATIC100 中的数据，如图 2-26 所示。

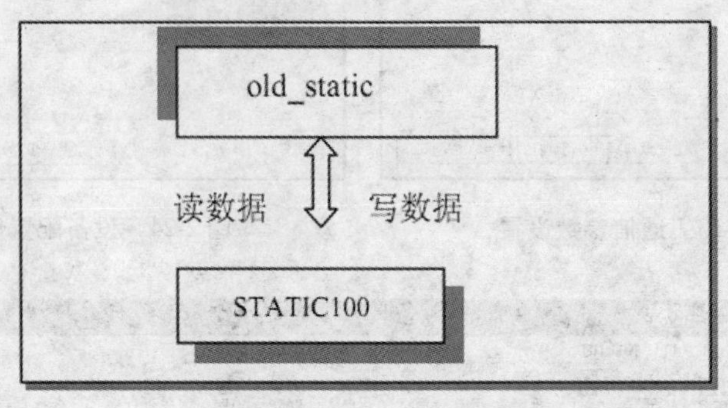

图 2-26　定义 I/O 变量

定义变量 old_static 的过程如下：

在工程浏览器中，从左边的工程目录显示区中选择大纲项数据库下的成员数据词典，然后在右边的目录内容显示区中用左键双击“新建”图标，弹出“定义变量”对话框，如图 2-27 所示。

在此对话框中，变量名定义为 old_static，变量类型为 I/O 实数，连接设备选择 simu，寄存器定义为 STATIC100，寄存器的数据类型定义为 SHORT，读写属性为只读（根据寄存器类型定义），其他的定义见对话框，单击“确定”按钮，则 old_static 变量定义结束。

(3)制作画面。在工程浏览器中，单击菜单命令“工程\切换到 Make”，进入到软件开发系统，制作的画面如图 2-28 所示，对读数据和写数据的两个输出文本串分别进行动画连接。

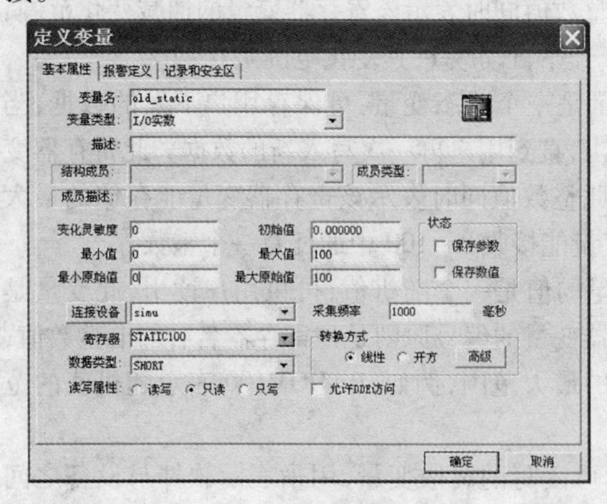

图 2-27　定义变量

图 2-28　画面动画连接

其中写数据的输出文本串“####”要进行“模拟值输入连接”,连接的表达式是变量 old_static,如图 2-29 所示。

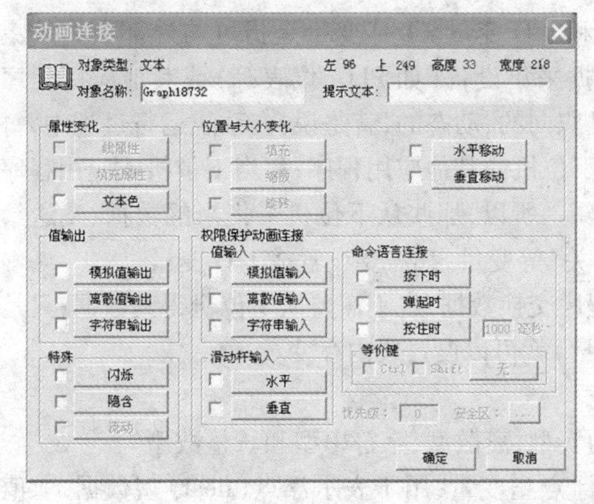

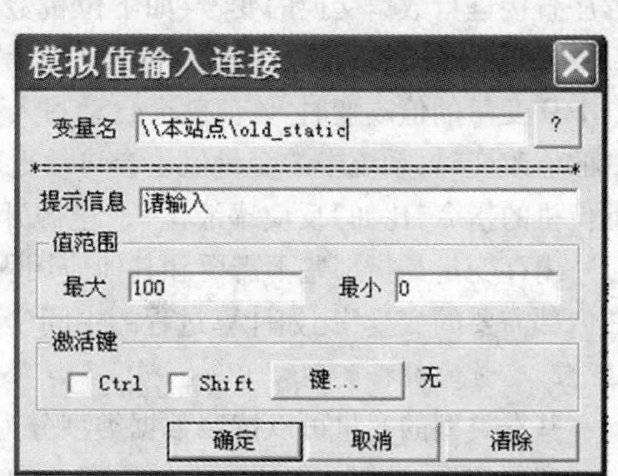

图 2-29　写数据动画连接

读数据的输出文本串“####”要进行“模拟值输出连接”,连接的表达式是变量 old_static,方法同上,如图 2-30 所示。

(4)运行画面程序。运行程序,打开画面,运行画面如图 2-31 所示。

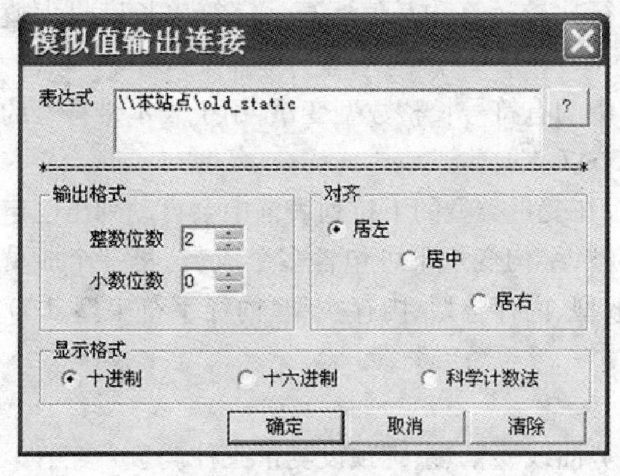

图 2-30　读数据动画连接

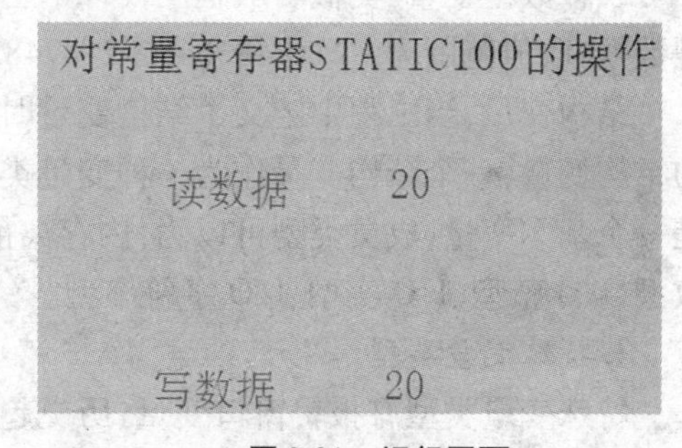

图 2-31　运行画面

对常量寄存器 STATIC100 写入数据 20,则可看到读出的数据值也是 20。

2.2.2　软件的数据变量

数据库是软件的最核心部分。在 TouchVew 运行时,工业现场的生产状况要以动画的形式反映在屏幕上,操作者在计算机前发布的指令也要迅速送达生产现场,所有这一切都是以实时数据库为中心环节,所以说数据库是联系上位机和下位机的桥梁。

数据库中变量的集合形象地称为“数据词典”,数据词典记录了所有用户可使用的数据变量的详细信息。

2.2.2.1　变量类型

系统中定义的变量与一般程序设计语言,比如 Basic、PASCAL、C 语言,定义的变量有很大的不同，既能满足程序设计的一般需要，又考虑到工控软件的特殊需要。

1. 基本变量类型

变量的基本类型共有两类，即内存变量和I/O变量。I/O变量是指可与外部数据采集程序直接进行数据交换的变量，如下位机数据采集设备（如PLC、仪表等）或其他应用程序（如DDE、OPC服务器等）。这种数据交换是双向的、动态的，就是说：在系统运行过程中，每当I/O变量的值改变时，该值就会自动写入下位机或其他应用程序；每当下位机或应用程序中的值改变时，系统中的变量值也会自动更新。所以，那些从下位机采集来的数据、发送给下位机的指令，比如"反应罐液位"、"电源开关"等变量，都需要设置成I/O变量。

内存变量是指那些不需要和其他应用程序交换数据，也不需要从下位机得到数据；只是在内部需要的变量（比如计算过程的中间变量）就可以设置成内存变量。

2. 变量的数据类型

基本类型的变量可以按照数据类型分为实型、离散型、字符串型和长整数型等。

实型变量：类似一般程序设计语言中的浮点型变量，用于表示浮点（float）型数据，取值范围10E－38～10E＋38，有效值7位。

离散型变量：类似一般程序设计语言中的布尔（BOOL）变量，只有0，1两种取值，用于表示一些开关量。

字符串型变量：类似一般程序设计语言中的字符串变量，可用于记录一些有特定含义的字符串，如名称、密码等，该类型变量可以进行比较运算和赋值运算。字符串长度最大值为128个字符。

长整数型变量：类似一般程序设计语言中的有符号长整数型变量，用于表示带符号的整型数据，取值范围为－2147483648～2147483647。

结构变量：当工程中定义了结构变量时，在变量类型的下拉列表框中会自动列出已定义的结构变量，一个结构变量作为一种变量类型，结构变量下可包含多个成员，每一个成员就是一个基本变量，成员类型可以为：内存离散型、内存整型、内存实型、内存字符串型、I/O离散型、I/O整型、I/O实型、I/O字符串型。

3. 特殊变量类型

特殊变量类型有报警窗口变量、历史趋势曲线变量、系统预设变量三种。

这几种特殊类型的变量体现了系统面向工控软件、自动生成人机接口的特色。

（1）报警窗口变量。这是工程人员在制作画面时通过定义报警窗口生成的，在报警窗口定义对话框中有一选项为"报警窗口名"，工程人员在此处键入的内容即为报警窗口变量。此变量在数据词典中是找不到的，而是内部定义的特殊变量。可用命令语言编制程序来设置或改变报警窗口的一些特性，如改变报警组名或优先级，在窗口内上下翻页等。

（2）历史趋势曲线变量。这是工程人员在制作画面时通过定义历史趋势曲线生成的，在历史趋势曲线定义对话框中有一选项为"历史趋势曲线名"，工程人员在此处键入的内容即为历史趋势曲线变量（区分大小写）。此变量在数据词典中是找不到的，而是内部定义的特殊变量。工程人员可用命令语言编制程序来设置或改变历史趋势曲线的一些特性，如改变历史趋势曲线的起始时间或显示的时间长度等。

（3）系统预设变量。预设变量中有8个时间变量是系统已经在数据库中定义的，用户可以直接使用：

$年:返回系统当前日期的年份。

$月:返回1到12之间的整数,表示当前日期的月份。

$日:返回1到31之间的整数,表示当前日期的日。

$时:返回0到23之间的整数,表示当前时间的时。

$分:返回0到59之间的整数,表示当前时间的分。

$秒:返回0到59之间的整数,表示当前时间的秒。

$日期:返回系统当前日期字符串。

$时间:返回系统当前时间字符串。

以上变量由系统自动更新,工程人员只能读取时间变量,而不能改变它们的值。

预设变量还有：

$用户名:在程序运行时记录当前登录的用户的名字。

$访问权限:在程序运行时记录当前登录的用户的访问权限。

$启动历史记录:表明历史记录是否启动。(1 = 启动;0 = 未启动)

工程人员在开发程序时,可通过按钮弹起命令预先设置该变量为1,在程序运行时可由用户控制,按下按钮启动历史记录。

$启动报警记录:表明报警记录是否启动。(1 = 启动;0 = 未启动)

工程人员在开发程序时,可通过按钮弹起命令预先设置该变量为1,在程序运行时可由工程人员控制,按下按钮启动报警记录。

$新报警:每当报警发生时,“$新报警”被系统自动设置为1。由工程人员负责把该值恢复到0。工程人员在开发程序时,可通过数据变化命令语言设置,当报警发生时,产生声音报警(用 PlaySound( )函数),在程序运行时可由工程人员控制,听到报警后,将该变量置0,确认报警。

$启动后台命令:表明后台命令是否启动。(1 = 启动;0 = 未启动)

$双机热备状态:表明双机热备中主从计算机所处的状态。

$毫秒:返回当前系统的毫秒数。

$网络状态:用户通过引用网络上计算机的$网络状态的变量得到网络通信的状态。

2.2.2.2 变量定义

在工程浏览器中左边的目录树中选择“数据词典”项,右侧的内容显示区会显示当前工程中所定义的变量。双击“新建”图标,弹出“定义变量”属性对话框。变量属性由基本属性、报警定义、记录和安全区三个属性页组成。采用这种卡片式管理方式,用户只要用鼠标单击卡片顶部的属性标签,则该属性卡片有效,用户可以定义相应的属性。

在对话框中添加变量如图2-32所示,设置完成后单击“确定”。

用类似的方法建立另三个变量“原料油罐压力”、“催化剂液位”和“成品油液位”。

此外,由于演示工程的需要还须建立三个离散型内存变量“原料油出料阀”、“催化剂出料阀”和“成品油出料阀”。

在该演示工程中使用的设备为仿真的PLC,仿真PLC提供五种类型的内部寄存器变量:INCREA、DECREA、RADOM、STATIC、CommErr。寄存器INCREA、DECREA、RADOM、STATIC的编号为1～1000,变量的数据类型均为整型(即SHORT)。

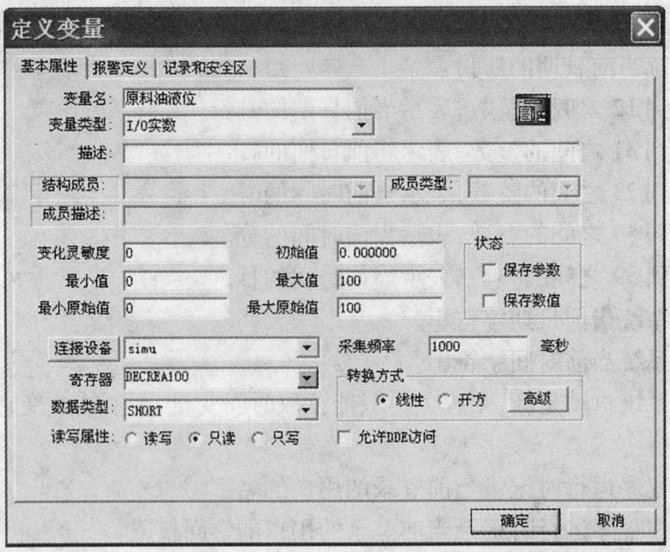

图 2-32　定义变量

递增寄存器 INCREA100 变化范围为 0～100，表示该寄存器的值周而复始地由 0 递加到 100。

递减寄存器 DECREA100 变化范围为 0～100，表示该寄存器的值周而复始地由 100 递减为 0。

随机寄存器 RADOM100 变化范围为 0～100，表示该寄存器的值在 0～100 之间随机地变动。

静态寄存器 STATIC100 变量是一个静态变量，可保存用户下发的数据，当用户写入数据后就保存下来，并可供用户读出。STATIC100 表示该寄存器变量能够接收 0～100 之间的任意一个整数。

2.2.2.3　变量属性说明

（1）变量名：唯一标识一个应用程序中数据变量的名字，同一应用程序中的数据变量不能重名。用鼠标单击“变量名”编辑框的任何位置进入编辑状态，此时可以输入变量名字，变量名可以是汉字或英文，区分大小写，第一个字符不能是数字。例如，温度、压力、液位、var1 等均可以作为变量名，变量的名称最多为 31 个字符。

（2）变量类型：在对话框中只能定义八种基本类型中的一种，用鼠标单击“变量类型”下拉列表框列出可供选择的数据类型，当用户定义有结构类型时，一个结构就是一种变量类型。

（3）描述：此编辑框用于编辑和显示数据变量的注释信息。若想在报警窗口中显示某变量的描述信息，可在定义变量时，在描述编辑框中加入适当说明，并在报警窗口中加上描述项，则在运行系统的报警窗口中可见该变量的描述信息（最长不超过 39 个字符）。

（4）变化灵敏度：数据类型为“浮点型”或“整型”时此项有效。只有当该数据变量的值变化幅度超过设置的“变化灵敏度”时，才更新与之相连接的图素（缺省为 0）。

（5）最小值：指示该变量值在数据库中的下限。

(6)最大值:指示该变量值在数据库中的上限。

(7)最小原始值:指示前面定义的最小值所对应的输入寄存器的值的下限。

(8)最大原始值:指示前面定义的最大值所对应的输入寄存器的值的上限。

以上(5)~(8)项是对 I/O 模拟量进行工程值自动转换所需要的。这是因为 TouchVew 不使用原始值,而使用转换后的值(也可以称为工程值)。最小原始值、最大原始值和最小值、最大值这四个数值用来确定原始值和变量值之间的转换比例。组态王将采集到的数据(原始值)按照这四项的对应关系自动转为工程值。

(9)保存参数:在系统运行时,如果修改了此变量的域值(可读可写型),系统将自动保存修改后的域值。当系统退出后再次启动时,变量的域值保持为最后一次的记录值,无须用户再去重新定义。

(10)保存数值:在系统运行时,当变量的值发生变化后,系统将自动保存该值。当系统退出后再次启动时,变量的值保持为最后一次变化的值。

(11)初始值:定义变量的初始值。

(12)连接设备:只对 I/O 类型的变量起作用,工程人员只需从设备列表框中选择相应的设备即可。此列表框所列出的设备名是设备向导中定义的设备逻辑名,如上述建立的 PLC1。

(13)寄存器:指定与软件定义的变量进行连接通信的寄存器变量名,该寄存器与工程人员指定的连接设备有关。

(14)转换方式:规定 I/O 模拟量输入原始值到数据库使用值的转换方式。

(15)数据类型:只对 I/O 类型的变量起作用,共有 8 种数据类型供用户使用,这 8 种数据类型分别是:

Bit:1 位;范围是 0 或 1。

BYTE:8 位,1 个字节;范围是 0~255。

SHORT:16 位,2 个字节;范围是 -32768~32767。

USHORT:16 位,2 个字节;范围是 0~65535。

BCD:16 位,2 个字节;范围是 0~9999。

LONG:32 位,4 个字节;范围是 0~99999999。

LONGBCD:32 位,4 个字节;范围是 0~99999999。

FLOAT:32 位,4 个字节;范围是 10E-38~10E+38。

(16)采集频率:定义数据变量的采样频率。

(17)读写属性:定义数据变量的读写属性,工程人员可根据需要定义变量为“只读”属性、“只写”属性、“读写”属性。

(18)允许 DDE 访问:软件用 COM 组件编写的驱动程序与外围设备进行数据交换,为了使工程人员用其他程序对该变量进行访问,可通过选中此项,即可与 DDE 服务程序进行数据交换。

至此,数据变量已经完全建立起来,而对于大批同一类型的变量,系统还提供了可以快速成批定义变量的方法——结构变量的定义。

2.2.2.4 结构变量的定义和使用

1. 结构变量的定义

要使用结构变量，首先需要定义结构模板和结构成员及属性。在工程浏览器中选择数据库下的“结构变量”成员项，如图 2-33 所示，双击右侧的提示图标，进入“结构变量定义”对话框，如图 2-34 所示。在结构变量定义对话框中有“新建结构”、“增加成员”、“编辑”、“删除”四个功能。

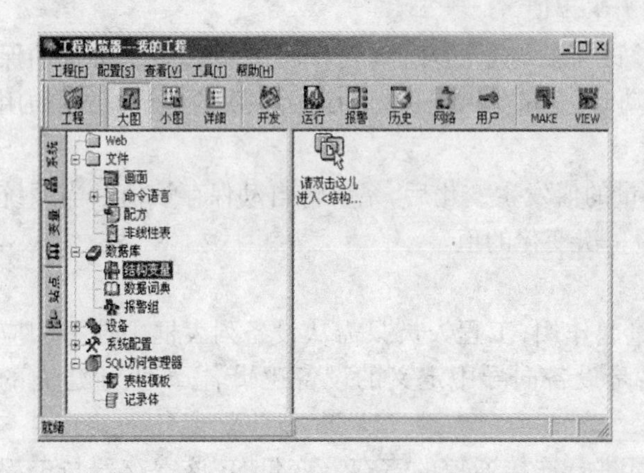

图 2-33 工程浏览器中“结构变量”成员项

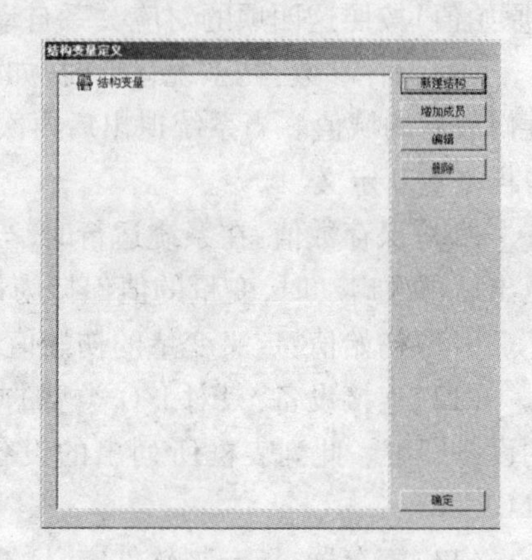

图 2-34 结构变量定义

例如：一个储料罐具有压力、温度、物位、上限报警、下限报警等几个参数，下面以此为例来说明结构变量的定义和使用过程。

(1)新建结构：增加新的结构。单击“新建结构”按钮，弹出结构变量名称输入框，如图 2-35 所示。输入结构变量名称，单击“确定”按钮，在结构变量树状目录中显示出用户定义的结构模板，如图 2-36 所示。注意：结构模板的名称和成员的名称首位不能为数字，中间不能包含空格。命名要符合变量命名规则。按照上述方法，可以建立多个结构。

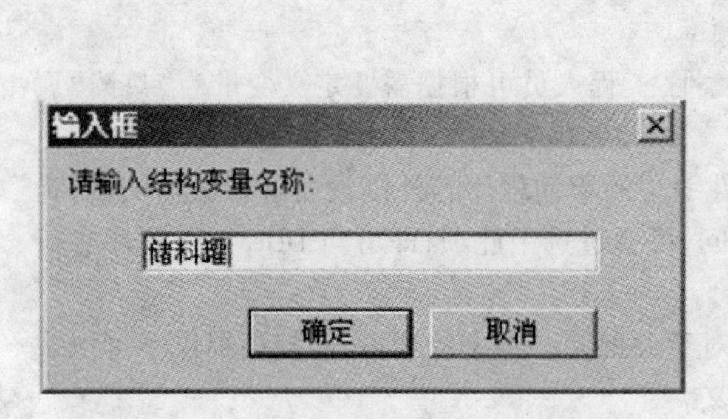

图 2-35 输入框

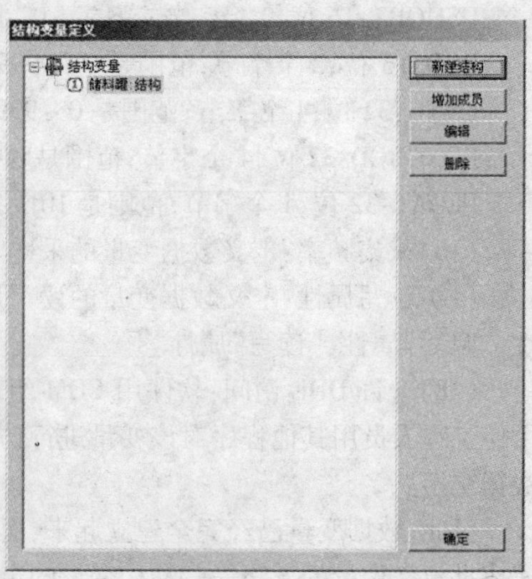

图 2-36 显示已定义好的结构模板

(2)增加成员:选中一个结构模板,如图 2-36 所示,单击“增加成员”按钮,弹出“新建结构成员”对话框,如图 2-37 所示。该对话框与基本变量定义属性对话框相同,用户在这里可以直接定义结构成员的各种属性,如基本数值属性、I/O 属性、报警属性、记录属性等。在“成员名”编辑框中输入成员名称。然后单击成员类型列表框,选择该成员的数据类型。另外,如果用户定义了其他的结构模板,此时,其结构模板的名称也出现在数据类型中,用户选择结构模板作为数据类型,将其嵌入当前结构模块中。所有属性定义与基本变量定义属性相同,这里不再细述。定义完毕后,单击“确定”按钮,关闭对话框。

按照上述方法,可以将其他成员加入到成员列表中来。定义完成后,各成员项均显示在结构变量树状目录中,如图 2-38 所示。如果此时确定完成,单击对话框上的“确定”按钮,关闭对话框。

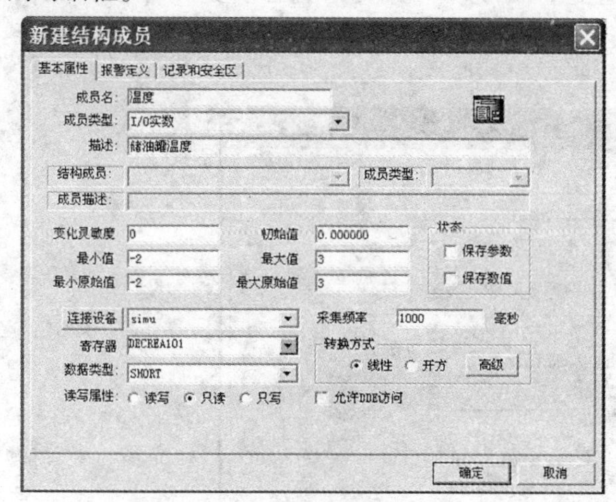

图 2-37 新建结构成员

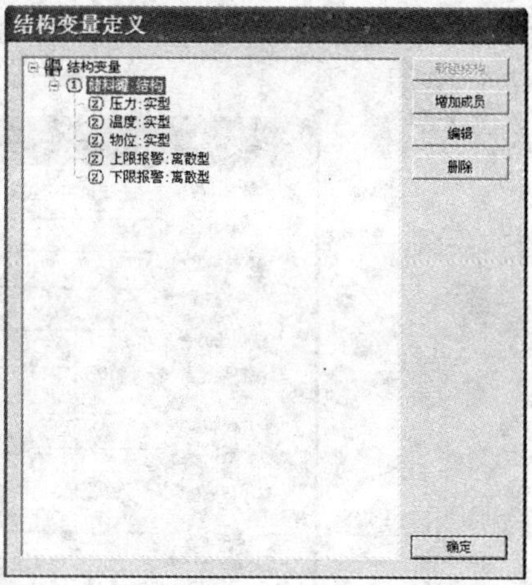

图 2-38 显示定义好的成员项

(3)删除:选择一个结构模板或成员,单击“删除”按钮。注意:在下列情况下,结构模板或成员不能被删除,即模板已经在定义其他模板时被使用(嵌套),已经在数据词典里定义了该结构模板类型的变量。

(4)编辑:选中一个结构成员,如果该成员没有被引用,则可以编辑其成员名称、成员类型。修改成员的属性并确认后,系统会出现如图 2-39 所示的提示框,提示是否要将修改应用到已定义的该类型的结构变量和引用该结构的其他结构中,如果确认修改全部相关属性,选择“是”;如果只修改当前成员的属性,选择“否”。定义完成后,单击“确定”按钮,关闭对话框。

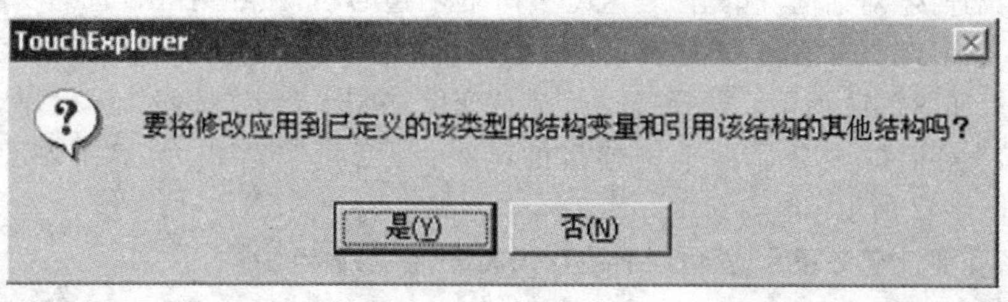

图 2-39 TouchExplorer

2. 结构变量的使用

(1)定义结构变量类型的变量:如果定义了结构变量和成员,在数据词典中定义变量选择变量类型时,下拉列表框中除基本的八种类型外,还会出现所有结构模板名称,一种结构模板就是一种变量类型。在工程浏览器中,单击数据库中的变量词典,单击右侧的"新建"图标,弹出"定义变量"对话框,在变量名中输入对象名称(或基本变量名称),在"变量类型"列表中选择刚才定义的"储料罐"数据类型。选择完后如图 2-40 所示。在结构成员中选择该模板结构中的每一个成员,在成员类型中选择该成员的变量类型(因为其数据类型在定义结构变量时已经定义过,所以在此处只是选择内存型、I/O 型)。其余各项定义与定义普通变量一致。定义完毕后,单击"确定"按钮完成。这样,在数据词典里就定义了一个变量。此变量代表很多个其他变量(因为一个结构中有着很多个成员)。数据词典列表中显示的结构变量的 ID 号为其最后一个成员的 ID 号,每个成员都会被自动分配一个 ID 号。

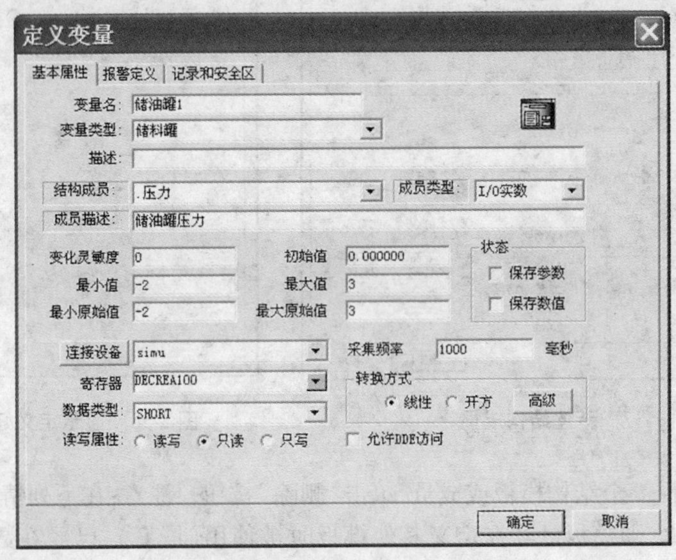

图 2-40　选择好数据类型

(2)结构变量的使用:在工程中使用结构变量,变量表达式的格式为"定义变量"属性对话框中的变量名、结构成员名称。例如要在画面上显示储料罐的压力,可先建立一个文本图素,双击该文本图素,弹出"动画连接"对话框。从中选择"模拟值输出连接"选项,弹出"模拟值输出连接"对话框。单击"表达式"编辑框右边的"?"按钮,弹出"选择变量名"对话框,在站点名称目录"本站点"下选择结构变量名称"储料罐 1",则右边变量列表中显示所有成员变量,如图 2-41 所示。选择"压力"成员变量,单击"确定"按钮。随后弹出的"模拟值输出连接"对话框中会显示动画连接的结果,其变量表达式为:\\本站点\储料罐 1. 压力,如图 2-42 所示。

当设备和变量定义好后,就可以着手对画面进行"动画连接"了。

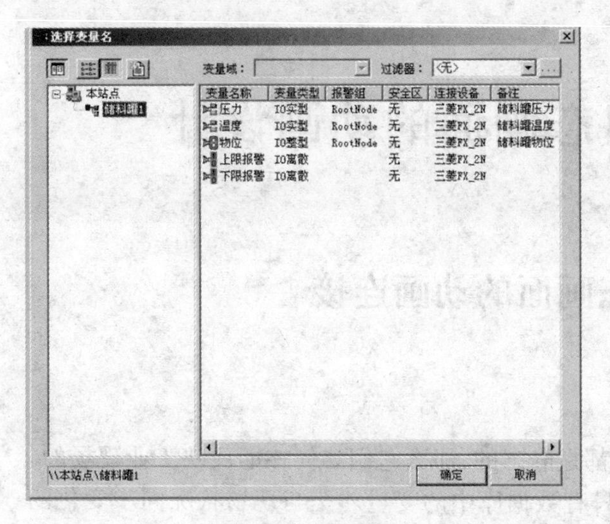

图 2-41　选择变量名

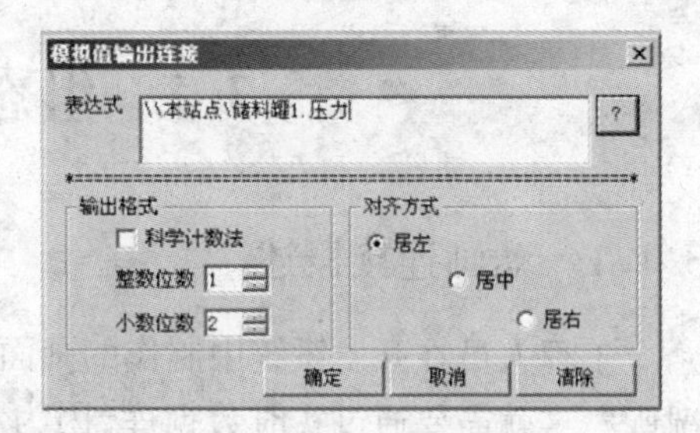

图 2-42　结构变量表达式

第三部分　组态画面的动画设计

3.1　组态画面的动画连接

3.1.1　动画连接概述

工程人员在开发系统中制作的画面都是静态的，那么它们如何才能反映工业现场的状况呢？这就需要通过实时数据库，因为只有数据库中的变量才是与现场状况同步变化的。数据库变量的变化又如何导致画面的动画效果呢？这要通过“动画连接”。所谓“动画连接”，就是建立画面的图素与数据库变量的对应关系。这样，工业现场的数据，比如温度、液面高度等，当它们发生变化时，通过 I/O 接口，将引起实时数据库中变量的变化，如果设计者曾经定义了一个画面图素（比如指针）与这个变量相关，我们将会看到指针在同步偏转。

3.1.2　动画连接对话框

给图形对象定义动画连接是在动画连接对话框中进行的。在开发系统中双击图形对象（不能有多个图形对象同时被选中），弹出动画连接对话框。

对不同类型的图形对象弹出的对话框大致相同。但是对于特定属性对象，有些是灰色的，表明此动画连接属性不适用于该图形对象，或者该图形对象定义了与此动画连接不兼容的其他动画连接。

以文本为例，如图 3-1 所示。

对话框的第一行标识出被连接对象的名称和左上角在画面中的坐标以及图形对象的宽度与高度。

对话框的第二行提供“对象名称”和“提示文本”编辑框。“对象名称”是为图素提供的唯一的名称，供以后的程序开发使用，暂时不能使用。“提示文本”的含义为：当图形对象定义了动画连接时，在运行的时候，鼠标放在图形对象上，将出现开发中定义的提示文本。

下面分组介绍所有的动画连接种类。

属性变化：共有三种连接（线属性、填充属性、文本色），它们规定了图形对象的颜色、线型、填充类型等属性如何随变量或连接表达式的值变化而变化。单击任一按钮弹出相应的连接对话框。线类型的图形对象可定义线属性连接，填充形状的图形对象可定义线属性、填充属性连接，文本对象可定义文本色连接。

位置与大小变化：五种连接（水平移动、垂直移动、缩放、旋转、填充）规定了图形对象如何随变量值的变化而改变位置或大小。不是所有的图形对象都能定义这五种连接。单击任一按钮弹出相应的连接对话框。

值输出：只有文本图形对象能定义三种值输出连接中的某一种。这种连接用来在画面上输出文本图形对象的连接表达式的值。运行时文本字符串将被连接表达式的值所替换，

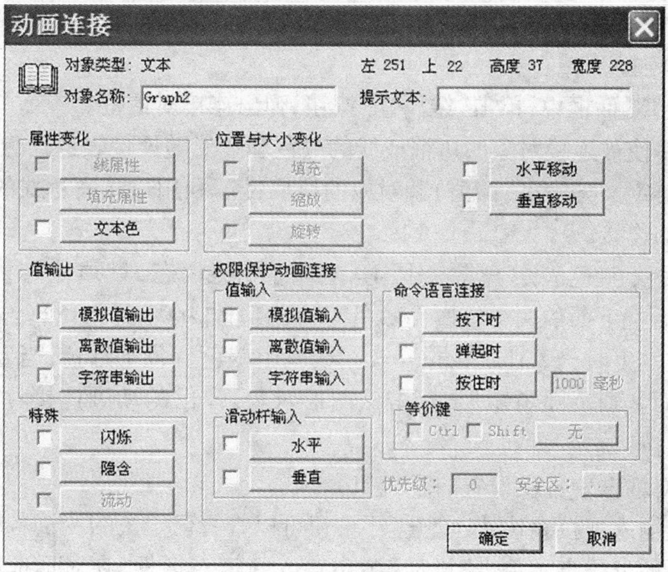

图 3-1　动画连接属性

输出的字符串的大小、字体和文本对象相同。按动任一按钮弹出相应的输出连接对话框。

权限保护动画连接值输入：所有的图形对象都可以定义为三种用户输入连接中的一种，输入连接使被连接对象在运行时为触敏对象。当 TouchVew 运行时，触敏对象周围出现反显的矩形框，可由鼠标或键盘选中此触敏对象。按 Space 键、Enter 键或鼠标左键，会弹出输入对话框，可以从键盘键入数据以改变数据库中变量的值。

特殊：所有的图形对象都可以定义闪烁、隐含两种连接，这是两种规定图形对象可见性的连接。按动任一按钮弹出相应连接对话框。

滑动杆输入：所有的图形对象都可以定义两种滑动杆输入连接中的一种，滑动杆输入连接使被连接对象在运行时为触敏对象。当 TouchVew 运行时，触敏对象周围出现反显的矩形框。鼠标左键拖动有滑动杆输入连接的图形对象可以改变数据库中变量的值。

命令语言连接：所有的图形对象都可以定义三种命令语言连接中的一种，命令语言连接使被连接对象在运行时成为触敏对象。当 TouchVew 运行时，触敏对象周围出现反显的矩形框，可由鼠标或键盘选中。按 Space 键、Enter 键或鼠标左键，就会执行定义命令语言连接时用户输入的命令语言程序。按动相应按钮弹出连接的命令语言对话框。

等价键：设置被连接的图素在被单击执行命令语言时与鼠标操作相同功能的快捷键。

优先级：此编辑框用于输入被连接的图形元素的访问优先级级别。当软件在TouchVew 中运行时，只有优先级级别不小于此值的操作员才能访问它，这是保障系统安全的一个重要功能。

安全区：此编辑框用于设置被连接元素的操作安全区。当工程处在运行状态时，只有在设置安全区内的操作员才能访问它，安全区与优先级一样是保障系统安全的一个重要功能。

3.1.3　动画连接详解

在“动画连接”对话框中，单击任一种连接方式，将会弹出设置对话框，下面详细解释各种动画连接的设置。

3.1.3.1　线属性连接

在“动画连接”对话框中，单击“线属性”按钮，弹出连接对话框。

线属性连接是使被连接对象的边框或线的颜色和线形随连接表达式的值而改变。定义这类连接需要同时定义分段点(阈值)和对应的线属性。利用连接表达式的多样性，可以构造出许多很有用的连接。

例如：可以用线颜色表示离散变量 EXAM 的报警状态，只须在连接表达式中输入 EXAM. Alarm，然后把下面的两个笔属性颜色对应的值改为 0(蓝色)、1(红色)即可。软件在运行时，当警报发生时(EXAM. Alarm =1)，线就由蓝色变成了红色；当警报解除后，线又变为蓝色。在画面上画一圆角矩形，双击该图形对象，弹出的动画连接对话框如图 3-2 所示。按上述填好，按“确定”即可。

线属性连接对话框中各项设置的意义如下：

表达式：用于输入连接表达式，单击“?”按钮可以查看已定义的变量名和变量域。

增加：增加新的分段点。单击“增加”弹出输入新值对话框，在对话框中输入新的分段点(阈值)和设置笔属性。按鼠标左键击中“笔属性—线形”按钮弹出漂浮式窗口，移动鼠标进行选择；也可以使用“线属性”按钮获得输入焦点，按空格键弹出漂浮式窗口，用 Tab 键在颜色和线形间切换，用移动键选择，按空格键或回车键确定选择。如图 3-3 所示。

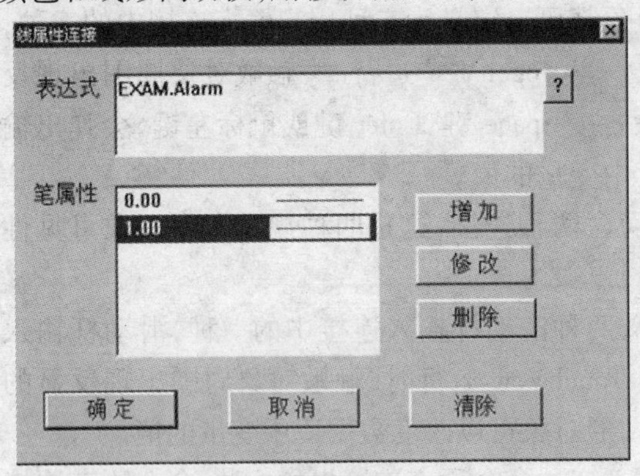

图 3-2　线属性连接

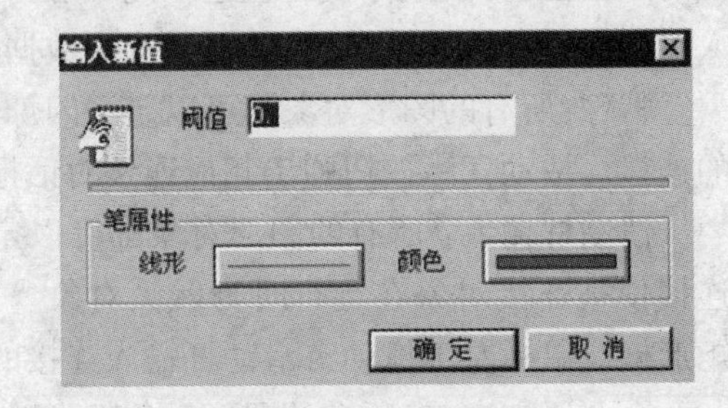

图 3-3　输入新值

修改：修改选中的分段点。修改对话框用法同输入新值对话框。

删除：删除选中的分段点。

3.1.3.2　填充属性连接

填充属性连接使图形对象的填充颜色和填充类型随连接表达式的值而改变，通过定义一些分段点(包括阈值和对应填充属性)，使图形对象的填充属性在一段数值内为指定值。

本例为封闭图形对象定义填充属性连接，阈值为 0 时填充属性为白色，阈值为 100 时为黄色，阈值为 200 时为红色。画面程序运行时，当变量“温度”的值在 0 至 100 之间时，图形对象为白色；在 100 至 200 之间时为黄色，变量值大于 200 时，图形对象为红色，如图 3-4 所示。

“填充属性”动画连接的设置方法为：在“动画连接”对话框中选择“填充属性”按钮，弹出的对话框(如图 3-4 所示)中各项意义如下：

表达式：用于输入连接表达式，单击右边的“?”可以查看已定义的变量名和变量域。

增加:增加新的分段点。单击“增加”按钮弹出输入新值对话框,如图 3-5 所示。

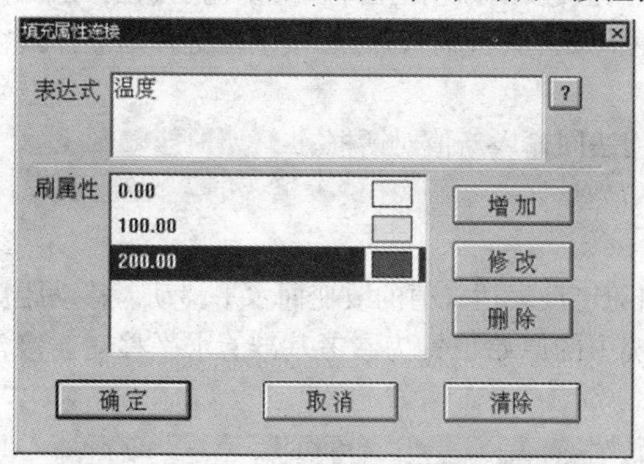

图 3-4 填充属性连接

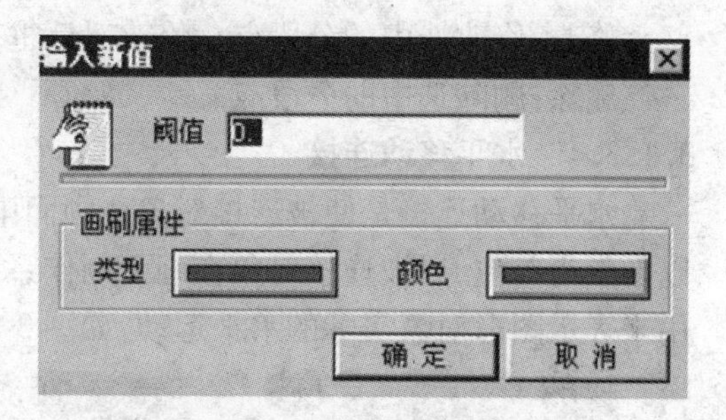

图 3-5 填充属性连接—输入新值

在输入新值对话框中输入新的分段点的阈值和画刷属性,按鼠标左键击中“画刷属性—类型”按钮弹出画刷类型漂浮式窗口,移动鼠标进行选择;也可以使“填充属性”按钮获得输入焦点,按空格键弹出漂浮式窗口,用 Tab 键在颜色和填充类型间切换,用移动键选择,按空格键或回车键结束选择。按鼠标左键击中“画刷属性—颜色”按钮弹出画刷颜色漂浮式窗口,用法与“画刷属性—类型”选择相同。

修改:修改选中的分段点。修改对话框用法同输入新值对话框。

删除:删除选中的分段点。

3.1.3.3 文本色连接

文本色连接是使文本对象的颜色随连接表达式的值而改变,通过定义一些分段点(包括颜色和对应数值),使文本颜色在特定数值段内为指定颜色。如定义某分段点,阈值是 0,文本色为红色,另一分段点,阈值是 100,则当“压力”的值在 0 到 100 之间时(包括 0),“压力”的文本色为红色,当“压力”的值大于等于 100 时,“压力”的文本色为蓝色(如图 3-6 所示)。

文本色连接的设置方法为:在“动画连接”对话框中选择“文本色”按钮,弹出的对话框(如图 3-6 所示)中各项设置的意义如下:

表达式:用于输入连接表达式,单击右侧的“?”按钮可以查看已定义的变量名。

增加:增加新的分段点。单击“增加”按钮弹出输入新值对话框,如图 3-7 所示。

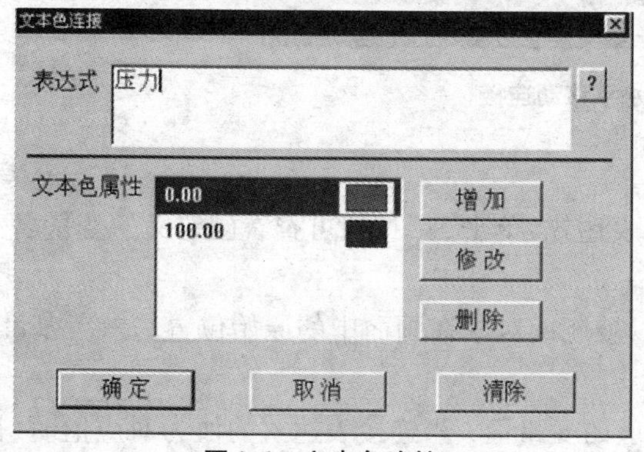

图 3-6 文本色连接

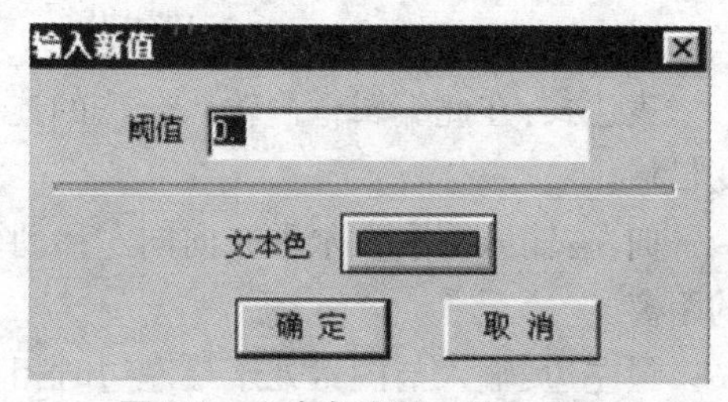

图 3-7 文本色连接—输入新值

在输入新值对话框中输入新的分段点的阈值,按鼠标左键击中“文本色”按钮弹出漂浮式窗口,移动鼠标进行选择;也可以使“文本色”按钮获得输入焦点,按空格键弹出漂浮式窗口,用移动键选择,按空格键或回车键结束。

修改:修改选中的分段点。修改对话框用法同输入新值对话框。

删除:删除选中的分段点。

3.1.3.4 水平移动连接

水平移动连接是使被连接对象在画面中随连接表达式值的改变而水平移动。移动距离以像素为单位,以被连接对象在画面制作系统中的原始位置为参考基准。水平移动连接常用来表示图形对象实际的水平运动,如图 3-8 所示。

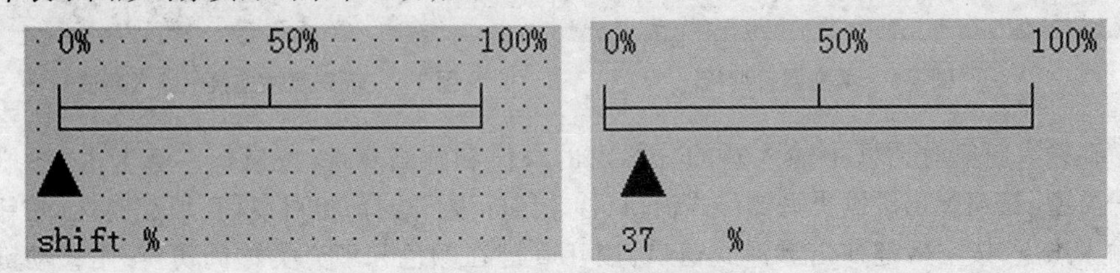

图 3-8 水平移动连接实例

本例中建立一个指示器,在画面上画一三角形(将其设置“水平移动”动画连接属性),以表示 shift 量的实际大小。图 3-8 中左图是设计状态,右图是在 TouchVew 中的运行状态。

水平移动连接的设置方法为:在“动画连接”对话框中单击“水平移动”按钮,弹出“水平移动连接”对话框,如图 3-9 所示。

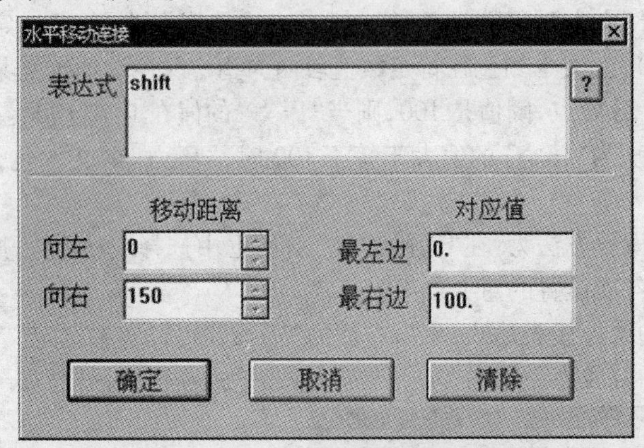

图 3-9 水平移动连接

对话框中各项设置的意义如下:

表达式:在此编辑框内输入合法的连接表达式,单击“?”按钮可查看已定义的变量名和变量域。

向左:输入图素在水平方向向左移动(以被连接对象在画面中的原始位置为参考基准)的距离。

最左边:输入与图素处于最左边时相对应的变量值,当连接表达式的值为对应值时,被连接对象的中心点向左(以原始位置为参考基准)移到最左边规定的位置。

向右:输入图素在水平方向向右移动(以被连接对象在画面中的原始位置为参考基准)的距离。

最右边:输入与图素处于最右边时相对应的变量值，当连接表达式的值为对应值时,被连接对象的中心点向右(以原始位置为参考基准)移到最右边规定的位置。

3.1.3.5 垂直移动连接

垂直移动连接是使被连接对象在画面中的位置随连接表达式的值而垂直移动。移动距离以像素为单位,以被连接对象在画面制作系统中的原始位置为参考基准。垂直移动连接常用来表示对象实际的垂直运动,单击“动画连接”对话框中的“垂直移动”按钮,弹出“垂直移动连接”对话框,如图3-10所示。

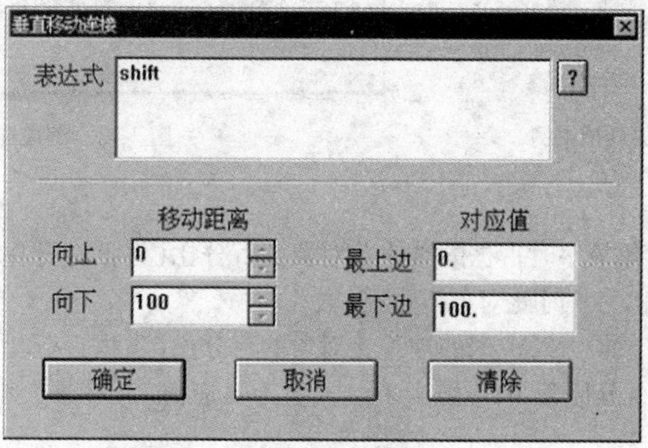

图3-10 垂直移动连接

对话框中各项设置的意义如下:

表达式:在此编辑框内输入合法的连接表达式,单击“?”按钮可以查看已定义的变量名和变量域。

向上:输入图素在垂直方向向上移动(以被连接对象在画面中的原始位置为参考基准)的距离。

最上边:输入与图素处于最上边时相对应的变量值，当连接表达式的值为对应值时,被连接对象的中心点向上(以原始位置为参考基准)移到最上边规定的位置。

向下:输入图素在垂直方向向下移动(以被连接对象在画面中的原始位置为参考基准)的距离。

最下边:输入与图素处于最下边时相对应的变量值，当连接表达式的值为对应值时,被连接对象的中心点向下(以原始位置为参考基准)移到最下边规定的位置。

3.1.3.6 缩放连接

缩放连接是使被连接对象的大小随连接表达式的值而变化,例如建立一个温度计,用一矩形表示水银柱(将其设置“缩放连接”动画连接属性),以反映变量“温度”的变化。如图3-11所示,左图是设计状态,右图是在TouchVew中的运行状态。

缩放连接的设置方法是:在“动画连接”对话框中单击“缩放”按钮,弹出对话框,如图3-12所示。

对话框中各项设置的意义如下:

表达式:在此编辑框内输入合法的连接表达式,单击“?”按钮可以查看已定义的变量名

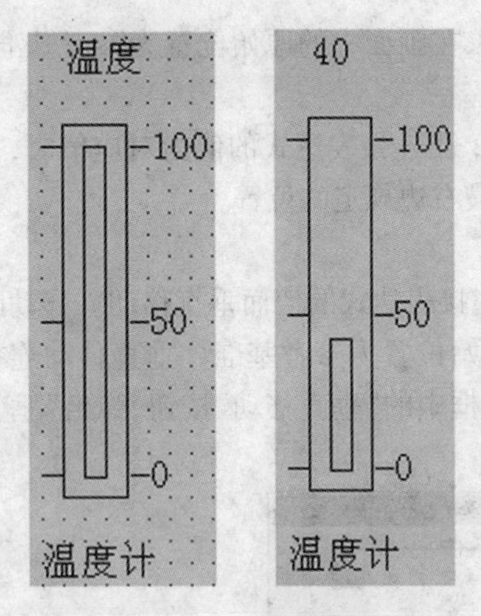

图 3-11　缩放连接实例

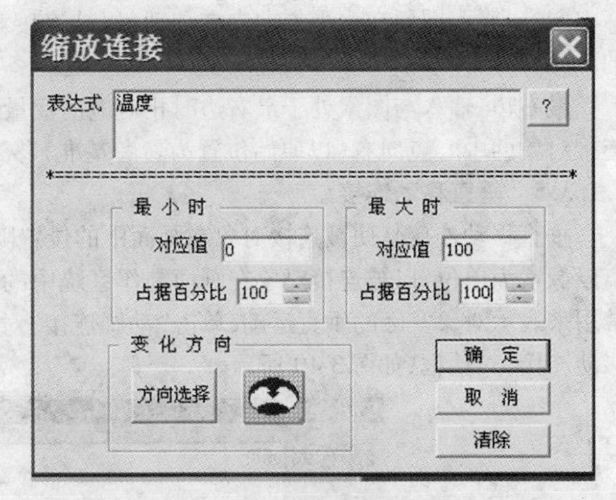

图 3-12　缩放连接

和变量域。

最小时：输入对象最小时占据的被连接对象的百分比（占据百分比）及对应的表达式的值（对应值）。百分比为 0 时此对象不可见。

最大时：输入对象最大时占据的被连接对象的百分比（占据百分比）及对应的表达式的值（对应值）。若此百分比为 100，则当表达式值为对应值时，对象大小为制作时该对象大小。

变化方向：选择缩放变化的方向。变化方向共有五种，用"方向选择"按钮旁边的指示器来形象地表示。箭头是变化的方向，蓝点是参考点。单击"方向选择"按钮，可选择五种变化方向之一，如图 3-13 所示。

图 3-13　变化方向

3.1.3.7　旋转连接

旋转连接是使对象在画面中的位置随连接表达式的值而旋转。例如建立一个有指针仪表，以指针旋转的角度表示变量"泵速"的变化。如图 3-14 所示，左图是设计状态，右图是在 TouchVew 中的运行状态。

旋转连接的设置方法为：在"动画连接"对话框中单击"旋转"按钮，弹出对话框，如图 3-15 所示。

对话框中各项设置的意义如下：

表达式：在此编辑框内输入合法的连接表达式，单击"?"按钮可以查看已定义的变量名和变量域。

最大逆时针方向对应角度：被连接对象逆时针方向旋转所能达到的最大角度及对应的表达式的值（对应数值）。角度值限于 0°～360°，Y 轴正向是 0°。

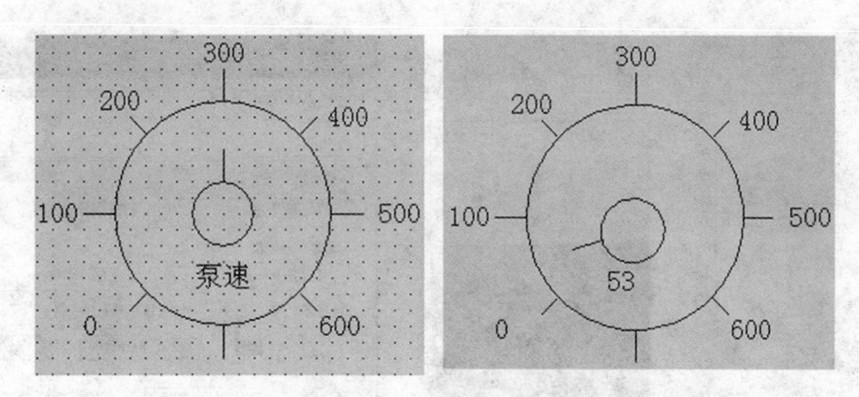

图 3-14　旋转连接实例

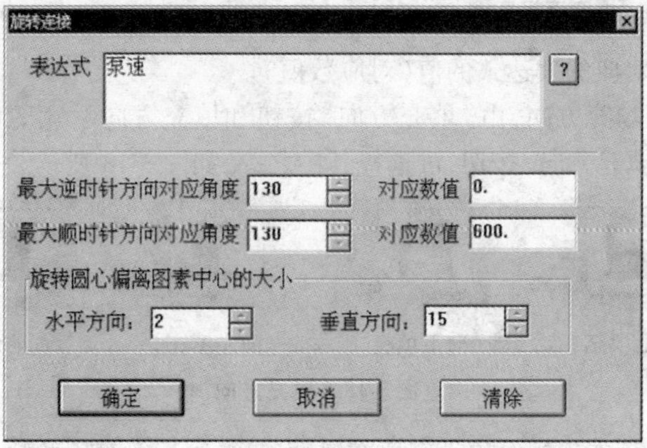

旋转连接

表达式 泵速 ?

最大逆时针方向对应角度 130 对应数值 0.

最大顺时针方向对应角度 130 对应数值 600.

旋转圆心偏离图素中心的大小

水平方向: 2 垂直方向: 15

确定 取消 清除

图 3-15　旋转连接

最大顺时针方向对应角度:被连接对象顺时针方向旋转所能达到的最大角度及对应的表达式的值(对应数值)。角度值限于0°~360°,Y 轴正向是0°。

旋转圆心偏离图素中心的大小:被连接对象旋转时所围绕的圆心坐标距离被连接对象中心的值,水平方向为圆心坐标水平偏离的像素数(正值表示向右偏离),垂直方向为圆心坐标垂直偏离的像素数(正值表示向下偏离),该值可由坐标位置窗口(在组态王开发系统中用热键 F8 激活)帮助确定。

3.1.3.8　填充连接

填充连接是使被连接对象的填充物(颜色和填充类型)占整体的百分比随连接表达式的值而变化。例如建立一个矩形对象,以表示变量"液位"的变化。如图 3-16 所示,左图是设计状态,右图是在 TouchVew 中的运行状态。

填充连接的设置方法是:在"动画连接"对话框中单击"填充"按钮,弹出的对话框如图 3-17 所示。

对话框中各项设置的意义如下:

表达式:在此编辑框内输入合法的连接表达式,单击"?"按钮可以查看已有的变量名和变量域。

最小填充高度:输入对象填充高度最小时所占据的被连接对象的高度(或宽度)的百分比(占据百分比)及对应的表达式的值(对应数值)。

最大填充高度:输入对象填充高度最大时所占据的被连接对象的高度(或宽度)的百分

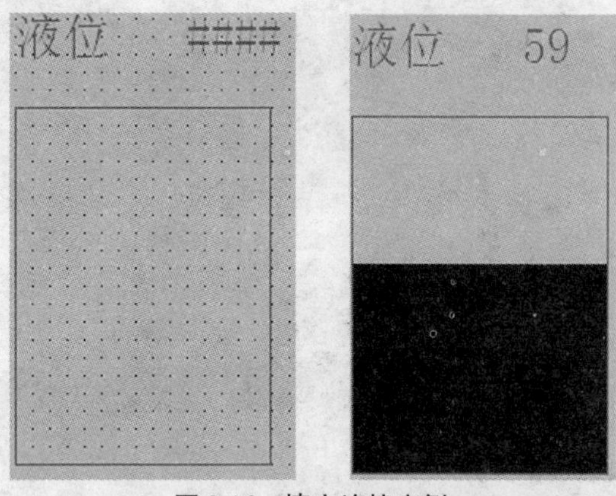

图 3-16　填充连接实例

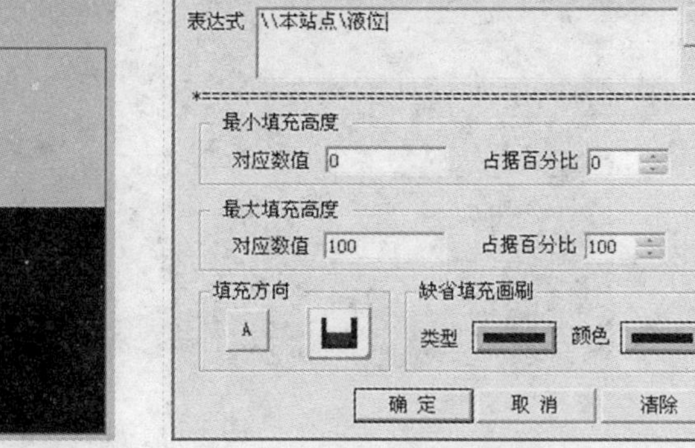

图 3-17　填充连接

比(占据百分比)及对应的表达式的值(对应数值)。

填充方向:规定填充方向,由"填充方向"按钮和填充方向示意图两部分组成。共有 4 种填充方向,单击"填充方向"按钮,可选择其中之一,如图 3-18 所示。

图 3-18　填充方向

缺省填充画刷:若本连接对象没有填充属性连接,则运行时用此缺省填充画刷。按鼠标左键击中"类型"按钮弹出漂浮式窗口,移动鼠标进行选择;也可以使"类型"按钮获得输入焦点,按空格键弹出浮动窗口,用 Tab 键在颜色和填充类型间切换,用移动键选择,按空格键或回车键结束选择。按鼠标左键击中"颜色"按钮弹出漂浮式窗口,移动鼠标进行选择,如图 3-19 所示。

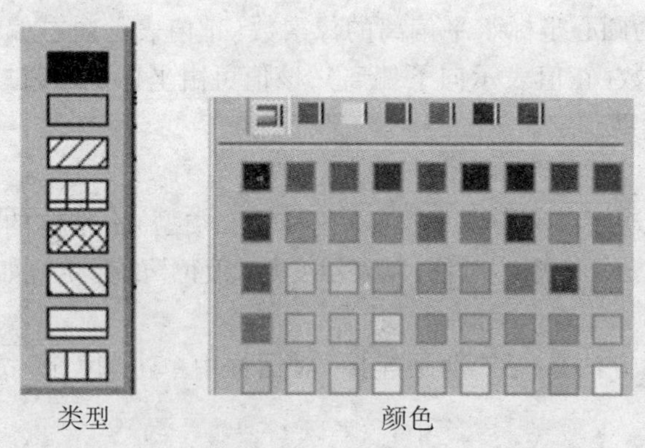

图 3-19　缺省填充画刷

3.1.3.9　模拟值输出连接

模拟值输出连接是使文本对象的内容在程序运行时被连接表达式的值所取代,如图 3-20 所示。

例如:建立文本对象以表示系统时间,为文本对象连接的变量是系统预定义变量$时、$分、$秒。左图是设计状态,右图是在 TouchVew 中的运行状态。模拟值输出连接的设置方法

时 ## 分 ## 秒

08 时 13 分 09 秒

图 3-20 模拟值输出连接实例

是:在“动画连接”对话框中单击“模拟值输出”按钮,弹出对话框,如图 3-21 所示。

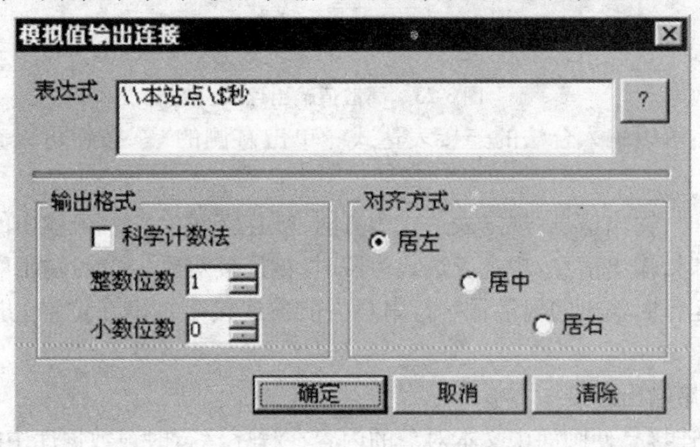

图 3-21 模拟值输出连接

3.1.3.10 离散值输出连接

离散值输出连接是使文本对象的内容在运行时被连接表达式的指定字符串所取代。

例如:建立一个文本对象“液位状态”,使其内容在变量“液位”的值小于 80 时是“液位正常”,当变量值大于 80 时,文本对象变为“液位过高”。如图 3-22 所示,左图是设计状态,右图是在 TouchVew 中的运行状态。

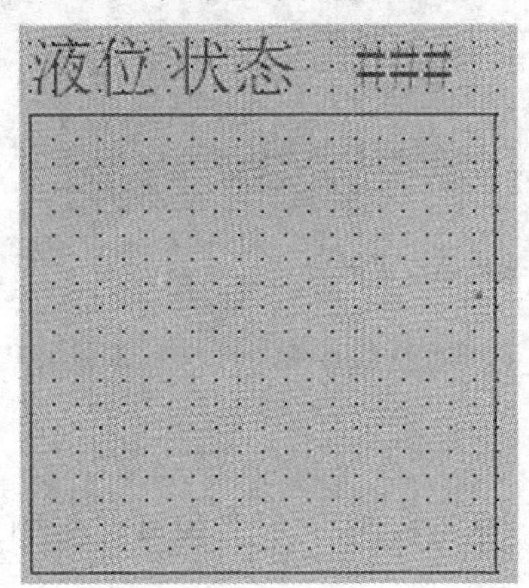

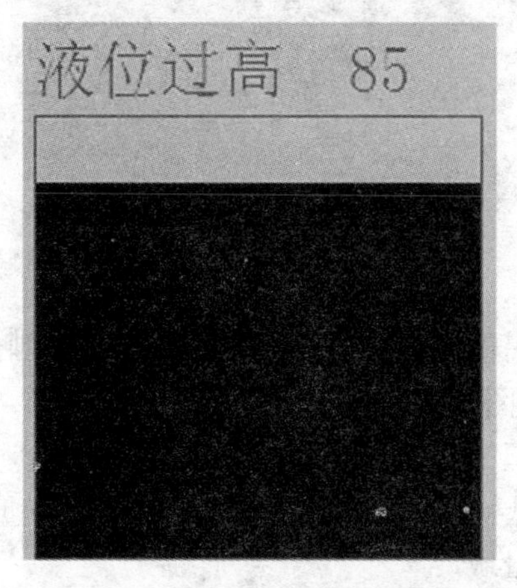

图 3-22 离散值输出连接实例

离散值输出连接的设置方法是:在“动画连接”对话框中单击“离散值输出”按钮,弹出对话框,如图 3-23 所示。

对话框中各项设置的意义如下:

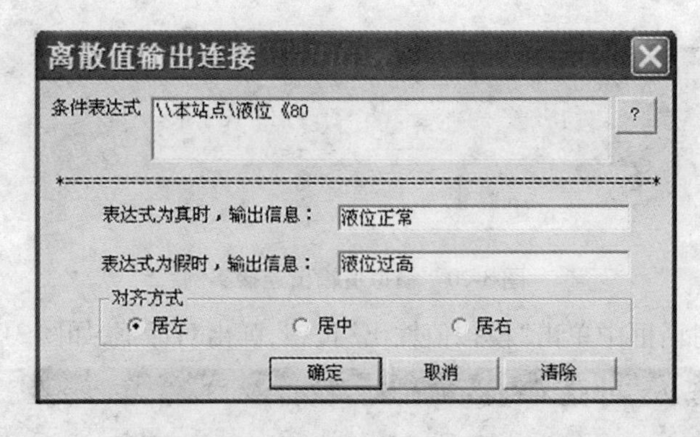

图 3-23　离散值输出连接

条件表达式:可以输入合法的连接表达式。单击右侧的“?”按钮可以查看已定义的变量名和变量域。

表达式为真时,输出信息:规定表达式为真时,被连接对象(文本)输出的内容。

表达式为假时,输出信息:规定表达式为假时,被连接对象(文本)输出的内容。

对齐方式:运行时输出的离散量字符串与当前被连接字符串在位置上按照左、中、右方式对齐。

3.1.3.11　字符串输出连接

字符串输出连接是使画面中文本对象的内容在程序运行时被数据库中的某个字符串变量的值所取代。

例如:建立文本对象“##### ”,使其在运行时输出历史趋势曲线窗口中曲线 1、2 对应的变量名。为取得此变量名,使用了系统函数 HTGetPenName。如图 3-24 所示,左图是设计状态,右图是在 TouchVew 中的运行状态。

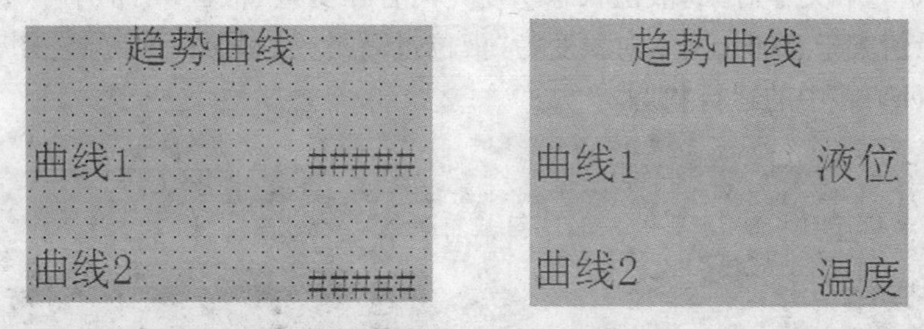

图 3-24　字符串输出连接实例

字符串输出连接的设置方法是:在“动画连接”对话框中单击“字符串输出”按钮,弹出对话框,如图 3-25 所示。

对话框中各项设置的意义如下:

表达式:输入要显示值内容的字符串变量。单击右侧的“?”按钮可以查看已定义的变量名和变量域。

对齐方式:选择运行时输出的字符串与当前被连接字符串在位置上的对齐方式。

3.1.3.12　模拟值输入连接

模拟值输入连接是使被连接对象在运行时为触敏对象,单击此对象或按下指定热键将弹出输入值对话框,用户在对话框中可以输入连接变量的新值,以改变数据库中某个模拟型

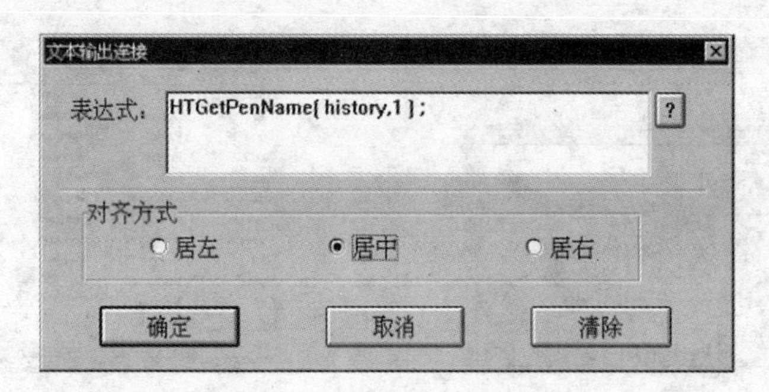

图 3-25　文本输出连接

变量的值。例如：建立一个矩形框，设置"模拟值输入"连接以改变变量"温度"的值。图 3-26 是在组态王开发系统中的设计状态。

在运行时单击输入温度值右侧的"#####"，弹出输入对话框，如图 3-27 所示。

图 3-26　模拟值输入连接实例

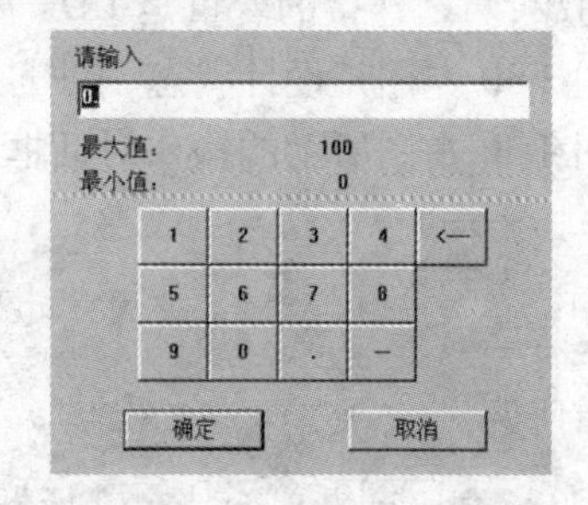

图 3-27　模拟值输入连接

用户在此对话框中可以输入变量的新值。如果在工程浏览器中选中了"系统配置设置运行系统"下的"特殊"属性页中的"使用虚拟键盘"选项，程序运行中在弹出输入对话框的同时还将显示模拟键盘窗口，在模拟键盘上单击按钮的效果与键盘输入相同。

模拟值输入连接的设置方法是：在"动画连接"对话框中单击"模拟值输入"按钮，弹出如图 3-28 所示的对话框。

对话框中各项设置的意义如下：

变量名：要改变的模拟类型变量的名称。单击右侧的"？"按钮可以查看已定义的变量和变量域。

提示信息：运行时出现在弹出对话框上用于提示输入内容的字符串。

值范围：规定键入值的范围。它应该是要改变的变量在数据库中设定的最大值和最小值。

激活键：定义激活键，这些激活键可以是键盘上的单键也可以是组合键（Ctrl 键、Shift 键和键盘单键的组合），在 TouchVew 运行画面时可以用激活键随时弹出输入对话框，以便输入修改新的模拟值。

当"Ctrl"和"Shift"字符左边的选择框中出现"√"符号时，分别表示 Ctrl 键和 Shift 键有效，单击"键…"按钮，则弹出如图 3-29 所示的对话框。

在此对话框中用户可以选择一个键作为热键，再单击"关闭"按钮完成设置。

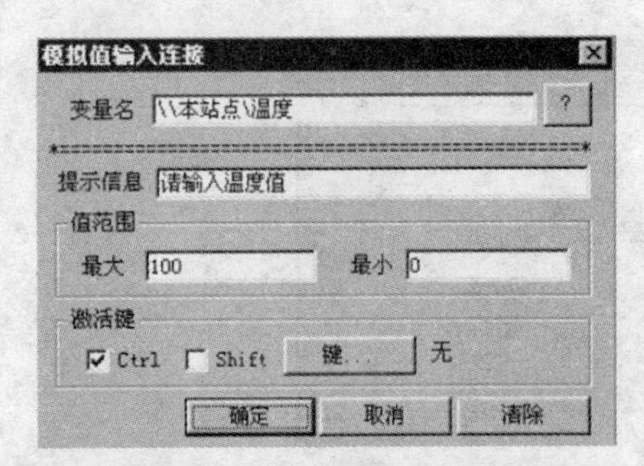

图 3-28　模拟值输入连接

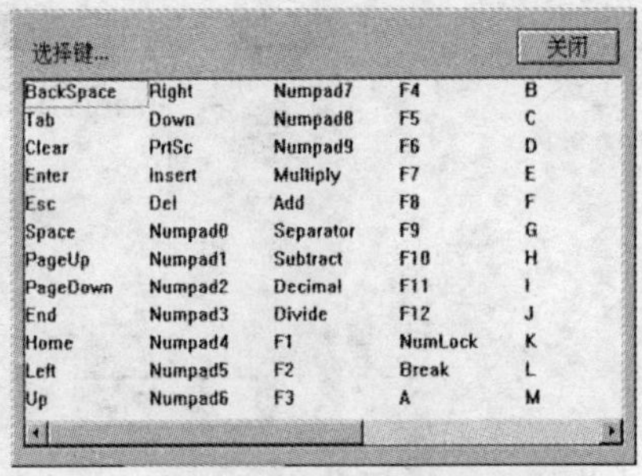

图 3-29　热键选择

3.1.3.13　离散值输入连接

离散值输入连接是使被连接对象在运行时为触敏对象,单击此对象后弹出输入值对话框,可在对话框中输入离散值,以改变数据库中某个离散类型变量的值。例如:建立一个矩形框对象,与之连接的变量是 DDE 离散变量“电源开关”。

图 3-30 左图是设计状态,右图是在 TouchVew 中的运行状态。运行时单击矩形对象,弹出如图 3-30 右图所示的输入对话框。

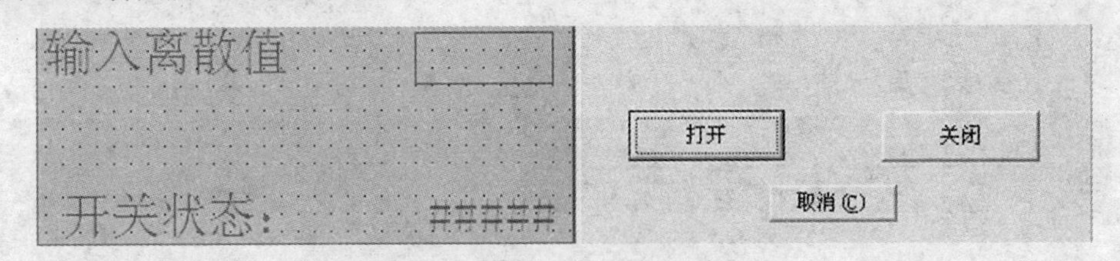

图 3-30　离散值输入连接实例

在对话框中单击适当的按钮可以改变离散变量“电源开关”的值。

离散值输入连接的设置方法是:在“动画连接”对话框中单击“离散值输入”按钮,弹出如图 3-31 所示的对话框。

对话框中各项设置的意义如下:

变量名:要改变的离散类型变量的名称。单击右侧的“?”按钮可以查看已定义的变量和变量域。

提示信息:运行时出现在弹出对话框上用于提示输入内容的字符串。

设定信息:运行时出现在弹出对话框上第一个按钮上的文本内容,此按钮用于将离散变量值设为 1。

清除信息:运行时出现在弹出对话框上第二个按钮上的文本内容,此按钮用于将离散变量值设为 0。

激活键:定义激活键,这些激活键可以是键盘上的单键也可以是组合键(Ctrl 键、Shift 键和键盘单键的组合),在 TouchVew 运行画面时可以用激活键随时弹出输入对话框,以便输入修改新的离散值。当“Ctrl”和“Shift”字符左边的选择框中出现“√”符号时,分别表示 Ctrl 键和 Shift 键有效,单击“键…”按钮,弹出如图 3-32 所示的对话框。

在此对话框中可以选择一个键作为热键,再单击“关闭”按钮完成设置。

3.1.3.14　字符串输入连接

字符串输入连接是使被连接对象在运行时为触敏对象,用户可以在运行时改变数据库

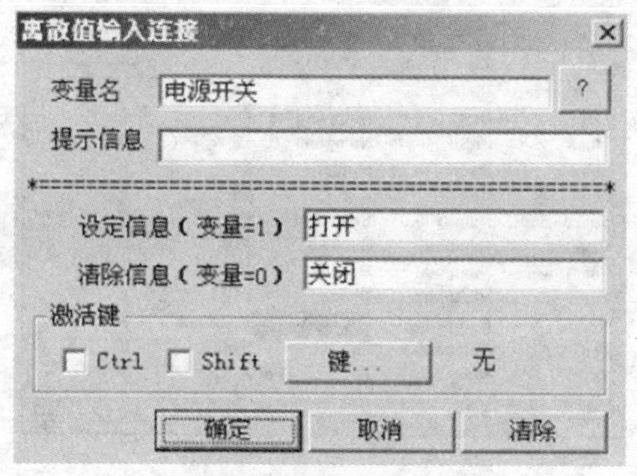

图 3-31　离散值输入连接

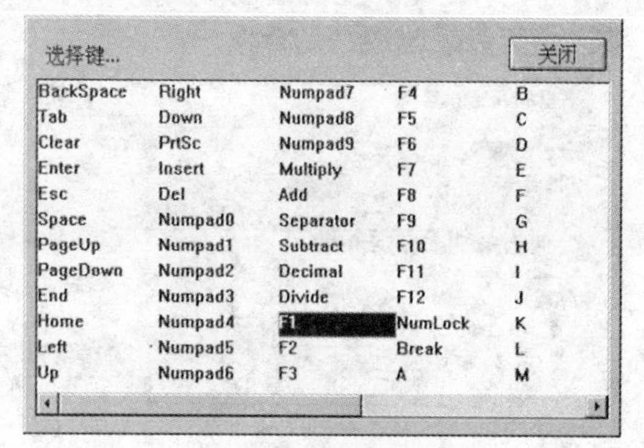

图 3-32　定义激活键

中的某个字符串类型变量的值。例如：建立一个矩形框对象，使其能够输入内存字符串变量"记录信息"的值。图 3-33 是在软件开发系统中的设计状态。运行时单击触敏对象，弹出输入对话框，如图 3-34 所示。

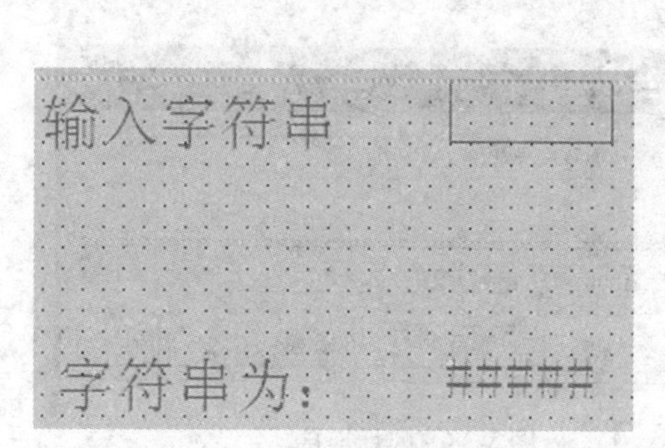

图 3-33　字符串输入连接实例

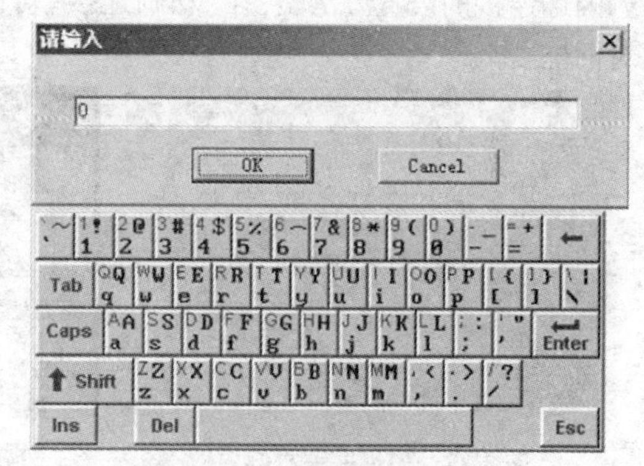

图 3-34　字符串输入连接

字符串输入连接的设置方法是：选择连接对话框中的"字符串输入"按钮，弹出如图 3-35 所示对话框。

对话框中各项设置的意义如下：

变量名：要改变的字符串类型变量的名称。单击"?"按钮可以查看已定义的变量和变量域。

提示信息：运行时出现在弹出对话框上用于提示输入内容的字符串。

口令形式：规定用户在向弹出对话框上的编辑框中键入字符串内容时，编辑框中的字符是否以口令形式显示。

激活键：定义激活键，这些激活键可以是键盘上的单键也可以是组合键（Ctrl 键、Shift 键和键盘单键的组合），在 TouchVew 运行画面时可以用激活键随时弹出输入对话框，以便输入修改新的字符串值。当"Ctrl"和"Shift"字符左边的选择框中出现"√"符号时，分别表示 Ctrl 键和 Shift 键有效，单击"键…"按钮，弹出如图 3-36 所示的对话框。

在此对话框中可以选择一个键作为热键，再单击"关闭"按钮完成设置。

3.1.3.15　闪烁连接

闪烁连接是使被连接对象在条件表达式的值为真时闪烁。闪烁效果易于引起注意，故常用于出现非正常状态时的报警，如图 3-37 所示。例如：建立一个表示报警状态的红色圆

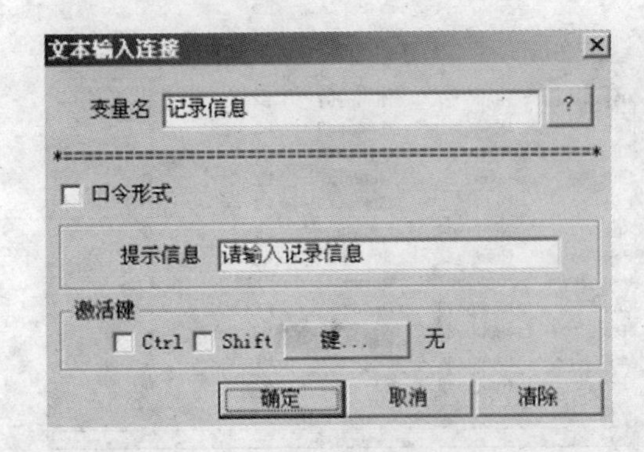

图 3-35　字符串输入连接设置

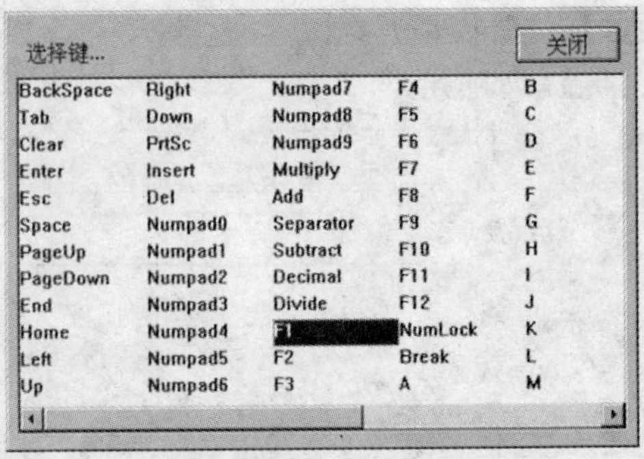

图 3-36　定义激活键

形对象,使其能够在变量“液位”的值大于 60 时闪烁。图 3-37 是在软件开发系统中的设计状态。运行中当变量“液位”的值大于 60 时,红色对象开始闪烁。

闪烁连接的设置方法是:在“动画连接”对话框中单击“闪烁”按钮,弹出如图 3-38 所示的对话框。

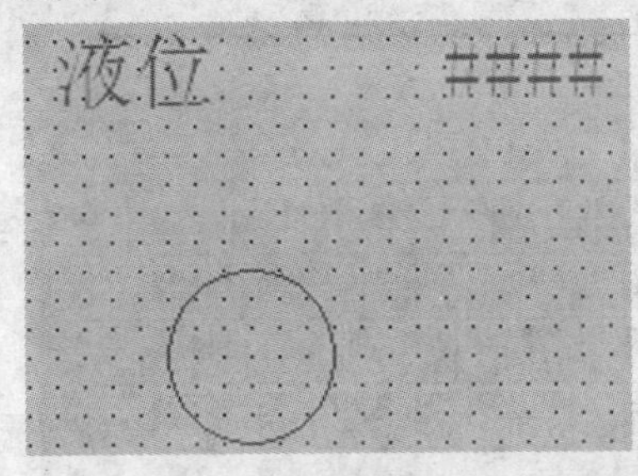

图 3-37　闪烁连接实例

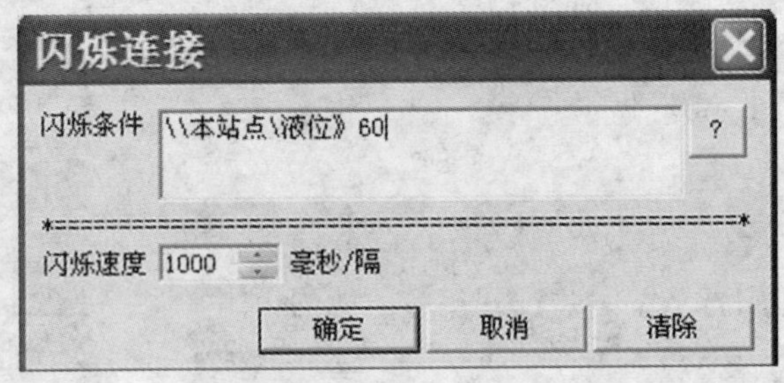

图 3-38　闪烁连接

3.1.3.16　隐含连接

隐含连接是使被连接对象根据条件表达式的值而显示或隐含。本例中建立一个表示危险状态的文本对象“液位过高”,使其能够在变量“液位”的值大于 60 时显示出来。图 3-39 是在软件开发系统中的设计状态。

隐含连接的设置方法是:在“动画连接”对话框中单击“隐含”按钮,弹出如图 3-40 所示的对话框。

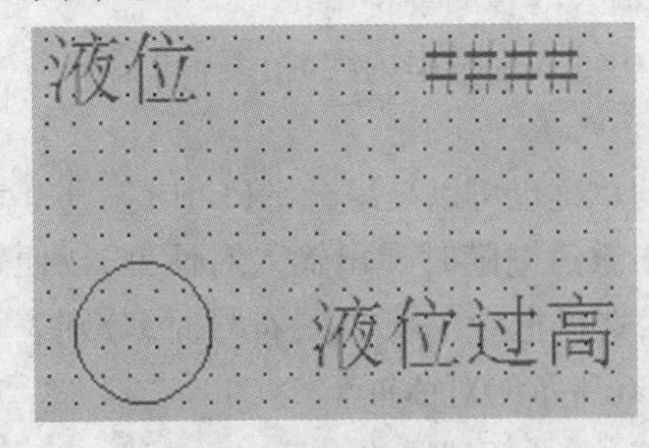

图 3-39　隐含连接实例

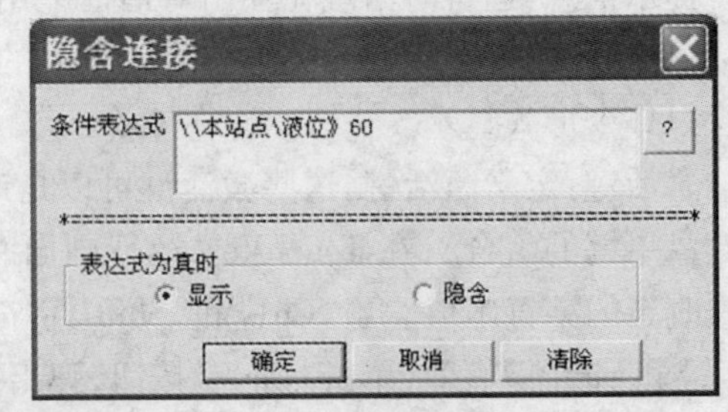

图 3-40　隐含连接

3.1.3.17　水平滑动杆输入连接

当有滑动杆输入连接的图形对象被鼠标拖动时,与之连接的变量的值将会改变。当变量的值改变时,图形对象的位置也会发生变化。例如:建立一个用于改变变量“泵速”值的水平滑动杆如图3-41所示,左图是设计状态,右图是在TouchVew中的运行状态。

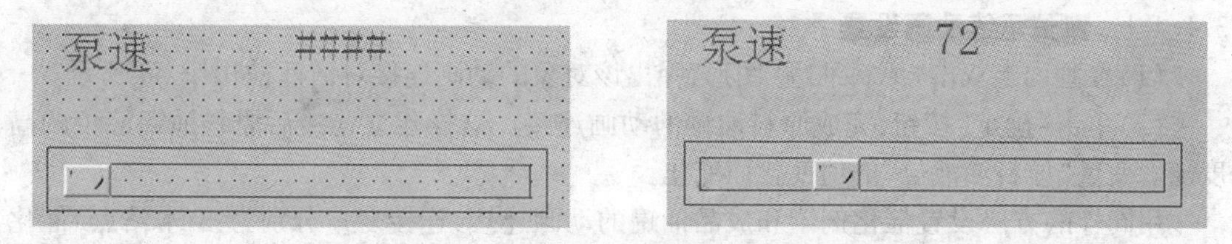

图3-41　水平滑动杆输入连接实例

水平滑动杆输入连接的设置方法是:在“动画连接”对话框中单击“水平”按钮,弹出如图3-42所示的对话框。

对话框中各项设置的意义如下:

变量名:输入与图形对象相联系的变量,单击“?”可以查看已定义的变量名和变量域。

向左:图形对象从设计位置向左移动的最大距离。

向右:图形对象从设计位置向右移动的最大距离。

最左边:图形对象在最左端时变量的值。

最右边:图形对象在最右端时变量的值。

3.1.3.18　垂直滑动杆输入连接

垂直滑动杆输入连接与水平滑动杆输入连接类似,只是图形对象的移动方向不同。设置方法是:在“动画连接”对话框中单击“垂直”按钮,弹出如图3-43所示的对话框。

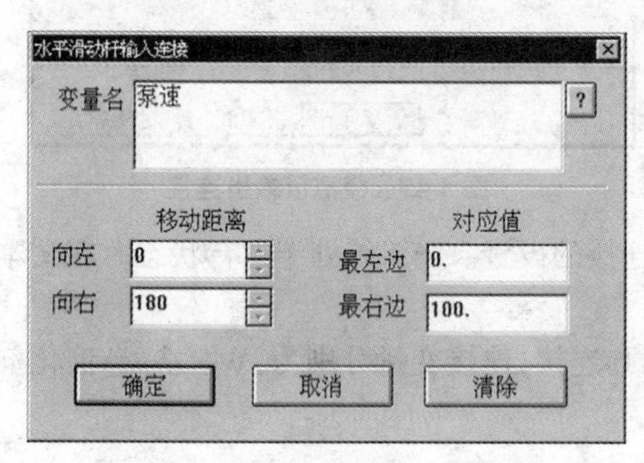

图3-42　水平滑动杆输入连接

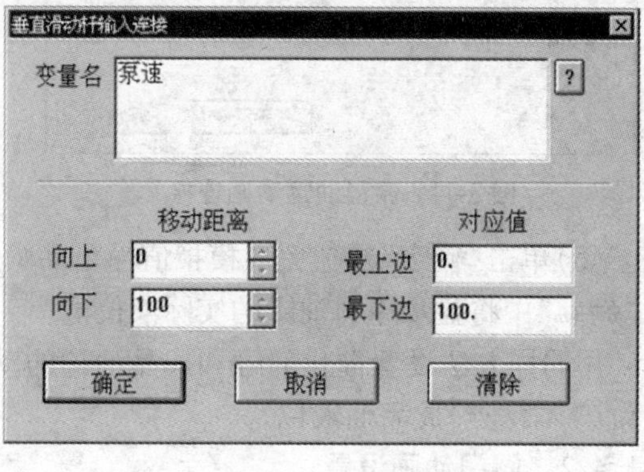

图3-43　垂直滑动杆输入连接

对话框中各项的意义解释如下:

变量名:与产生滑动输入的图形对象相联系的变量。单击“?”按钮查看所有已定义的变量名和变量域。

向上:图形对象从设计位置向上移动的最大距离。

向下:图形对象从设计位置向下移动的最大距离。

最上边:图形对象在最上端时变量的值。

最下边:图形对象在最下端时变量的值。

3.1.4　反应中心动画连接

3.1.4.1　液位示值动画设置

(1)在画面上双击"原料油罐"图形,弹出该对象的动画连接对话框,如图3-44所示。

(2)单击"确定"按钮,完成原料油罐的动画连接。这样建立连接后原料油罐液位的高度随着变量"原料油液位"的值变化而变化。

用同样的方法设置催化剂罐和成品油罐的动画连接,连接变量分别为:\\本站点\催化剂液位、\\本站点\成品油液位。

作为一个实际可用的监控程序,操作者可能需要知道罐液面的准确高度而不仅是形象的表示,这个功能由"模拟值动画连接"来实现。

(3)在工具箱中选择 T 工具,在原料油罐旁边输入字符串"####",这个字符串是任意的,当工程运行时,字符串的内容将被需要输出的模拟值所取代。

(4)双击文本对象"####",弹出动画连接对话框,在此对话框中选择"模拟值输出"选项弹出模拟值输出连接对话框,如图3-45所示。

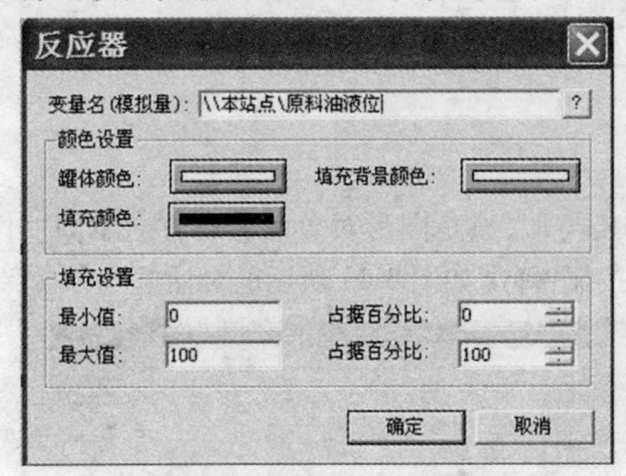

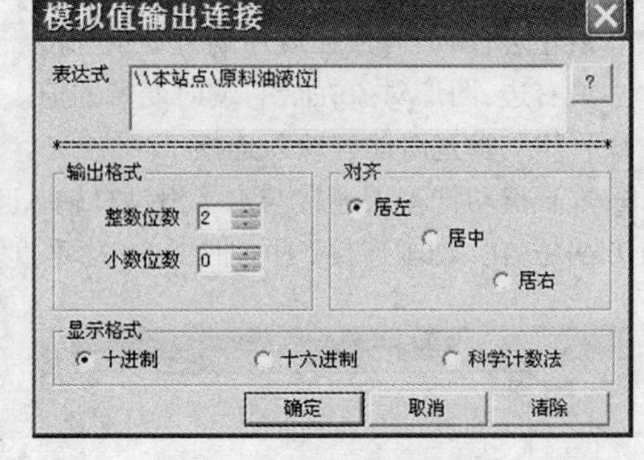

图3-44　原料油罐动画连接　　　　图3-45　模拟值输出连接

(5)单击"确定"按钮完成模拟值输出动画连接的设置。当系统处于运行状态时在文本框"####"中将显示原料油罐的实际液位值。

用同样方法设置催化剂罐和成品油罐的动画连接,连接变量分别为:\\本站点\催化剂液位、\\本站点\成品油液位。

3.1.4.2　阀门动画设置

(1)在画面上双击"原料油出料阀"图形,弹出该对象的动画连接对话框,设置如图3-46所示。

(2)单击"确定"按钮后原料油出料阀动画设置完毕,当系统进入运行环境时鼠标单击此阀门,其变成绿色,表示阀门已被打开,再次单击关闭阀门,从而达到控制阀门的目的。

(3)用同样方法设置催化剂出料阀和成品油出料阀的动画连接,连接变量分别为:\\本站点\催化剂出料阀、\\本站点\成品油出料阀。

3.1.4.3　液体流动动画设置

(1)在数据词典中定义一个内存整型变量:

变量名:控制水流

变量类型:内存整型

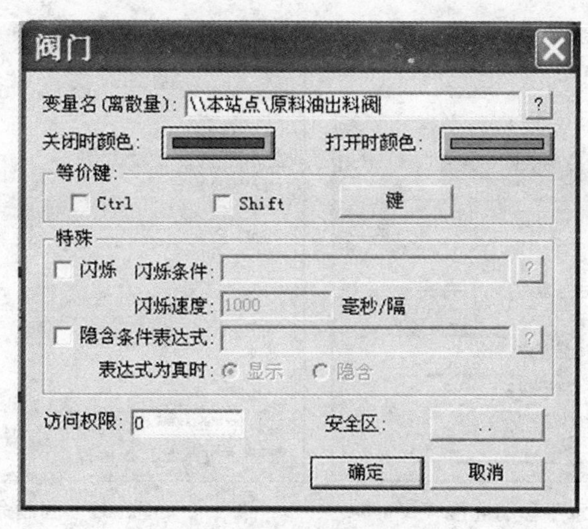

图 3-46 出料阀动画连接

初始值:0

最小值:0

最大值:100

(2)选择工具箱中的"矩形"工具,在原料油管道上画一小方块,宽度与管道相匹配(颜色最好区别于管道的颜色),然后利用"编辑"菜单中的"拷贝"、"粘贴"命令复制多个小方块排成一行作为液体,如图 3-47 所示。

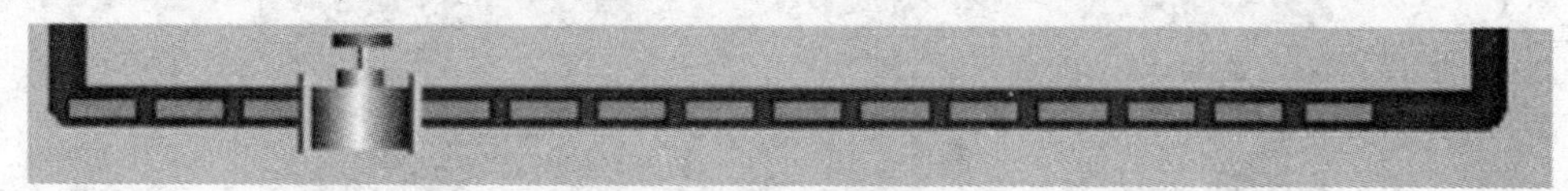

图 3-47 管道中绘制液体

(3)选择所有小方块,单击鼠标右键,在弹出的下拉菜单中执行"组合拆分\合成组合图素"命令将其组合成一个图素,双击此图素弹出动画连接对话框,在对话框中单击"水平移动"选项,弹出"水平移动连接"对话框,如图 3-48 所示。

(4)上述表达式中连接的\\本站点\控制水流变量是一个内存变量,在运行状态下如果不改变其值的话,它的值永远为初始值(即 0),那么如何改变其值,使变量能够实现控制液体流动的效果呢?在画面的任一位置单击鼠标右键,在弹出的下拉菜单中选择"画面属性"命令,在画面属性对话框中选择"命令语言"选项,弹出"画面命令语言"对话框,如图 3-49 所示。

在对话框中输入如下命令语言:

```
if (\\本站点\原料油出料阀 =1)
\\本站点\控制水流 = \\本站点\控制水流 +5;
if(\\本站点\控制水流 >20)
\\本站点\控制水流 =0;
```

(5)单击"确认"按钮关闭对话框。上述命令语言是当"监控画面"存在时每隔 55 毫秒执行一次。当\\本站点\原料油出料阀开启时改变\\本站点\控制水流变量的值,达到了控制液体流动的目的。

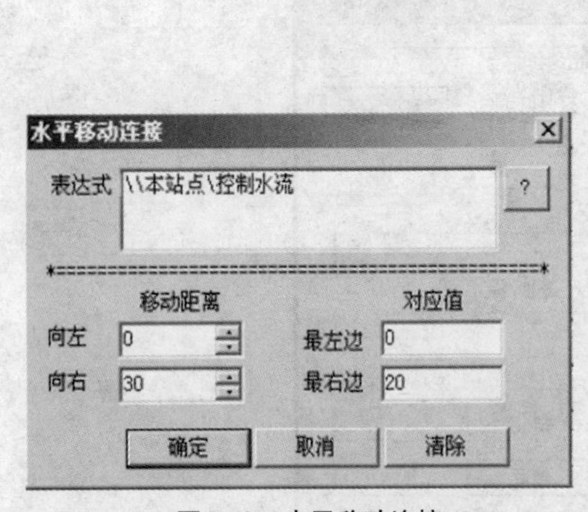

图 3-48 水平移动连接

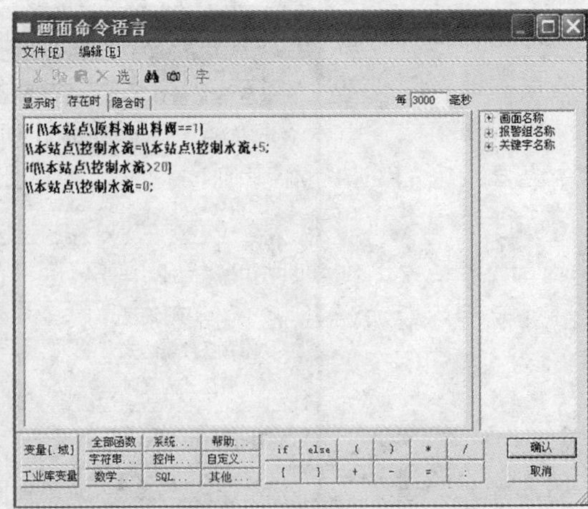

图 3-49 画面命令语言

(6)利用同样方法设置催化剂罐和成品油罐管道液体流动的动画。

(7)单击“文件”菜单中的“全部存”命令,保存所作的设置。

(8)单击“文件”菜单中的“切换到 VIEW”命令,进入运行系统,在画面中可看到液位的变化值并控制阀门的开关,从而达到了监控现场的目的,如图 3-50 所示。

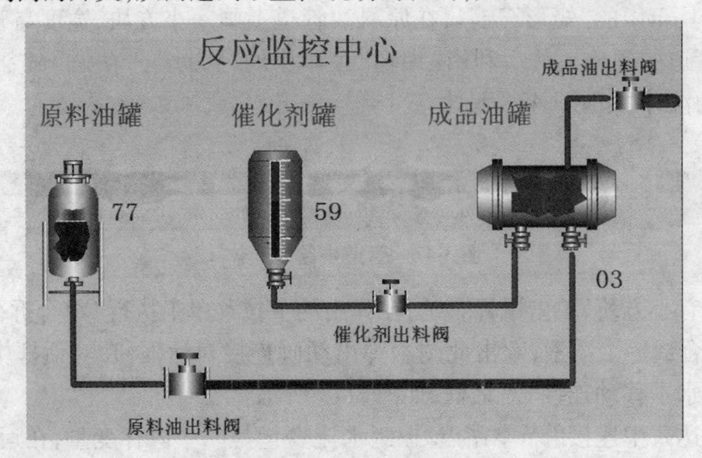

图 3-50 运行中的监控画面

3.2 命令语言

命令语言是一种在语法上类似 C 语言的程序,工程人员可以利用这些程序来增强应用程序的灵活性、处理一些算法和操作等。

3.2.1 命令语言类型

命令语言都是靠事件触发执行的,如定时、数据的变化、键盘键的按下、鼠标的点击等。根据事件和功能的不同,包括应用程序命令语言、热键命令语言、事件命令语言、数据改变命令语言、自定义函数命令语言、动画连接命令语言和画面命令语言等。具有完备的词法语法查错功能和丰富的运算符、数学函数、字符串函数、控件函数、SQL 函数和系统函数。各种命令语言通过“命令语言编辑器”编辑输入,在组态王运行系统中被编译执行。

应用程序命令语言、热键命令语言、事件命令语言、数据改变命令语言可以称为“后台命令语言”,它们的执行不受画面打开与否的限制,只要符合条件就可以执行。另外,可以使用运行系统中的菜单“特殊/开始执行后台任务”和“特殊/停止执行后台任务”来控制这些命令语言是否执行,而画面和动画连接命令语言的执行不受影响。也可以通过修改系统变量“$启动后台命令语言”的值来实现上述控制,该值置 0 时停止执行,置 1 时开始执行。

3.2.1.1 应用程序命令语言

应用程序命令语言是指在组态王运行系统应用程序启动时、运行期间和程序退出时执行的命令语言程序。如果是在运行系统运行期间,该程序按照指定时间间隔定时执行。

在工程浏览器的目录显示区,选择“文件\命令语言\应用程序命令语言”,则在右边的内容显示区出现“请双击这儿进入 < 应用程序命令语言…”图标,如图 3-51 所示。

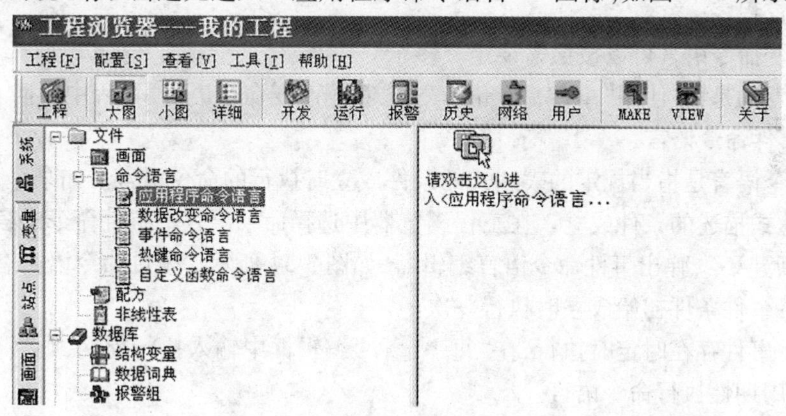

图 3-51 选择应用程序命令语言

双击图标,则弹出“应用程序命令语言”对话框,如图 3-52 所示。

如图 3-52 所示,当选择“运行时”标签时,会有输入执行周期的编辑框“每…毫秒”。输入执行周期,则在系统运行时,将按照该时间周期性地执行这段命令语言程序,无论打开画面与否。

选择“启动时”标签,在该编辑器中输入命令语言程序,该段程序只在运行系统程序启动时执行一次。

选择“停止时”标签,在该编辑器中输入命令语言程序,该段程序只在运行系统程序退出时执行一次。

应用程序命令语言只能定义一个。

3.2.1.2 数据改变命令语言

在工程浏览器中选择命令语言—数据改变命令语言,在浏览器右侧双击“新建…”,弹出数据改变命令语言编辑器,如图 3-53 所示。数据改变命令语言触发的条件为连接的变量或变量的域的值发生了变化。

在命令语言编辑器“变量[.域]”编辑框中输入或通过单击“?”按钮来选择变量名称(如原料罐液位)或变量的域(如原料罐液位. Alarm)。这里可以连接任何类型的变量和变

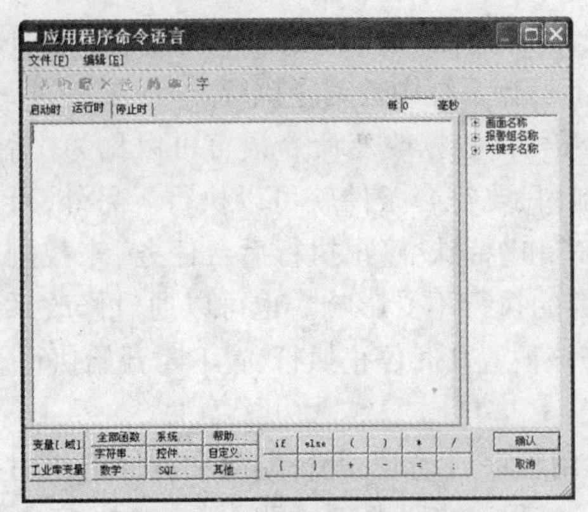

图 3-52 应用程序命令语言

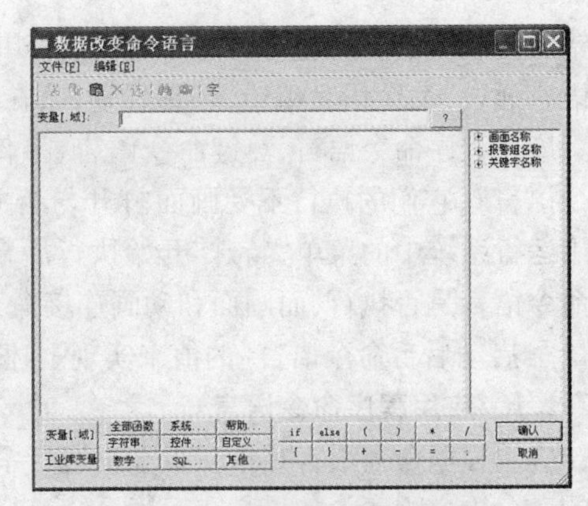

图 3-53 数据改变命令语言

量的域，如离散型、整型、实型、字符串型等。当连接的变量的值发生变化时，系统会自动执行该命令语言程序。

数据改变命令语言可以按照需要定义多个。

需要注意的是，在使用“事件命令语言”或“数据改变命令语言”过程中要防止死循环。

3.2.1.3 事件命令语言

事件命令语言是指当规定的表达式的条件成立时执行的命令语言。如某个变量等于定值，某个表达式描述的条件成立。在工程浏览器中选择命令语言—事件命令语言，在浏览器右侧双击“新建…”，弹出事件命令语言编辑器，如图 3-54 所示。事件命令语言有三种类型：

发生时：事件条件初始成立时执行一次。

存在时：事件存在时定时执行，在“每…毫秒”编辑框中输入执行周期，则当事件条件成立存在期间周期性执行命令语言。

消失时：事件条件由成立变为不成立时执行一次。

事件描述：指定命令语言执行的条件。

备注：对该命令语言作一些说明性的文字。

3.2.1.4 热键命令语言

热键命令语言链接到工程人员指定的热键上，软件运行期间，工程人员随时按下键盘上相应的热键都可以启动这段命令语言程序。热键命令语言可以指定使用权限和操作安全区。输入热键命令语言时，在工程浏览器的目录显示区，选择“文件\命令语言\热键命令语言”，双击右边的内容显示区出现“新建…”图标，弹出热键命令语言编辑器，如图 3-55 所示。

热键定义：当 Ctrl 键和 Shift 键左边的复选框被选中时，表示此键有效，如图 3-56 所示。

热键定义区的右边为键按钮选择区，用鼠标单击此按钮，则弹出如图 3-57 所示的对话框。

在此对话框中选择一个键，则此键被定义为热键，还可以与 Ctrl 键和 Shift 键形成组合键。

热键命令语言可以定义安全管理，安全管理包括操作权限和安全区，两者可单独使用，也可合并使用，如图 3-58 所示。比如：设置操作权限为 918，只有操作权限大于等于 918 的操作员登录后按下热键时，才会激发命令语言的执行。

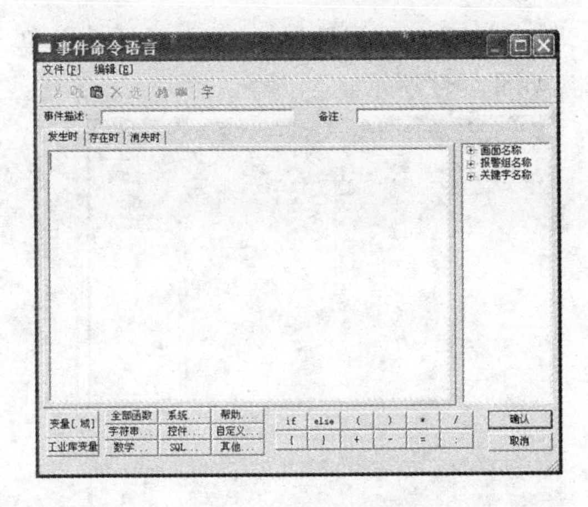

图 3-54 事件命令语言

图 3-55 热键命令语言

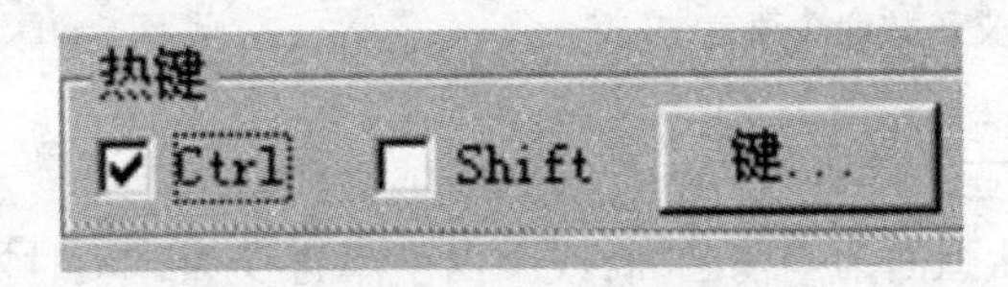

图 3-56 热键定义

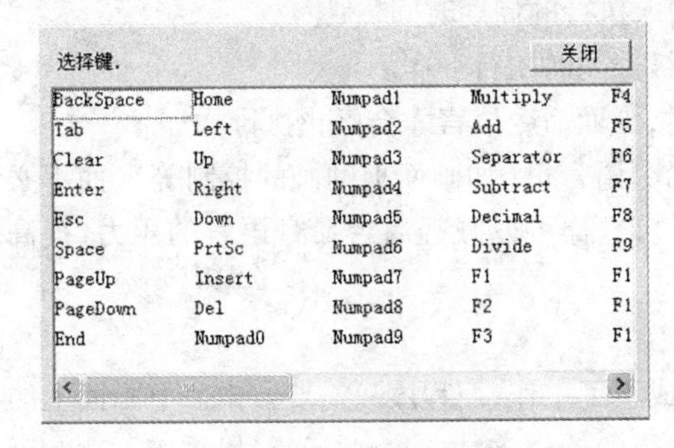

图 3-57 热键选择

图 3-58 热键的安全管理定义

3.2.1.5 用户自定义函数命令语言

如果系统提供的各种函数不能满足工程的特殊需要,另外还提供了用户自定义函数功能。用户可以自己定义各种类型的函数,通过这些函数能够实现工程特殊的需要。如特殊算法、模块化的公用程序等,都可通过自定义函数来实现。

自定义函数是利用类似C语言来编写的一段程序,其自身不能直接被触发调用,必须通过其他命令语言来调用执行。

编辑自定义函数时,在工程浏览器的目录显示区,选择"文件\命令语言\自定义函数命令语言",在右边的内容显示区出现"新建…"图标,用左键双击此图标,将出现"自定义函数命令语言"对话框,如图3-59所示。

3.2.1.6 画面命令语言

画面命令语言就是与画面显示与否有关系的命令语言程序。画面命令语言定义在画面属性中。打开一个画面,选择菜单"编辑/画面属性",或用鼠标右键单击画面,在弹出的快捷菜单中选择“画面属性”菜单项,或按下 Ctrl + W 键,打开画面属性对话框,在对话框上单击“命令语言…”按钮,弹出画面命令语言编辑器,如图 3-60 所示。

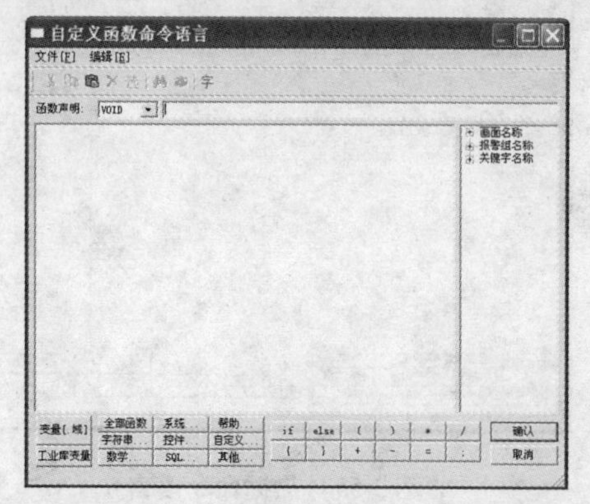

图 3-59 自定义函数命令语言

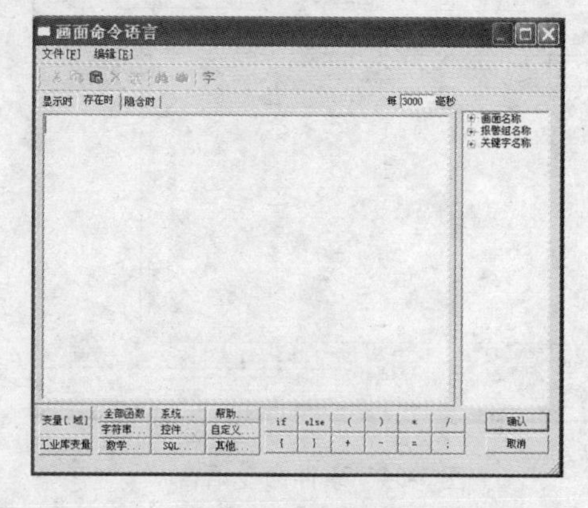

图 3-60 画面命令语言

画面命令语言分为三个部分:显示时、存在时、隐含时。

显示时:打开或激活画面为当前画面,或画面由隐含变为显示时执行一次。

存在时:画面在当前显示时,或画面由隐含变为显示时周期性执行,可以定义指定执行周期,在“存在时”中的“每…毫秒”编辑框中输入执行的周期时间。

隐含时:画面由当前激活状态变为隐含或被关闭时执行一次。

只有画面被关闭或被其他画面完全遮盖时,画面命令语言才会停止执行。

只与画面相关的命令语言可以写到画面命令语言里(如画面上动画的控制等),而不必写到后台命令语言中(如应用程序命令语言等),这样可以减轻后台命令语言的压力,提高系统运行的效率。

3.2.1.7 动画连接命令语言

对于图素,有时一般的动画连接表达式完成不了工作,而程序只需要点击一下画面上的按钮等图素才执行,如点击一个按钮,执行一连串的动作,或执行一些运算、操作等。这时可以使用动画连接命令语言。该命令语言是针对画面上的图素的动画连接的,大多数图素都可以定义动画连接命令语言。如在画面上放置一个按钮,双击该按钮,弹出动画连接对话框,如图 3-61 所示。

在“命令语言连接”选项中包含三个选项:

按下时:当鼠标在该按钮上按下时,或与该连接相关联的热键按下时执行一次。

弹起时:当鼠标在该按钮上弹起时,或与该连接相关联的热键弹起时执行一次。

按住时:当鼠标在该按钮上按住,或与该连接相关联的热键按住,没有弹起时周期性执行该段命令语言。按住时命令语言连接可以定义执行周期,在按钮后面的“毫秒”标签编辑框中输入按钮被按住时命令语言执行的周期。

3.2.2 命令语言语法

命令语言程序的语法与一般 C 语言程序的语法没有大的区别,每一程序语句的末尾应该用分号“;”结束,在使用 if…else…、while()等语句时,其程序要用花括号“{ }”括起来。

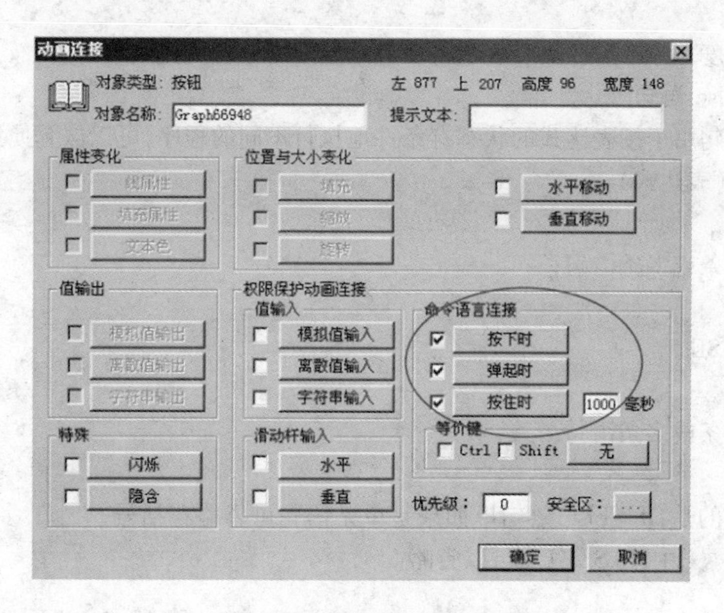

图 3-61　动画连接命令语言

3.2.2.1　**运算符**

用运算符连接变量或常量就可以组成较简单的命令语言语句，如赋值、比较、数学运算等。命令语言中可使用的运算符以及运算符优先级与连接表达式相同。

下面列出运算符的运算次序，首先计算最高优先级的运算符，再依次计算较低优先级的运算符。同一行的运算符有相同的优先级。

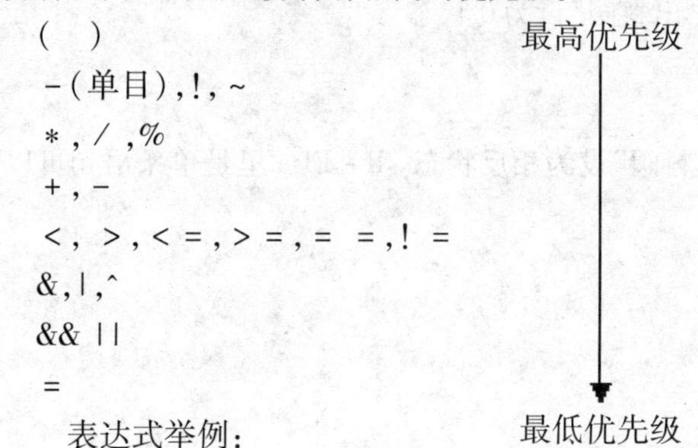

表达式举例：

复杂的表达式：开关==1　　液面高度>50&&液面高度<80

(开关1 || 开关2)&&(液面高度.alarm)

3.2.2.2　**赋值语句**

赋值语句用得最多，语法如下：

变量(变量的可读写域) = 表达式;

可以给一个变量赋值，也可以给可读写变量的域赋值。

例如：

自动开关=1;　　　　　表示将自动开关置为开(1 表示开，0 表示关)

颜色=2;　　　　　　　将颜色置为黑色(如果数字 2 代表黑色)

反应罐温度. priority =3；　　表示将反应罐温度的报警优先级设为3

3.2.2.3　If-Else 语句

If-Else 语句用于按表达式的状态有条件地执行不同的程序,可以嵌套使用。语法为:

```
IF(表达式)
{
一条或多条语句;
}
ELSE
{
一条或多条语句;
}
```

需要注意的是,If – Else 语句里如果是单条语句可省略花括号“{ }”,多条语句必须在一对花括号“{ }”中,ELSE 分支可以省略。

例 1:

```
if (step = = 3)
    颜色 = "红色";
```

上述语句表示当变量 step 与数字 3 相等时, 将变量颜色置为“红色”(变量“颜色”为内存字符串变量)。

例 2:

```
    if(出料阀 = = 1)
      出料阀 =0; //将离散变量“出料阀”设为 0 状态
    else
    出料阀 =1;
```

上述语句表示将内存离散变量“出料阀”设为相反状态。If – Else 里是单条语句可以省略“{ }”。

例 3:

```
    if (step = =3)
      {
           颜色 = "红色";
           反应罐温度. priority =1;
      }
else
{
    颜色 = "黑色";
    反应罐温度. priority =3;
}
```

上述语句表示当变量 step 与数字 3 相等时, 将变量颜色置为“红色”(变量“颜色”为内存字符串变量), 反应罐温度的报警优先级设为 1;否则变量颜色置为“黑色”,反应罐温度的报警优先级设为 3。

3.2.2.4 While( )语句

当 while( )括号中的表达式条件成立时,循环执行后面"{ }"内的程序。

语法如下:

```
while (表达式)
{
一条或多条语句(以;结尾)
}
```

同 IF 语句一样,while 里的语句若是单条语句,可省略花括号"{ }",但若是多条语句必须在一对花括号"{ }"中。这条语句要慎用,否则,会造成死循环。

例 1:

```
while (循环 < =10)
  {
    ReportSetCellvalue("实时报表",循环, 1, 原料罐液位);
  循环 = 循环 +1;
  }
```

当变量"循环"的值小于等于 10 时,向报表第一列的 1 ~10 行添入变量"原料罐液位"的值。应该注意使 while 表达式条件满足,然后退出循环。

3.2.2.5 命令语言程序的注释方法

命令语言程序添加注释,有利于程序的可读性,也方便程序的维护和修改。软件的所有命令语言中都支持注释。注释的方法分为单行注释和多行注释两种。注释可以在程序的任何地方进行。

单行注释在注释语句的开头加注释符"//"。

例 1:

```
//设置装桶速度
if(游标刻度 > =10) //判断液位的高低
装桶速度 =80;
```

多行注释是在注释语句前加"/ * ",在注释语句后加" * /"。多行注释也可以用在单行注释上。

例 2:

```
if(游标刻度 > =10) / * 判断液位的高低 * /
装桶速度 =80;
```

例 3:

```
/ * 判断液位的高低
改变装桶的速度 * /
if(游标刻度 > =10)
{装桶速度 =80;}
else
装桶速度 =60;
```

3.2.3　反应监控中心的命令语言控制

3.2.3.1　实现画面切换功能

利用系统提供的"菜单"工具和 ShowPicture( )函数能够实现在主画面中切换到其他任一画面的功能。

具体操作如下:

(1)选择工具箱中的▣工具,将鼠标放到监控画面的任一位置并按住鼠标左键画一个按钮大小的菜单对象,双击弹出"菜单定义"对话框,如图 3-62 所示。

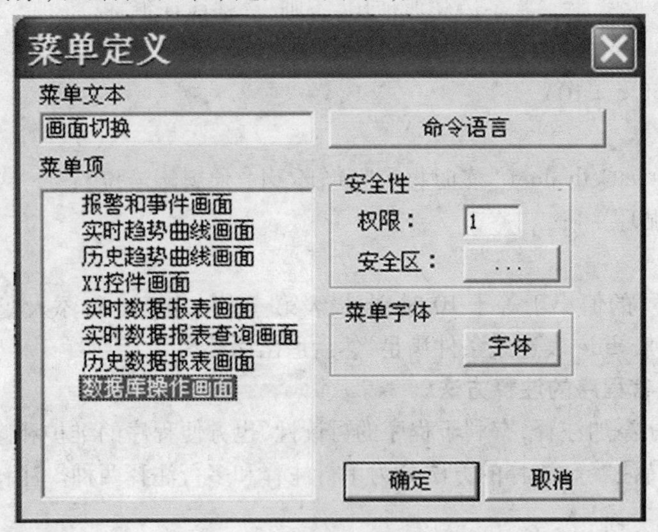

图 3-62　菜单定义

对话框设置如下:

菜单文本:画面切换

菜单项:

报警和事件画面、实时趋势曲线画面、历史趋势曲线画面、XY 控件画面、实时数据报表画面、实时数据报表查询画面、历史数据报表画面、数据库操作画面。

(2)菜单项输入完毕后单击"命令语言"按钮,弹出命令语言编辑框,如图 3-63 所示,在编辑框中输入命令语言。

(3)单击"确认"按钮关闭对话框,当系统进入运行状态时单击菜单中的每一项,进入相应的画面中。

3.2.3.2　如何退出系统

如何退出运行系统,返回到 Windows 呢? 可以通过 Exit( )函数来实现。

(1)选择工具箱中的▢工具,在画面上画一个按钮,选中按钮并单击鼠标右键,在弹出的下拉菜单中执行"字符串替换"命令,设置按钮文本为:系统退出。

(2)双击按钮,弹出动画连接对话框,在此对话框中选择"弹起时"选项弹出命令语言编辑框,在编辑框中输入如下命令语言:Exit(0)。

(3)单击"确认"按钮关闭对话框,当系统进入运行状态时单击此按钮系统将退出运行

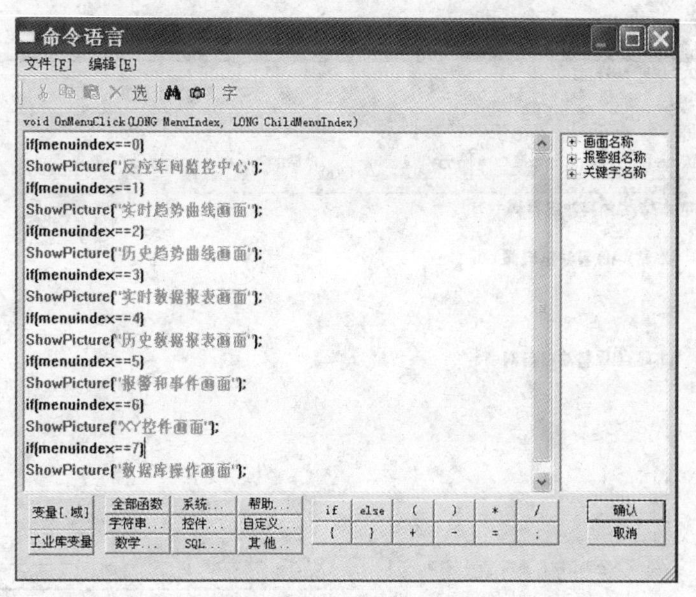

图 3-63 命令语言

环境。

3.2.3.3 定义热键

在实际的工业现场,为了操作的需要可能需要定义一些热键,当某键被按下时系统执行相应的控制命令。例如,当按下 F1 键时,原料油出料阀被开启或关闭。这可以使用热键命令语言来实现。

(1)在工程浏览器左侧的工程目录显示区内选择“命令语言”下的“热键命令语言”选项,双击目录内容显示区的“新建”图标弹出“热键命令语言”编辑对话框,如图 3-64 所示。

(2)在对话框中单击“键…”按钮,在弹出的“选择键”对话框中选择“F1”键后关闭对话框。

(3)在命令语言编辑区中输入如图 3-64 所示的命令语言。

(4)单击“确认”按钮关闭对话框。当系统进入运行状态时,按下“F1”键执行上述命令语言:首先判断原料油出料阀的当前状态,如果是开启的则将其关闭,否则将其打开,从而实现了一二位开关的切换功能。

3.3 常用控件

3.3.1 常用控件简介

3.3.1.1 控件含义

控件实际上是可重用对象,用来执行专门的任务。每个控件实质上都是一个微型程序,但不是一个独立的应用程序,通过控件的属性、方法等控制控件的外观和行为,接受输入并提供输出。例如,Windows 操作系统中的组合列表框就是一个控件,通过设置属性可以决定组合列表框的大小,要显示文本的字体类型,以及显示的颜色。软件的控件（如棒图、温控

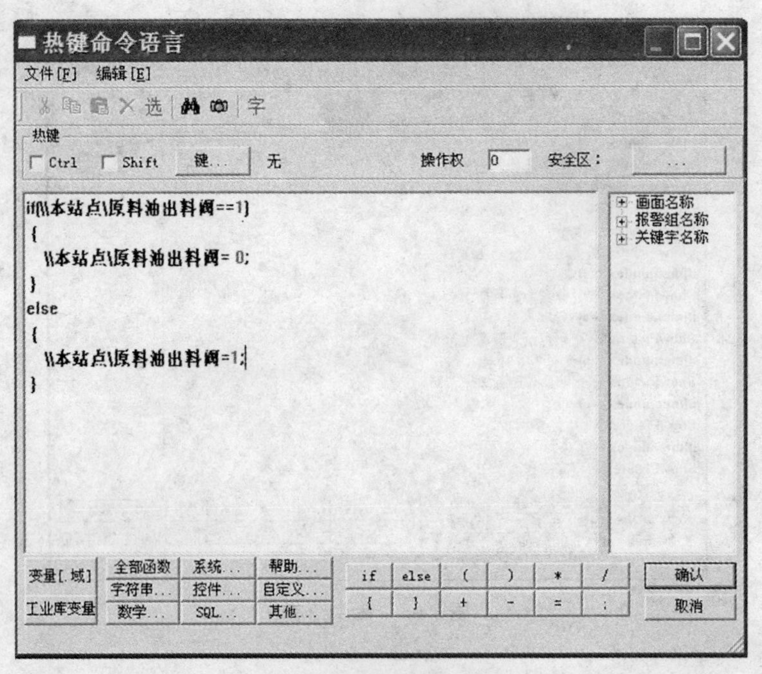

图 3-64　热键命令语言

曲线、X－Y 轴曲线）就是一种微型程序，它们能提供各种属性和丰富的命令语言函数用来完成各种特定的功能。

3.3.1.2　控件的功能

控件在外观上类似于组合图素，工程人员只需把它放在画面上，然后配置控件的属性，进行相应的函数连接，控件就能完成复杂的功能。当所实现的功能由主程序完成时需要制作很复杂的命令语言，或根本无法完成时，可以采用控件。主程序只需要向控件提供输入，而剩下的复杂工作由控件去完成，主程序无须理睬其过程，只要控件提供所需要的结果输出即可。

另外，控件的可重用性也提供了方便。比如画面上需要多个二维条图，用以表示不同量的变化情况，如果没有棒图控件，则首先要利用工具箱绘制多个长方形框，然后将它们分别进行填充连接，每一个变量对应一个长方形框，最后把这些复杂步骤合在一起，才能完成棒图控件的功能。而直接利用棒图控件，工程人员只把棒图控件拷贝到画面上，对它进行相应的属性设置和命令语言函数的连接，可实现用二维条图或三维条图来显示多个不同变量的变化情况。

总之，使用控件将极大地提高工程人员工程开发和工程运行的效率。

3.3.1.3　组态王支持的控件

软件本身提供很多内置控件，如列表框、选项按钮、棒图控件、温控曲线、频控件等，这些控件只能通过主程序来调用，其他程序无法使用，这些控件的使用主要是通过相应控件函数或与之连接的变量实现的。

随着 Active X 技术的应用，Active X 控件也普遍被使用。软件支持符合其数据类型的 Active X 标准控件。这些控件包括 Microsoft Windows 标准控件和任何用户制作的标准 Active X 控件。

在运行系统中使用控件的函数、属性、方法等时，应该打开含有控件的画面（不一定是当前画面），否则会造成操作失败，这时，信息窗口中应该有相应的提示。

3.3.2 内置控件

内置控件是软件本身提供的、只能在程序内使用的控件，它能实现控件的功能。通过内置的控件函数和连接的变量来操作、控制控件，从控件获得输出结果。其他用户程序无法调用内置控件。这些控件包括：棒图控件、温控曲线、X－Y 轴曲线、列表框、选项按钮、文本框、超级文本框、AVI 动画播放控件、视频控件、开放式数据库查询控件、历史曲线控件等。在软件中加载内置控件，可以单击工具箱中的“插入控件”按钮，如图 3-65 所示，或选择画面开发系统中的“编辑\插入控件”菜单。系统弹出“创建控件”对话框，如图 3-66 所示。对话框左侧的“种类”列表中列举了内置控件的类型，选择每一项，在右侧的内容显示区中可以看到该类中包含的控件。选择控件图标，单击“创建”按钮，则创建控件；单击“取消”按钮，则取消创建。

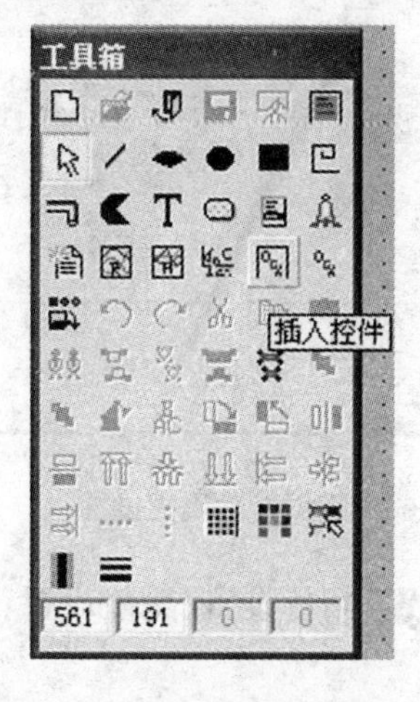

图 3-65 工具箱—插入控件按钮

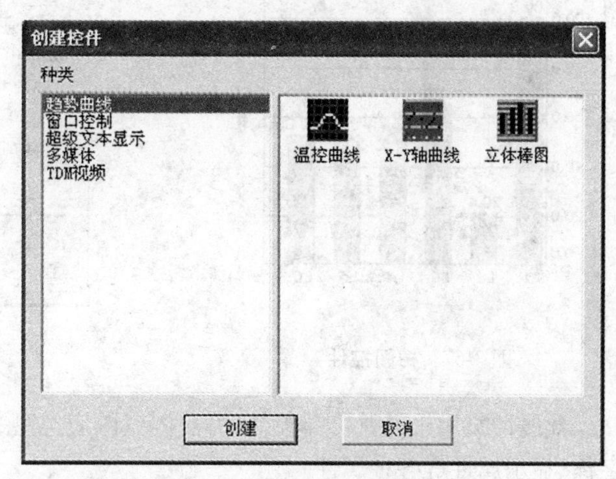

图 3-66 创建控件

3.3.2.1 趋势曲线

1. 立体棒图控件

棒图是指用图形的变化表现与之关联的数据变化的绘图图表。棒图图形可以是二维条形图、三维条形图或二维饼图。

（1）创建棒图控件到画面。

使用棒图控件，需先在画面上创建控件。单击工具箱中的“插入控件”按钮，如图 3-65 所示，或选择画面开发系统中的“编辑\插入控件”菜单。系统弹出“创建控件”对话框，如图 3-66 所示。在种类列表中选择“趋势曲线”，在右侧的内容中选择“立体棒图”图标，单击对话框上的“创建”按钮，或直接双击“立体棒图”图标，关闭对话框。此时光标变成小十字形，在画面上需要插入控件的地方按下鼠标左键，拖动鼠标，画面上出现一个矩形框，表示创建后控件界面的大小。松开鼠标左键，控件在画面上显示出来，如图 3-67 所示。控件周围有带箭头的小矩形框，将鼠标挪到小矩形框上，鼠标箭头变为方向箭头时，按下鼠标左键并拖动，可以改变控件的大小。当光标在控件上变为双十字形时，按下鼠标左键并拖动，可以改变控件的位置。

棒图每一个条形图下面对应一个标签 L1、L2、L3、L4、L5、L6。这些标签分别和数据库中的变量相对应,当数据库中的变量发生变化时,则与每个标签相对应的条形图的高度也随之动态地发生变化,因此通过棒图控件可以实时地反映数据库中变量的变化情况。另外,工程人员还可以使用三维条形图和二维饼图进行数据的动态显示。

(2)设置棒图控件的属性。

用鼠标双击棒图控件,则弹出棒图控件属性设置对话框,如图 3-68 所示。

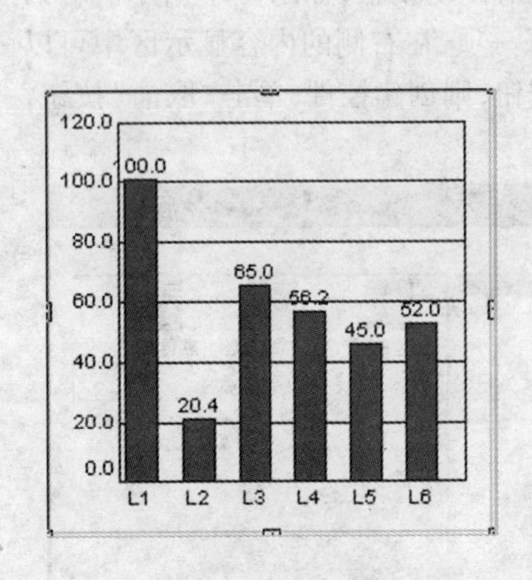

图 3-67 棒图控件

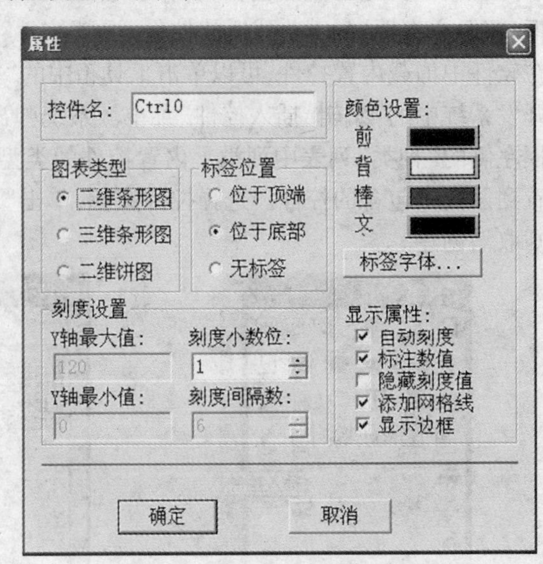

图 3-68 棒图控件属性设置

此属性页用于设置棒图控件的控件名、图表类型、标签位置、颜色设置、刻度设置、标签字体、显示属性等各种属性。

(3)如何使用棒图控件。

设置完棒图控件的属性后,就可以准备使用该控件了。棒图控件与变量关联,以及棒图的刷新是使用组态王提供的棒图函数来完成的。

例如:要在画面上棒图显示变量“原料罐温度”和“反应罐温度”的值的变化,则可以按照系列步骤进行。

在画面上创建棒图控件,定义控件的属性,如图 3-69 所示,棒图名称为“温度棒图”,图表类型选择“三维条形图”,其他选项为默认值。定义完成后,单击“确定”按钮,关闭属性对话框。

在画面上单击右键,在弹出的快捷菜单中选择“画面属性”,在弹出的画面属性对话框中选择“命令语言”按钮,单击“显示时”标签,在命令语言编辑器中添加如下程序:

```
chartAdd( "温度棒图", \\本站点\原料罐温度, "原料罐温度" );
chartAdd( "温度棒图", \\本站点\反应罐温度, "反应罐温度" );
```

该段程序将在画面被打开为当前画面时执行,在棒图控件上添加两个棒图,第一个棒图与变量“原料罐温度”关联,标签为“原料罐”;第二个棒图与变量“反应罐温度”关联,标签为“反应罐”。

单击画面命令语言编辑器的“存在时”标签,定义执行周期为1000毫秒。在命令语言编辑器中输入如下程序:

chartSetValue("温度棒图",0, \\本站点\原料罐温度);

chartSetValue("温度棒图",1, \\本站点\反应罐温度);

这段程序将在画面被打开为当前画面时每1000毫秒用相关变量的值刷新一次控件。

关闭命令语言编辑器,保存画面,则运行时打开该画面如图3-70所示。每隔1000毫秒系统会用相关变量的值刷新一次控件,而且控件的数值轴标记随绘制的棒图中最大的一个棒图值的变化而变化(这就是自动刻度)。

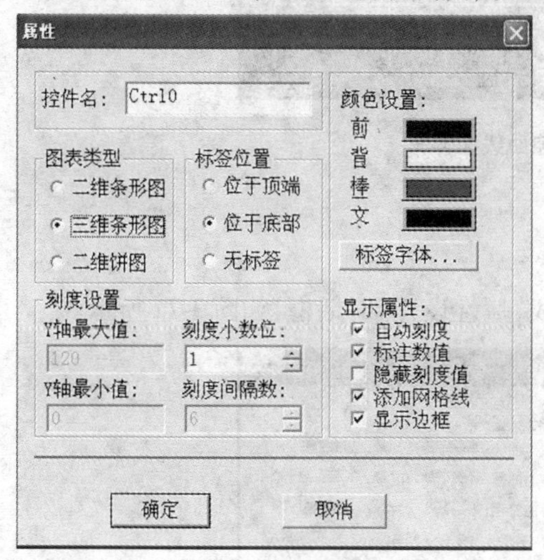

图3-69 定义棒图属性

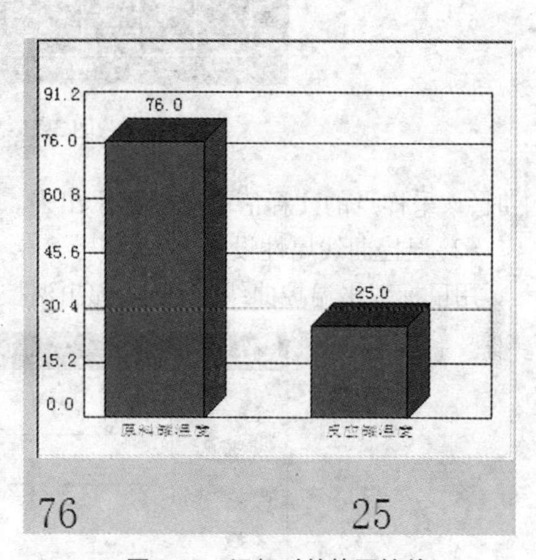

图3-70 运行时的棒图控件

当画面中的棒图不再需要时,可以使用chartClear()函数清除当前的棒图,然后再用chartAdd()函数重新添加。

2. 温控曲线控件

温控曲线反映出实际测量值按设定曲线变化的情况。在温控曲线中,纵轴代表温度值,横轴对应时间的变化,同时将每一个温度采样点显示在曲线中,另外还提供两个游标,当用户把游标放在某一个温度的采样点上时,该采样点的注释值就可以显示出来。该控件主要适用于温度控制、流量控制等。

(1)在画面上放置温控曲线。

温控曲线以控件形式提供。其操作步骤如下:

单击工具箱中的“插入控件”按钮或选择菜单命令“编辑\插入控件”,则弹出“创建控件”对话框。

在“创建控件”对话框内选择“趋势曲线”下的“温控曲线”控件。

用鼠标左键单击“创建”按钮,光标变成十字形。然后在画面上画一个矩形框,温控曲线控件就放到画面上了。可以任意移动、缩放温控曲线控件,如同处理一个单元一样。

在画面上放置的温控曲线控件如图3-71所示。

在温控曲线中,纵轴代表温度值,横轴对应时间的变化,同时将每一个温度采样点显示在曲线中。运行环境中还提供左右两个游标,当工程人员把游标放在某一个温度的采样点

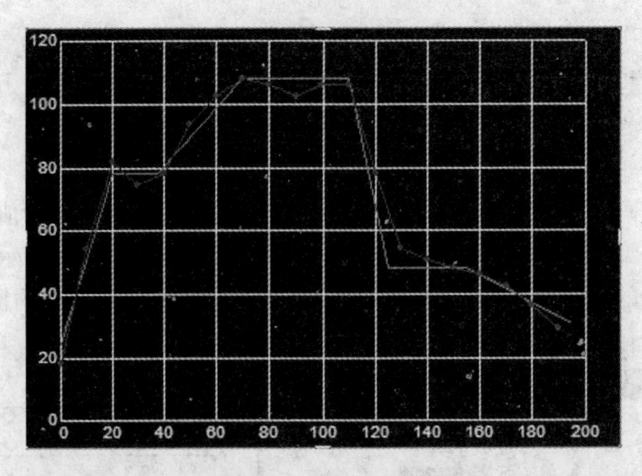

图 3-71　温控曲线控件

上时,该采样点的注释值就可以显示出来。

(2)温控曲线属性设置。

用鼠标双击温控曲线控件,则弹出温控曲线“属性设置”对话框,如图 3-72 所示。

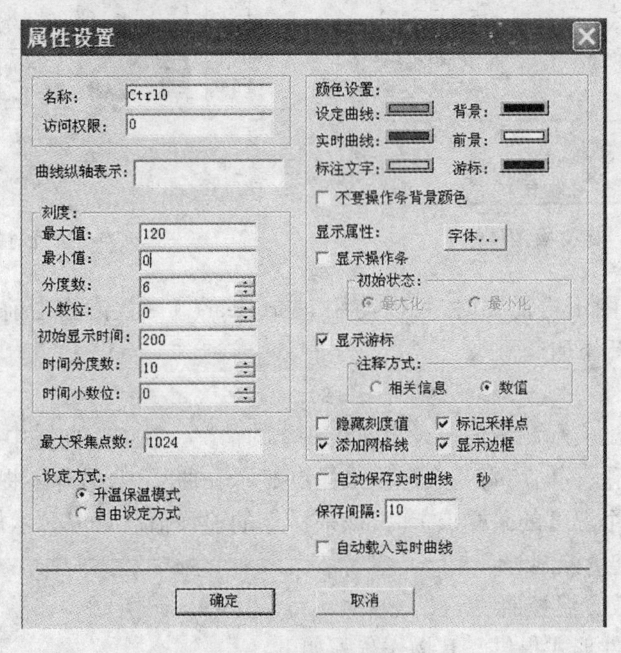

图 3-72　温控曲线属性设置

3. X－Y 轴曲线控件

X－Y 轴曲线可用于显示两个变量之间的数据关系,如电流—转速曲线等形式的曲线。

(1)在画面上创建 X－Y 轴曲线。其操作步骤如下:

单击工具箱中的“插入控件”按钮或选择菜单命令“编辑\插入控件”,则弹出“创建控件”对话框。

在“创建控件”对话框内选择“趋势曲线”下的“X－Y 轴曲线”控件。

用鼠标左键单击“创建”按钮,光标变成十字形。然后在画面上画一个矩形框,X－Y 轴曲线控件就放到画面上了。可以任意移动、缩放温控曲线控件,如同处理一个单元一样。

在画面上放置的 X－Y 轴曲线控件如图 3-73 所示。

在此控件中 X 轴和 Y 轴变量由工程人员任意设定,因此 X－Y 轴曲线能用曲线方式反映任意两个变量之间的函数关系。

(2)X－Y 轴曲线属性设置。

用鼠标双击 X－Y 轴曲线控件,则弹出“属性设置”对话框,如图 3-74 所示。

(3)如何使用 X－Y 轴曲线控件。

下面将建立一个画面,利用组态王提供的 X－Y 轴曲线控件显示原料油液位和原料油罐压力之间的关系曲线。

在工程浏览器左侧选中“画面”,在右侧双击“新建”画面,建立名称为“控件”的画面。

在对话框右侧单击“X－Y 轴曲线”,然后单击“创建”按钮,如图 3-66 所示。

在画面上绘制 X－Y 轴曲线如图 3-73 所示。在画面上双击该曲线控件,弹出属性设置对话框,设置属性如图 3-74 所示。

200.0
160.0
120.0
80.0
40.0
0.0
0
20
40
60
80
100
曲线1
曲线2

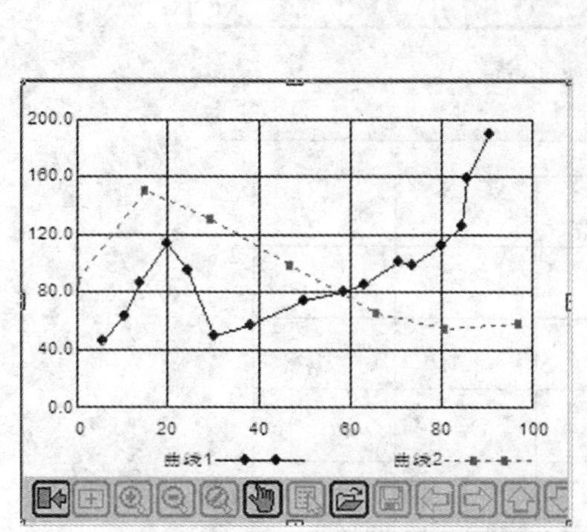

图 3-73　X－Y 轴曲线控件

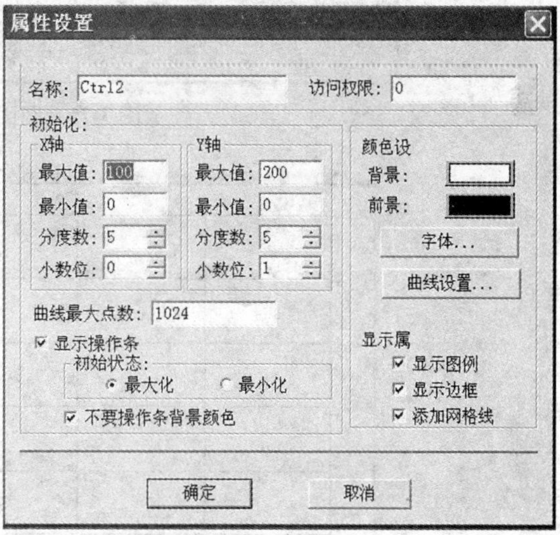

属性设置
名称: Ctrl2
访问权限: 0
初始化:
X轴
最大值: 100
最小值: 0
分度数: 5
小数位: 0
Y轴
最大值: 200
最小值: 0
分度数: 5
小数位: 1
颜色设
背景:
前景:
字体...
曲线设置...
曲线最大点数: 1024
显示操作条
初始状态:
最大化
最小化
不要操作条背景颜色
显示属
显示图例
显示边框
添加网格线
确定
取消

图 3-74　X－Y 轴曲线属性设置

为使 X－Y 轴曲线控件实时反映变量值,需要为该控件添加命令语言。在画面空白处点击鼠标右键,在快捷菜单中选择“画面属性”,弹出“画面属性”对话框。单击其中的“命令语言”按钮。

在画面“存在时”命令语言中,输入命令语言如图 3-75 所示。

定义完毕后,点击“确认”按钮,然后保存所作的设置。

切换画面到运行系统,打开相应画面,控件运行情况如图 3-76 所示。

3.3.2.2　窗口类控件

1. 单选按钮控件

当出现多选一的情况时,可以使用单选按钮来实现。单选按钮控件实际是由一组单个的选项按钮组合而成的。在每一组中,每次只能选择一个选项。

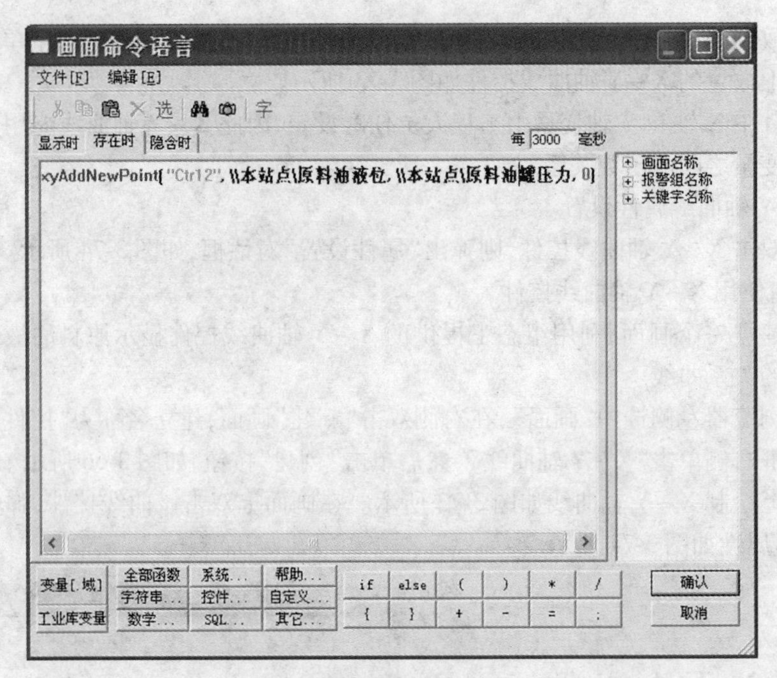

图 3-75　画面命令语言

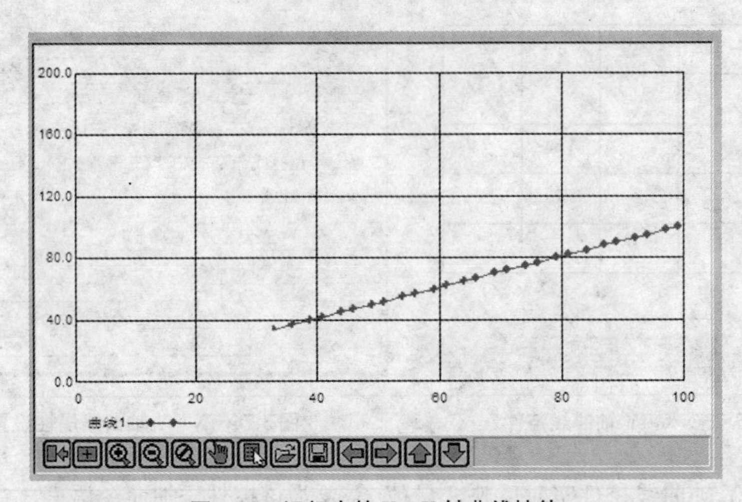

图 3-76　运行中的 X－Y 轴曲线控件

(1) 如何创建单选按钮控件。

在画面开发系统的工具箱中选择“插入控件”按钮，或选择菜单“编辑\插入控件”命令，在弹出的如图 3-66 所示的“创建控件”对话框中，在种类列表中选择“窗口控制”，在右侧的内容中选择“单选按钮”图标，单击对话框上的“创建”按钮，或直接双击“单选按钮”图标，关闭对话框。此时光标变成小十字形，在画面上需要插入控件的地方按下鼠标左键，拖动鼠标，画面上出现一个矩形框，表示创建后控件界面的大小。松开鼠标左键，控件在画面上显示出来，如图 3-77 所示。控件周围有带箭头的小矩形框，将鼠标挪到小矩形框上，鼠标箭头变为方向箭头时，按下鼠标左键并拖动，可以改变控件的大小。当光标在控件上变为双十字形时，按下鼠标左键并拖动，可以改变控件的位置。

(2)如何定义单选按钮控件属性。

控件创建后,要定义其属性才能使用。双击控件或选择控件,然后在控件上单击鼠标右键,在弹出的快捷菜单上选择“动画连接”命令,弹出如图3-78所示的单选按钮控件属性对话框。

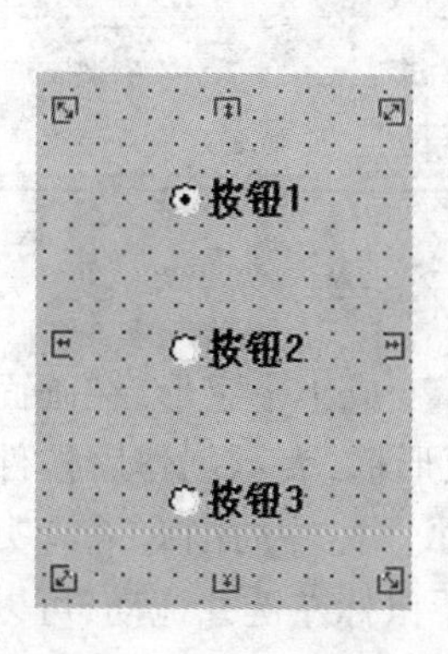

图3-77　创建单选按钮控件

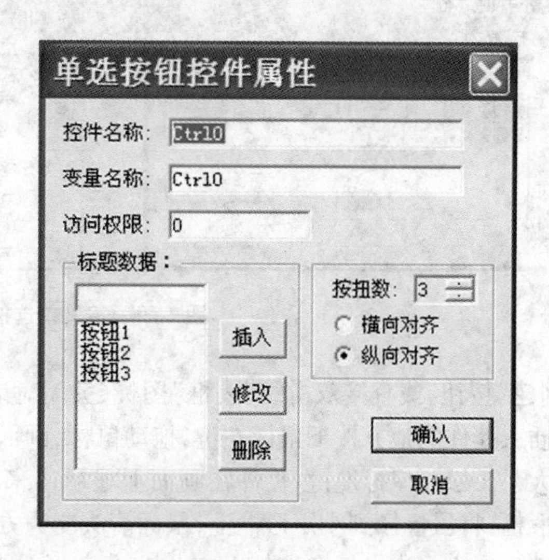

图3-78　单选按钮控件属性

(3)如何使用单选按钮控件。

单选按钮控件没有控件命令语言函数,只需要使用“设置控件”对话框中的变量即可。如图3-79所示为定义控件属性与变量相关联。

例:用单选按钮控件控制一个开关。定义步骤如下:

在画面上创建单选按钮控件,定义控件属性如图3-79所示。

在画面上创建文本图素,定义图素的动画连接属性为模拟值输出连接,关联的变量为单选按钮中关联的变量。

定义完成后,保存画面,切换到运行系统,打开该画面。

2. 列表框和组合框控件

在列表框中,可以动态加载数据选项,当需要数据时,可以直接在列表框中选择,使与控件关联的变量获得数据。组合框是文本框与列表框的组合,可以在组合框的列表框中直接选择数据选项,也可以在组合框的文本框中直接输入数据。组态王中列表框和组合框的形式有:普通列表框、简单组合框、下拉式组合框、列表式组合框。它们只是在外观形式上不同,其他操作及函数使用方法都是相同的。列表框和组合框中的数据选项可以依靠组态王提供的函数动态增加、修改,或从相关文件(.csv格式的列表文件)中直接加载。

(1)如何创建列表框控件。

创建列表框控件的步骤如下:

单击工具箱中的“插入控件”按钮,如图3-65所示,或选择画面开发系统中的“编辑\插入控件”菜单。系统弹出“创建控件”对话框,如图3-66所示。

在种类列表中选择“窗口控制”,在右侧的内容中选择“列表框”图标,单击对话框上的

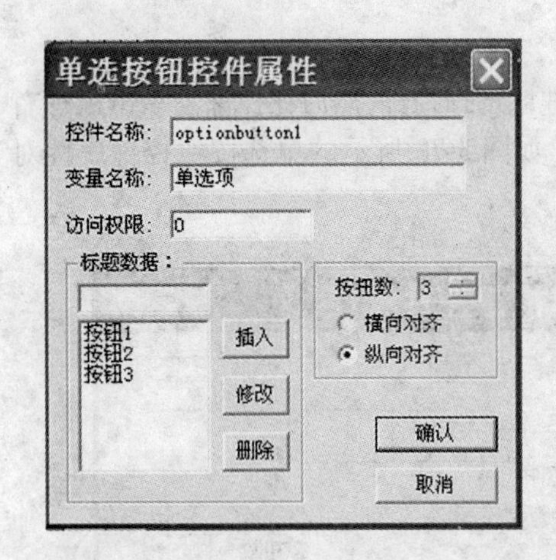

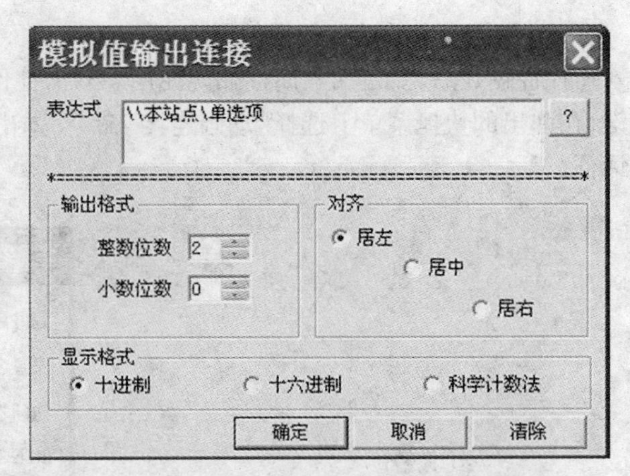

图 3-79　定义单选按钮控件属性

"创建"按钮,或直接双击"列表框"图标,关闭对话框。此时光标变成小十字形,在画面上需要插入控件的地方按下鼠标左键,拖动鼠标,画面上出现一个矩形框,表示创建后控件界面的大小。松开鼠标左键,控件在画面上显示出来,如图 3-80 所示。控件周围有带箭头的小矩形框,将鼠标挪到小矩形框上,鼠标箭头变为方向箭头时,按下鼠标左键并拖动,可以改变控件的大小。当光标在控件上变为双十字形时,按下鼠标左键并拖动,可以改变控件的位置。

(2)设置列表框控件的属性。

在使用列表框控件之前,需要先对控件的属性进行设置,设置控件名称、关联的变量和操作权限等。操作步骤如下:

用右键单击列表框控件,弹出浮动式菜单,选择菜单命令"动画连接",弹出"设置控件"对话框,或用左键双击列表框控件,弹出"列表框控件属性"对话框,如图 3-81 所示。

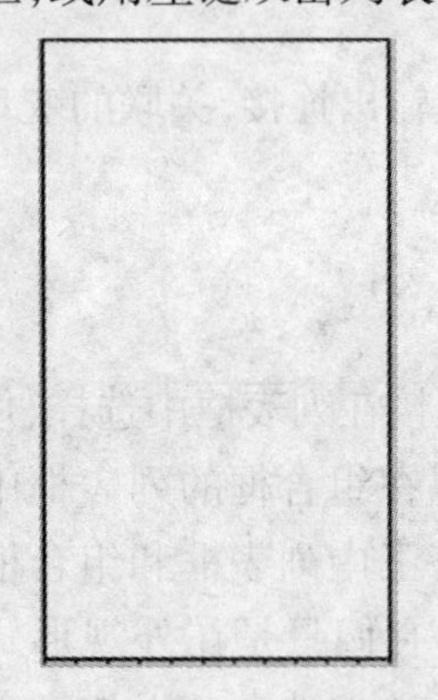

图 3-80　列表框控件

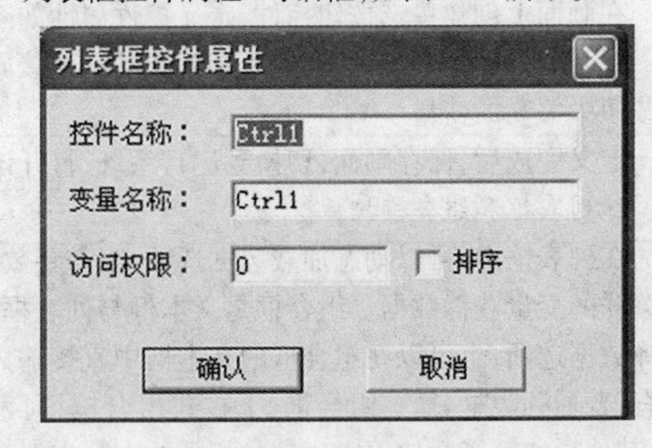

图 3-81　列表框控件属性

(3)如何使用列表框控件。

列表框控件中数据项的添加、修改、获取或删除等操作都是通过列表框控件函数来实现的。

例如:制作一个动态的列表,可以向列表框中动态添加数据,添加完成后,需要保存列表为文件,文件保存在当前工程路径下,在以后使用。需要时从文件中读出列表信息。操作步骤如下：在组态王数据词典中定义变量“列表数据”字符串变量。在画面上创建列表框控件，定义控件属性如图 3-82 所示。

在画面上创建三个按钮，如图 3-83 所示。按钮的作用和连接的动画连接命令语言分别为：

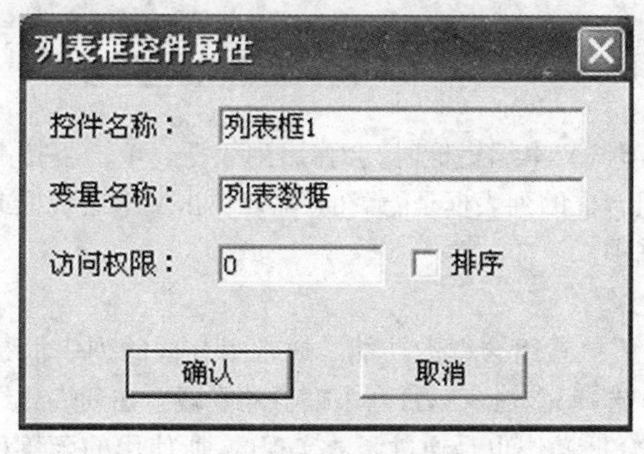

图 3-82　定义列表框控件属性

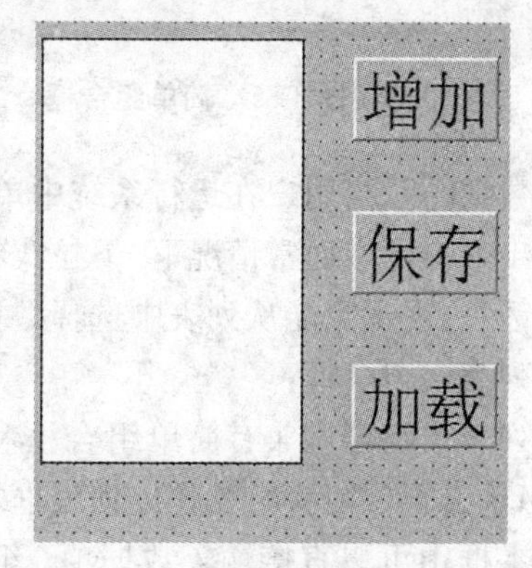

图 3-83　创建列表框和操作按钮

按钮 1 ——“增加”：增加数据项：listAddItem("列表框 1"，列表数据)；

按钮 2 ——“保存”：保存列表框内容：listSaveList("列表框 1"，"D:\Test\list1.csv")；

按钮 3 ——“加载”：将指定.csv 文件中的内容加载到列表框中来：listLoadList("列表框 1"，"D:\Test\list1.csv")。

在画面上创建一个文本图素，定义动画连接为字符串值输入和字符串值输出，连接的变量为“列表数据”。

保存画面，切换到运行系统，在文本图素中输入数据项的字符串值，如“数据项 1”，如图 3-84 所示。单击“增加”按钮，则变量的内容增加到了列表框中。

按照上面的方法，可以向列表框中增加多个数据项。

可以将列表框中的数据项保存起来，单击“保存”按钮。

当需要将保存的数据加载到列表框时，单击“加载”按钮，原保存的列表数据就被加载到当前列表框中来。

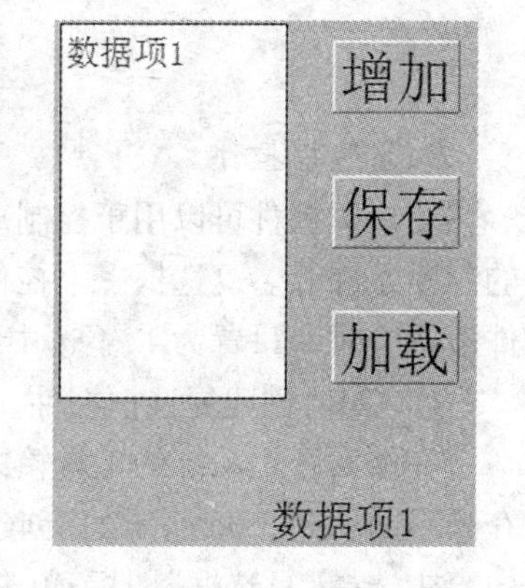

图 3-84　向列表框中增加数据项

(4) 如何使用组合框控件。

组合框的创建与列表框的创建过程、方法相同。组合框是由列表框和文本编辑框组合而成的。组合框有三种类型：简单组合框(如图 3-85 所示)，下拉式组合框(如图 3-86 所示)，列表式组合框(如图 3-87 所示)。组合框属性的定义方法与列表框的定义方法相同。

简单组合框：

简单组合框创建后，其列表框的大小已经为创建时的大小。当列表项超出列表框显示时，列表框会自动加载垂直滚动条。将光标置于文本编辑框中时，可以直接输入不在当前列表中的数据项。

下拉式组合框：

下拉式组合框创建后，其文本编辑框是灰色无效的，表示该文本编辑框在运行中是禁止

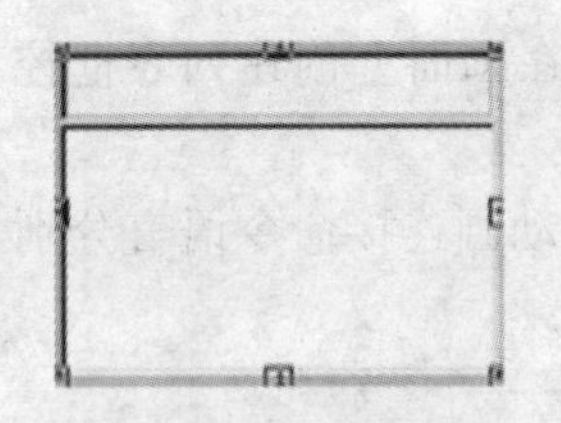

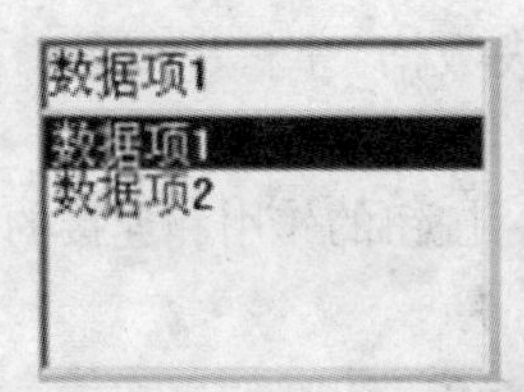

图 3-85　简单组合框

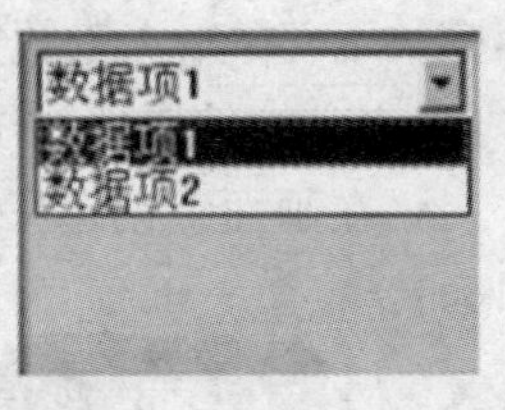

图 3-86　下拉式组合框

添加数据的。当用户在运行系统中单击该文本编辑框时，会弹出列表框。单击下拉箭头也会弹出列表框。通常情况下，下拉式组合框的列表框是隐藏的，除非单击文本编辑框或单击下拉箭头，表示只能从列表中选择数据项。

列表式组合框：

列表式组合框兼有简单组合框和下拉式组合框的功能。通常组合框的列表框是隐藏的，当单击下拉箭头时才弹出列表框。选择完数据项后，列表框自动隐藏。在列表式组合框的文本框中可以直接输入数据项。组合框操作也是通过函数实现的，所使用的函数和使用方法与列表框完全相同。

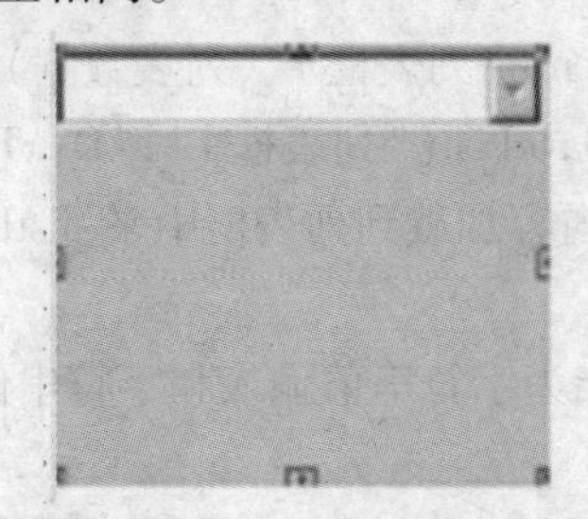

图 3-87　列表式组合框

3. 复选框控件

复选框控件可以用于控制离散型变量，如用于控制现场中的各种开关，做各种多选选项的判断条件等。复选框一个控件连接一个变量，其值的变化不受其他同类控件的影响，当控件被选中时变量置为 1，不选中时变量置为 0。

(1) 如何创建复选框控件。

在画面开发系统的工具箱中选择“插入控件”按钮，或选择菜单“编辑\插入控件”命令，在弹出的如图 3-66 所示的“创建控件”对话框中，在种类列表中选择“窗口控制”，在右侧的内容中选择“复选框”图标，单击对话框上的“创建”按钮，或直接双击“复选框”图标，关闭对话框。此时光标变成小十字形，在画面上需要插入控件的地方按下鼠标左键，拖动鼠标，画面上出现一个矩形框，表示创建后控件界面的大小。松开鼠标左键，控件在画面上显示出来，如图 3-88 所示。控件周围有带箭头的小矩形框，将光标挪到小矩形框上，光标箭头变为方向箭头时，按下鼠标左键并拖动，可以改变控件的大小。当光标在控件上变为双十字形时，按下鼠标左键并拖动，可以改变控件的位置。

(2) 如何设置复选框控件的属性。

在使用复选框控件前，需要先对控件的属性进行设置，在画面上双击控件，弹出“复选框控件属性”对话框，如图 3-89 所示。

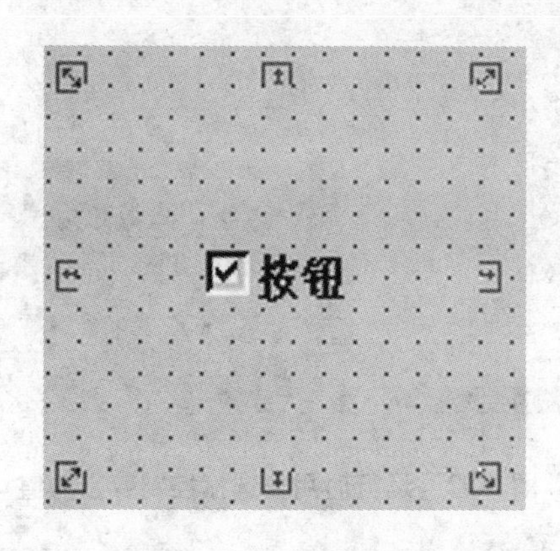

图 3-88　创建复选框控件

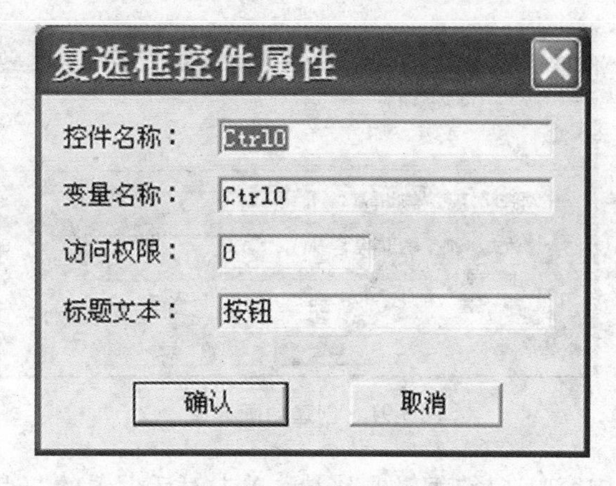

图 3-89　复选框控件属性

(3) 如何使用复选框控件。

复选框控件没有控件命令语言函数，只需要使用“设置控件”对话框中的变量即可。定义控件属性与变量相关联如图 3-90 所示。例：用复选框控件控制一个开关。定义步骤如下：

在画面上创建复选框控件，定义控件属性如图 3-90 所示。

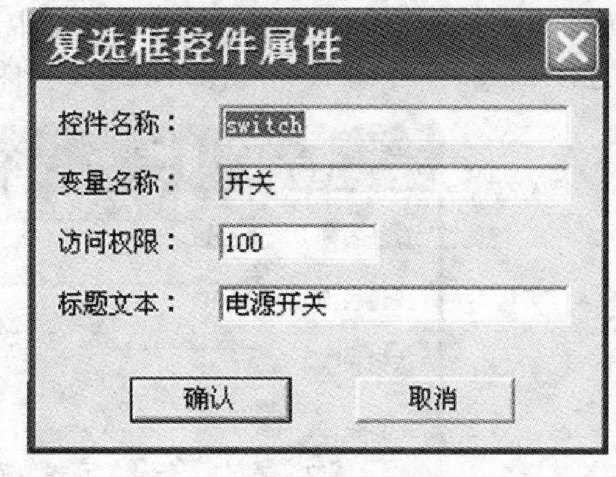

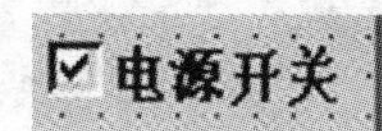

图 3-90　复选框控件属性定义及结果

在画面上创建文本图素，定义文本的动画连接——离散值输出连接，如图 3-91 所示。动画连接的变量为与控件关联的变量“开关”。

保存画面，切换到运行系统。

在运行系统中单击该复选框控件时，变量值的变化与控件选择关系的变化如图 3-92 所示。

4. 编辑框控件

编辑框控件用于输入文本字符串并送入指定的字符串变量中。输入时不会弹出虚拟键盘或其他的对话框。

(1) 如何创建编辑框控件。

在画面开发系统的工具箱中选择“插入控件”按钮，或选择菜单“编辑\插入控件”命令，在弹出的如图 3-66 所示的“创建控件”对话框中，在种类列表中选择“窗口控制”，在右侧的

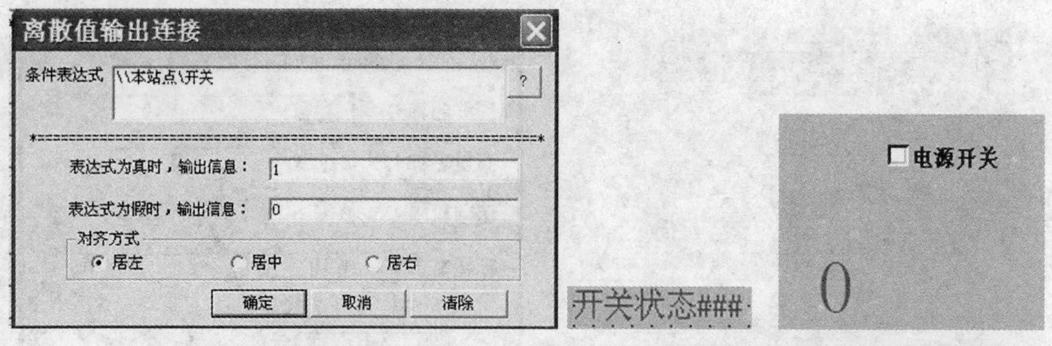

图 3-91　创建动画连接　　　　图 3-92　运行时用复选框控制变量的值

内容中选择“编辑框”图标，单击对话框上的“创建”按钮，或直接双击“编辑框”图标，关闭对话框。此时光标变成小十字形，在画面上需要插入控件的地方按下鼠标左键，拖动鼠标，画面上出现一个矩形框，表示创建后控件界面的大小。松开鼠标左键，控件在画面上显示出来，如图 3-93 所示。控件周围有带箭头的小矩形框，光标挪到小矩形框上，光标箭头变为方向箭头时，按下鼠标左键并拖动，可以改变控件的大小。当光标在控件上变为双十字形时，按下鼠标左键并拖动，可以改变控件的位置。

(2)如何定义编辑框控件属性。

控件创建后，要定义其属性才能使用。双击控件或选择控件，然后在控件上单击鼠标右键，在弹出的快捷菜单上选择“动画连接”命令，弹出如图 3-94 所示的编辑框控件属性对话框。

图 3-93　创建后的编辑框控件

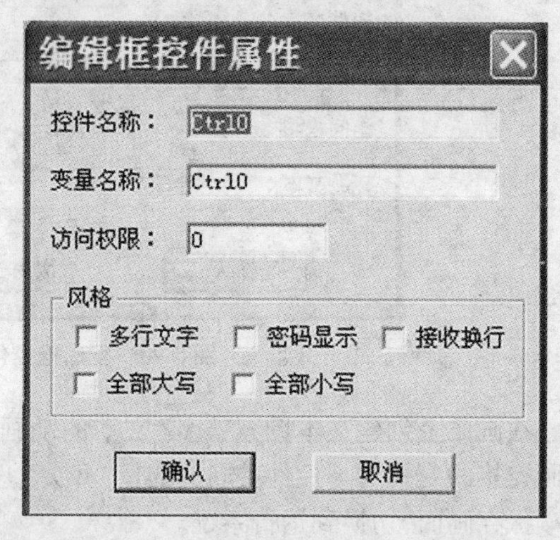

图 3-94　编辑框控件属性

(3)如何使用编辑框控件。

编辑框控件没有控件命令语言函数，只需要定义其属性与字符串变量连接即可。因为软件中的字符串长度为 127 个字符，所以编辑框控件只接收 127 个字符的输入。编辑框控件可以用于在画面上直接输入字符，或输入密码等使用。

例：要求画面上输入的字符显示为“ * ”，不想被其他人看到输入内容，如密码输入。

在画面上创建编辑框控件。在软件中定义字符串变量——“密码”。

定义编辑框控件属性如图 3-95 所示。在“风格”选项中选择“密码显示”。定义完成后,单击“确认”按钮,关闭对话框。保存画面,切换到运行系统。

在运行系统中打开该画面,在编辑框中输入字符时,显示如图 3-96 所示。当在编辑框中输入字符时,全部显示为“ * ”,看不到实际输入内容。

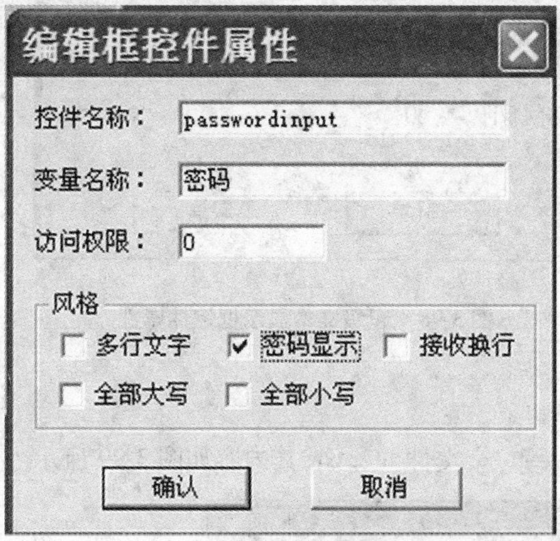

图 3-95 定义编辑框控件属性

图 3-96 密码显示输入

3.3.2.3 超级文本显示控件

软件提供了一个超级文本显示控件,用于显示 RTF 格式或 TXT 格式的文本文件,而且也可在超级文本显示控件中输入文本字符串,然后将其保存成指定的文件,调入 RTF、TXT 格式的文件和保存文件通过超级文本显示控件函数来完成。

1. 如何创建超级文本显示控件

在画面开发系统的工具箱中选择“插入控件”按钮,或选择菜单“编辑/插入控件”命令,在弹出的如图 3-66 所示的“创建控件”对话框中,在种类列表中选择“超级文本显示”,在右侧的内容中选择“显示框”图标,单击对话框上的“创建”按钮,或直接双击“显示框”图标,关闭对话框。此时光标变成小十字形,在画面上需要插入控件的地方按下鼠标左键,拖动鼠标,画面上出现一个矩形框,表示创建后控件界面的大小。松开鼠标左键,控件在画面上显示出来,如图 3-97 所示。控件周围有带箭头的小矩形框,将鼠标挪到小矩形框上,光标箭头变为方向箭头时,按下鼠标左键并拖动,可以改变控件的大小。当光标在控件上变为双十字形时,按下鼠标左键并拖动,可以改变控件的位置。

2. 如何定义超级文本显示控件的属性

控件创建完成后,需要定义空间的属性。用鼠标双击控件,弹出超级文本显示框控件属性对话框,如图 3-98 所示。

3. 如何使用超级文本显示控件

超级文本显示控件的作用是显示 RTF 格式或 TXT 格式的文本文件的内容,或在显示框中输入文本字符串,将其保存为 RTF 格式或 TXT 格式的文本文件。实现以上这些要依靠组态王提供的两个函数:

LoadText()函数:将指定 RTF 格式或 TXT 格式文件的内容加载到文本显示框里。

SaveText()函数:将显示框里的内容保存为指定的 RTF 格式或 TXT 格式文件。

图 3-97　创建后的超级文本显示控件

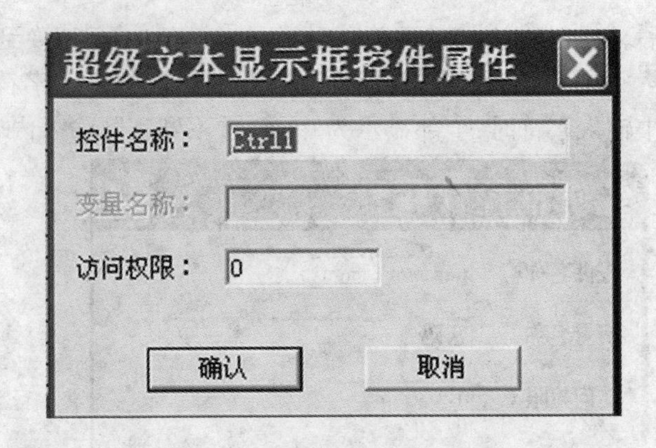

图 3-98　超级文本显示框控件属性

例如：编写 TXT 格式的文件。

第一步：用 Windows 操作系统的写字板编写一个文件 ht2. txt，其内容如图 3-99 所示。

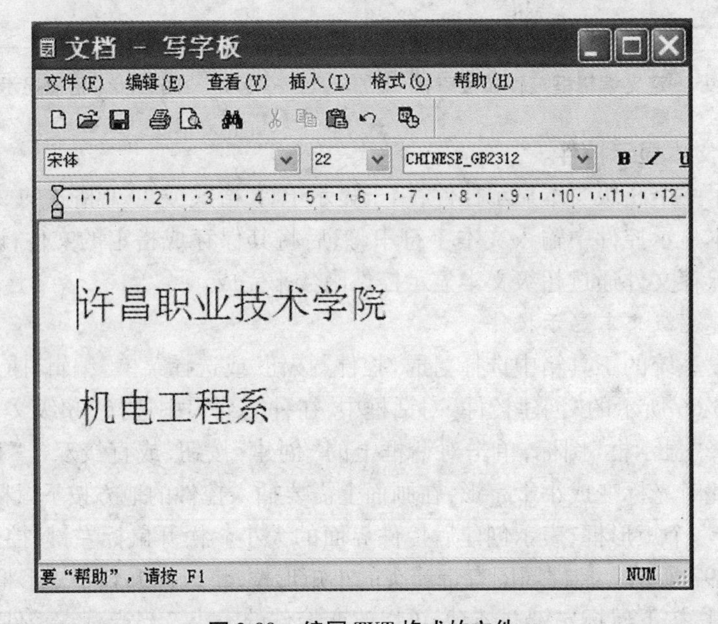

图 3-99　编写 TXT 格式的文件

将文件保存在指定的目录下，比如目录 C：\Documents and Settings\Administrator\桌面\我的工程下。

第二步：在画面开发系统中放置超级文本显示控件以及相应的操作按钮放置超级文本显示控件，控件名设为"Richtxt2"，然后再放置两个命令按钮，并将这两个按钮分别进行命令语言连接，如图 3-100 所示。

按钮"调入超级文本"的命令语言为：

LoadText(" Richtxt2" ， " C：\Documents and Settings \ Administrator \ 桌面 \ ht2. txt"，" . Txt")；

按钮"保存超级文本"的命令语言为：

图 3-100 超级文本显示控件

SaveText (" R ichtxt2 " , " C：\ Documents and Settings \ Administrator \ 桌 面 \ ht2. txt " , " . Txt") ;

将画面文件全部保存。

第三步:运行画面。

启动运行系统,单击“调入超级文本”按钮,其结果如图 3-101 所示。

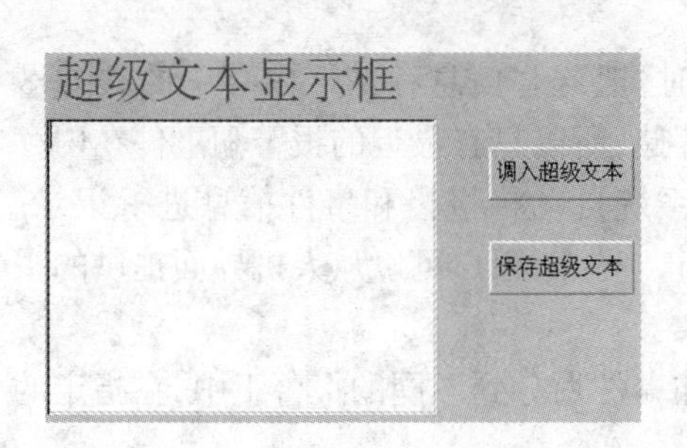

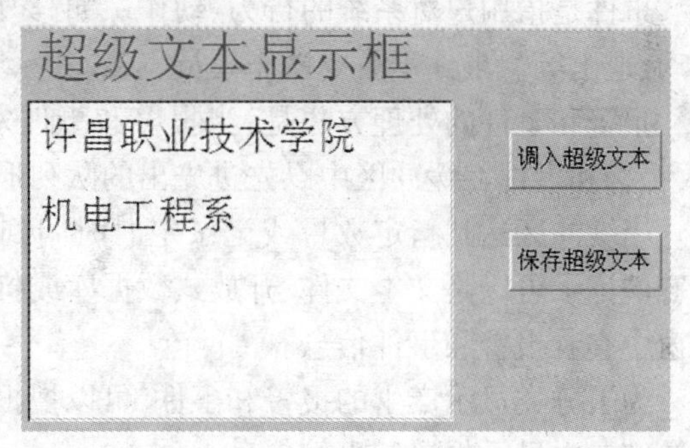

图 3-101 执行“调入超级文本“按钮情况

修改显示框中的内容,然后单击“保存超级文本”按钮,可以将显示框中的内容保存到指定的文件中。

第四部分　组态画面的输出

4.1　报警和事件

4.1.1　报警和事件概述

报警是指当系统中某些量的值超过了所规定的界限时,系统自动产生相应警告信息,表明该量的值已经超限,提醒操作人员。如炼油厂的油品储罐,如果往罐中输油时没有规定油位的上限,系统就产生不了报警,无法有效提醒操作人员,则有可能会造成“冒罐”,形成危险。有了报警,就可以提示操作人员注意。报警允许操作人员应答。

事件是指用户对系统的行为、动作。如修改了某个变量的值,用户的登录、注销,站点的启动、退出等。事件不需要操作人员应答。

报警和事件的处理方法是:当报警和事件发生时,把这些信息存储于内存中的缓冲区中,报警和事件在缓冲区中以先进先出的队列形式存储,所以只有最近的报警和事件在内存中。当缓冲区达到指定数目或记录定时时间到时,系统自动将报警和事件信息进行记录。报警的记录可以是文本文件、开放式数据库或打印机。另外,用户可以从人机界面提供的报警窗中查看报警和事件信息。

为了分类显示产生的报警和事件,可以把报警和事件划分到不同的报警组中,在指定的报警窗口中显示报警和事件信息。

4.1.2　定义报警组

报警组是按树状组织的结构,缺省时只有一个根节点,缺省名为 RootNode(可以改成其他名字)。可以通过报警组定义对话框为这个结构加入多个节点和子节点。这类似于树状的目录结构,每个子节点报警组下所属的变量,属于该报警组的同时,也属于其上一级父节点报警组。如在上述缺省“RootNode”报警组下添加一个报警组“A”,则属于报警组“A”的变量同时属于“RootNode”报警组。报警组结构如图 4-1 所示。

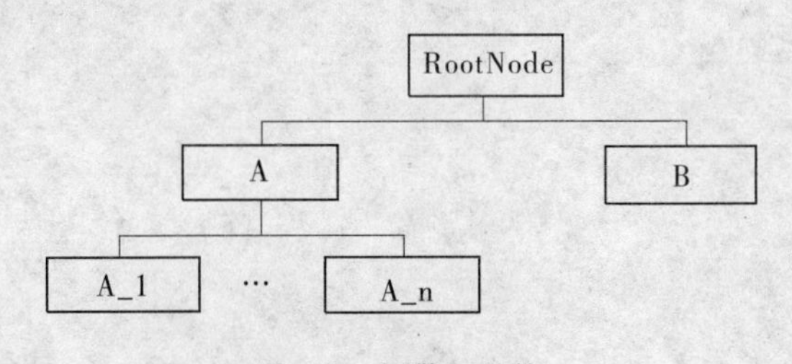

图 4-1　报警组结构

本软件最多可以定义 512 个节点的报警组。

通过报警组名可以按组处理变量的报警事件,如报警窗口可以按组显示报警事件,记录报警事件也可按组进行,还可以按组对报警事件进行报警确认。

定义报警组后,按照定义报警组的先后顺序为每一个报警组设定一个 ID 号,在引用变量的报警组域时,系统显示的都是报警组的 ID 号,而不是报警组名称(系统提供获取报警组名称的函数 GetGroupName())。每个报警组的 ID 号是固定的,当删除某个报警组后,其他的报警组 ID 都不会发生变化,新增加的报警组也不会再占用这个 ID 号。

在工程浏览器的目录树中选择数据库—报警组,如图 4-2 所示。

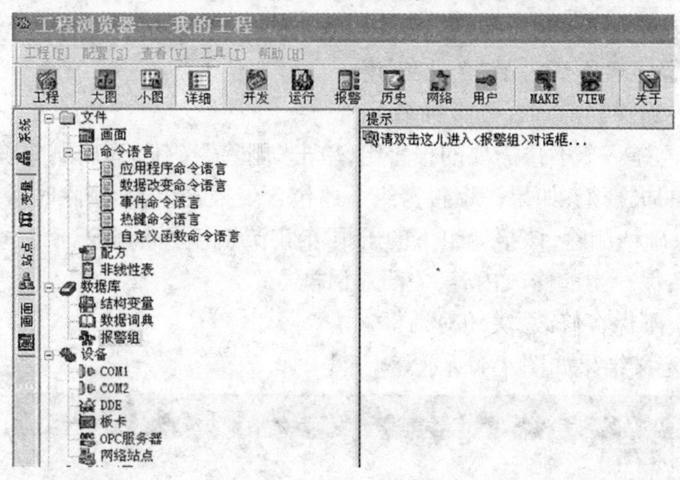

图 4-2 进入报警组

双击右侧的"请双击这儿进入 < 报警组 > 对话框…",弹出报警组定义对话框,如图 4-3 所示。

图 4-3 报警组定义

对话框中各按钮的作用是:

"增加"按钮:在当前选择的报警组节点下增加一个报警组节点。

(1)如选中图 4-3 中的"RootNode"报警组,单击"增加"按钮,弹出"增加报警组"对话框,在如图 4-4 所示弹出的对话框中输入"反应车间",确定后,在"RootNode"报警组下,会出现一个"反应车间"报警组节点。

(2)选中“RootNode”报警组,单击“增加”按钮,在弹出的增加报警组对话框中输入“包衣车间”,确定后,在“RootNode”报警组下,会再出现一个“包衣车间”报警组节点。

(3)选中“反应车间”报警组,单击“增加”按钮,在弹出的增加报警组对话框中输入“温度1”,则在“反应车间”报警组下,会出现一个“温度1”报警组节点。

“修改”按钮:修改当前选择的报警组的名称。

选中图4-3中的“RootNode”报警组,单击“修改”按钮,弹出修改报警组对话框,对话框的编辑框中自动显示原报警组的名称,将编辑框中的内容修改为“企业集团”,然后确定,则原“RootNode”报警组名称变为了“企业集团”。

“删除”按钮:删除当前选择的报警组。

在对话框中选择一个不再需要的报警组,单击“删除”按钮,弹出删除确认对话框,确认后删除当前选择的报警组;如果一个报警组下还包含子报警组,则删除时系统会提示该报警组有子节点,如果确认删除,该报警组下的子报警组节点也会被删除。

“确认”按钮:保存当前修改内容,关闭对话框。

“取消”按钮:不保存修改,关闭对话框。

最终报警组定义结果如图4-4所示。

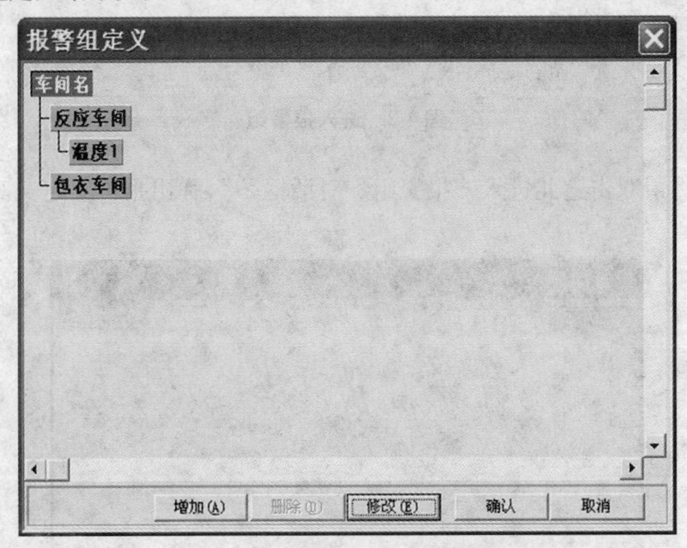

图4-4　修改和增加后的报警组

4.1.3　定义变量的报警属性

在使用报警功能前,必须先要对变量的报警属性进行定义。系统变量中模拟型(包括整型和实型)变量和离散型变量可以定义报警属性。下面一一介绍。

4.1.3.1　通用报警属性功能介绍

在工程浏览器“数据库/数据词典”中新建一个变量或选择一个原有变量双击它,在弹出的“定义变量”对话框上选择“报警定义”属性页,如图4-5所示。

报警属性页可以分为以下几个部分:

(1)报警组名和优先级选项:单击“报警组名”标签后的按钮,会弹出“选择报警组”对

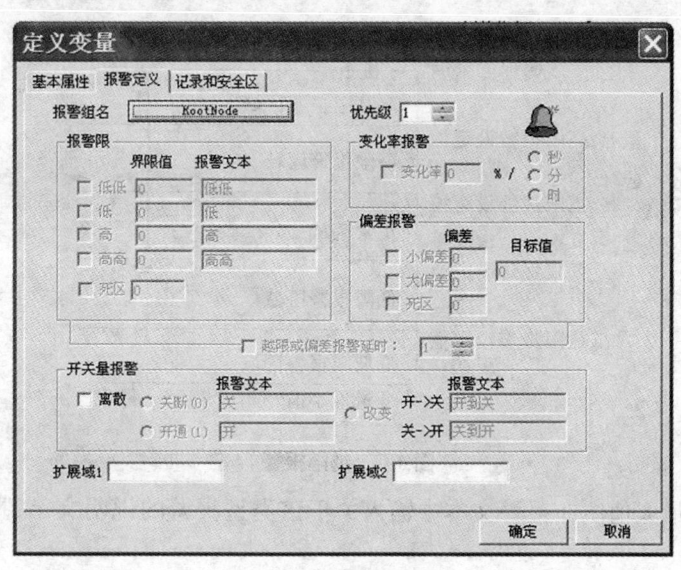

图 4-5　通用报警属性

话框，在该对话框中将列出所有已定义的报警组，选择其一，确认后，则该变量的报警信息就属于当前选中的报警组。如图 4-4 中选择“反应车间”，则当前定义的变量就属于反应车间报警组，这样在报警记录和查看时直接选择要记录或查看的报警组为“反应车间”，则可以看到所有属于“反应车间”的报警信息。

(2)优先级主要是指报警的级别，主要有利于操作人员区别报警的紧急程度。报警优先级的范围为 1 ~ 999，1 为最高，999 为最低。在图 4-5 的优先级编辑框中输入当前变量的报警优先级。

(3)开关量报警定义区域：如果当前的变量为离散量，则这些选项是有效的。

(4)报警的扩展域的定义：报警的扩展域共有两格主要是对报警的补充说明、解释。

4.1.3.2　模拟量变量的报警类型

模拟量主要是指整型变量和实型变量，包括内存型和 I/O 型。模拟型变量的报警类型主要有越限报警、偏差报警和变化率报警三种。对于越限报警和偏差报警可以定义报警延时和报警死区，下面一一介绍。

1. 越限报警

越限报警指模拟量的值在跨越规定的高低报警限时产生的报警。越限报警的报警限共有低低限、低限、高限、高高限四个。其原理图如图 4-6 所示。

在变量值发生变化时，如果跨越某一个限值，立即发生越限报警，某个时刻，对于一个变量，只可能越一种限，因此只产生一种越限报警，例如：如果变量的值超过高高限，就会产生高高限报警，而不会产生高限报警。另外，如果两次越限，就得看这两次越的限是否是同一种类型，如果是，就不再产生新报警，也不表示该报警已经恢复；如果不是，则先恢复原来的报警，再产生新报警。

越限类型的报警可以定义其中一种、任意几种或全部类型。有“界限值”和“报警文本”两列。界限值列中选择要定义的越限类型，则后面的界限值和报警文本编辑框变为有效。在界限值中输入该类型报警越限值，定义界限值时应该：最小值≤低低限值 < 低限值 < 高限

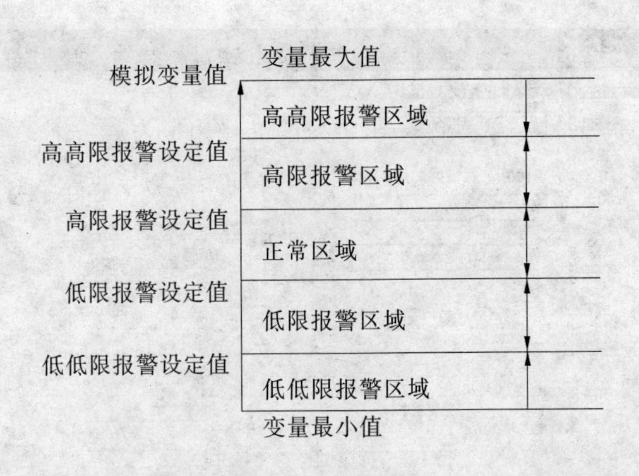

图 4-6 越限报警

值 < 高高限值≤最大值。在报警文本中输入关于该类型报警的说明文字，报警文本不超过 15 个字符。

2. 偏差报警

偏差报警指模拟量的值相对目标值上下波动超过指定的变化范围时产生的报警。偏差报警可以分为小偏差报警和大偏差报警两种。当波动的数值超出大小偏差范围时，分别产生大偏差报警和小偏差报警，其原理图如图 4-7 所示。

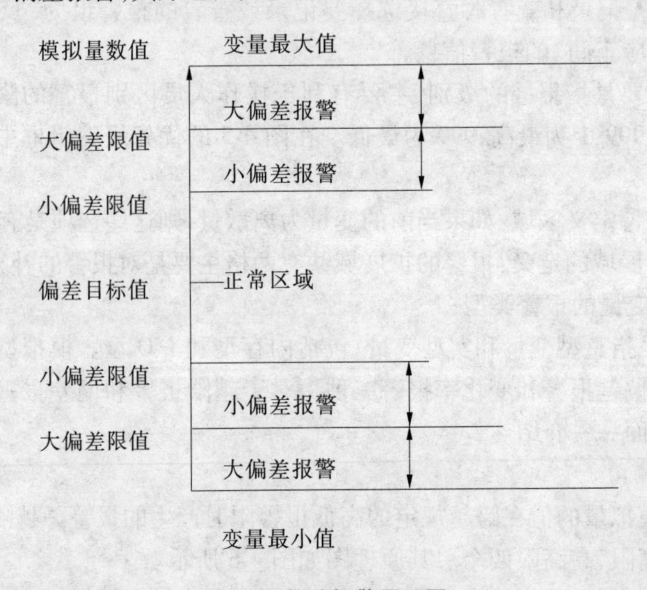

图 4-7 偏差报警原理图

3. 变化率报警

变化率报警是指模拟量的值在一段时间内产生的变化速度超过了指定的数值而产生的报警，即变量变化太快时产生的报警。系统运行过程中，每当变量发生一次变化，系统都会自动计算变量变化的速度，以确定是否产生报警。变化率报警的类型以时间为单位分为三种：%/秒、%/分、%/时。

变化率报警定义如图 4-5 所示。选择变化率选项，在编辑框中输入报警极限值，选择报警类型的单位。

4. 报警延时和死区

对于越限和偏差报警,可以定义报警死区和报警延时。

报警死区的原理图如图 4-8 所示。报警死区的作用是为了防止变量值在报警限上下频繁波动时,产生许多不真实的报警,在原报警限上下增加一个报警限的阈值,使原报警限界线变为一条报警限带,当变量的值在报警限带范围内变化时,不会产生报警,而一旦超出该范围时才产生报警信息,这样对消除波动信号的无效报警有积极的作用。

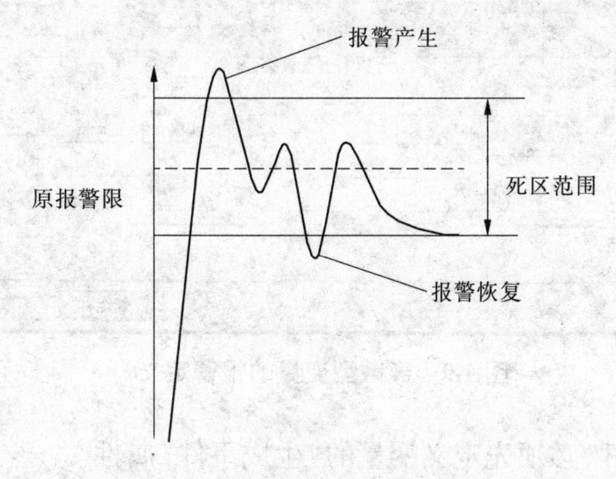

图 4-8　报警死区的原理图

报警延时是对系统当前产生的报警信息并不提供显示和记录,而是进行延时,在延时时间到后,如果该报警不存在了,表明该报警可能是一个误报警,不用理会,系统自动清除;如果延时到后,该报警还存在,表明这是一个真实的报警,系统将其添加到报警缓冲区中,进行显示和记录。如果定时期间有新的报警产生,则重新开始定时。

5. 离散型变量的报警类型

离散量有两种状态:1、0。离散型变量的报警有三种状态:

(1)1 状态报警:变量的值由 0 变为 1 时产生报警。

(2)0 状态报警:变量的值由 1 变为 0 时产生报警。

(3)状态变化报警:变量的值由 0 变为 1 或由 1 变为 0 为都产生报警。离散型变量的报警定义如图 4-9 所示。在报警定义页中报警组名、优先级和扩展域的定义与模拟量定义相同。在"开关量报警"组内选择"离散"选项,三种类型的选项变为有效。定义时,三种报警类型只能选择一种。选择完成后,在报警文本中输入不多于 15 个字符的类型说明。

4.1.4　事件类型

事件是不需要用户来应答的。根据操作对象和方式的不同,事件分为以下几类:操作事件、用户登录事件、应用程序事件、工作站事件等,每个事件在组态王运行系统中人机界面的输出显示是通过历史报警窗实现的,下面分别介绍这几种事件。

4.1.4.1　操作事件

操作事件是指用户修改有"生成事件"定义的变量的值或其域的值时,系统产生的事件。如修改重要参数的值,或报警限值、变量的优先级等。这里需要注意的是同报警一样,字符串型变量和字符串型的域的值的修改不能生成事件。操作事件可以进行记录,使用户了解当时的值是多少,修改后的值是多少。

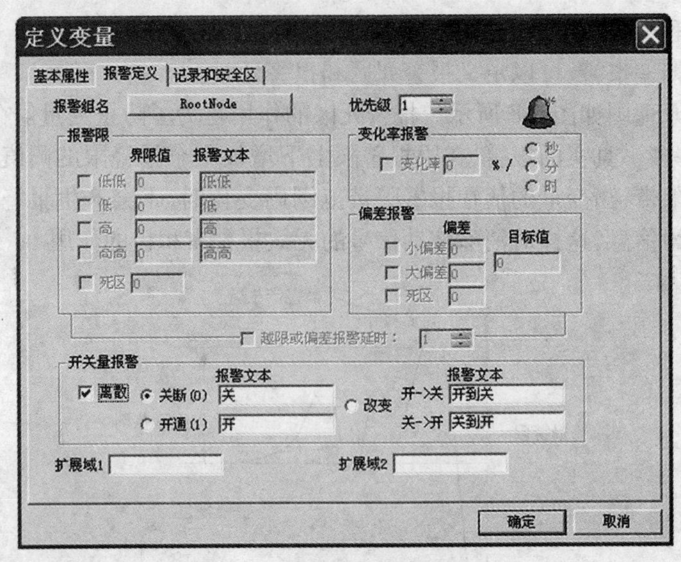

图 4-9　离散型变量的报警定义

变量要生成操作事件,必须先定义变量的“生成事件”属性。

(1)在数据词典中新建内存整型变量“操作事件”,选择“定义变量”的“记录和安全区”属性页,如图 4-10 所示,在“安全区”栏中选择“生成事件”选项。单击“确定”,关闭对话框。

(2)新建画面,在画面上创建一个文本,定义文本的动画连接——模拟值输入和模拟值输出连接,选择连接变量为“操作事件”。再创建一个文本,定义文本的动画连接——模拟值输入和模拟值输出连接,选择连接变量为“操作事件”的优先级域“Priority”。

(3)在画面上创建一个报警窗,定义报警窗的名称为“事件”,类型为“历史报警窗”。保存画面,切换到运行系统。

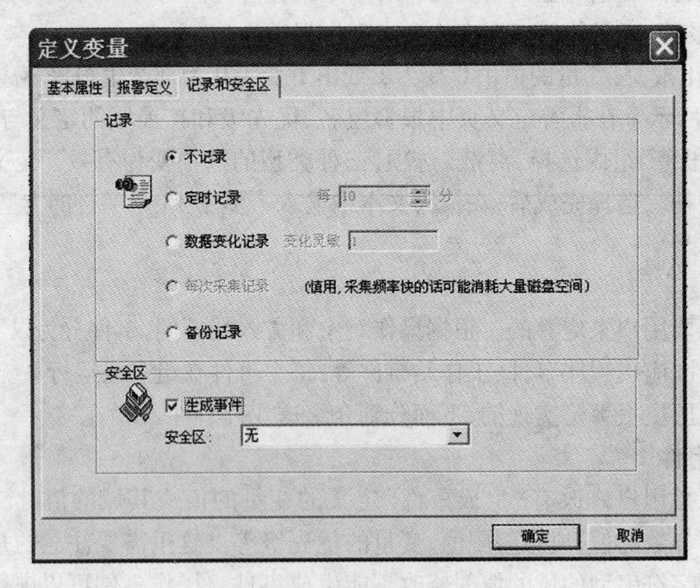

图 4-10　定义变量“生成事件”

4.1.4.2 用户登录事件

用户登录事件是指用户向系统登录时产生的事件。系统中的用户,可以在工程浏览器——用户配置中进行配置,如用户名、密码、权限等。

用户登录时,如果登录成功,则产生“登录成功”事件;如果登录失败或取消登录过程,则产生“登录失败”事件;如果用户退出登录状态,则产生“注销”事件。

4.1.4.3 应用程序事件

如果变量是I/O变量,变量的数据源为DDE或OPC服务器等应用程序,对变量定义“生成事件”属性后,当采集到的数据发生变化时,产生该变量的应用程序事件。

4.1.4.4 工作站事件

所谓工作站事件就是指某个工作站站点上的软件运行系统的启动和退出事件,包括单机和网络。运行系统启动,产生工作站启动事件;运行系统退出,产生退出事件。

4.1.5 如何记录与显示报警

系统包含多种报警记录和显示的方式,如报警窗口、数据库、打印机等。系统提供一个预定的缓冲区,对产生的报警信息首先保存在缓冲区中,报警窗口根据定义的条件,从缓冲区中获取符合条件的信息显示。当报警缓冲区满或组态王内部定时时间到时,将信息按照配置的条件进行记录。

4.1.5.1 报警输出显示:报警窗口

运行系统中报警的实时显示是通过报警窗口实现的。报警窗口分为实时报警窗和历史报警窗两类。实时报警窗主要显示当前系统中存在的符合报警窗显示配置条件的实时报警信息和报警确认信息,当某一报警恢复后,不再在实时报警窗中显示。实时报警窗不显示系统中的事件。历史报警窗显示当前系统中符合报警窗显示配置条件的所有报警和事件信息。报警窗口中最大显示的报警条数取决于报警缓冲区大小的设置。

1.报警缓冲区大小的定义

报警缓冲区是系统在内存中开辟的用户暂时存放系统产生的报警信息的空间,其大小是可以设置的。在工程浏览器中选择“系统配置\报警配置”,双击后弹出“报警配置属性页”,如图4-11所示,在对话框的右上角为“报警缓冲区的大小”设置项,报警缓冲区大小设置值按存储的信息条数计算,值的范围为1~10000。报警缓冲区大小的设置直接影响着报警窗显示的信息条数。

2.创建报警窗口

首先新建一画面,在工具箱中单击“报警窗口”按钮,如图4-12所示,或选择菜单“工具\报警窗口”,光标箭头变为单线十字形,在画面上适当位置按下鼠标左键并拖动,绘出一个矩形框,当矩形框大小符合报警窗口大小要求时,松开鼠标左键,报警窗口创建成功,如图4-13所示。

改变报警窗在画面上的位置时,将鼠标移动到选中的报警窗的边缘,当鼠标箭头变为双十字形时,按下鼠标左键,拖动报警窗口,到合适的位置,松开鼠标左键即可。选中的报警窗口周围有8个带箭头的小矩形,将鼠标移动到小矩形的上方,光标箭头变为双向箭头时,按下鼠标左键并拖动,可以修改报警窗的大小。

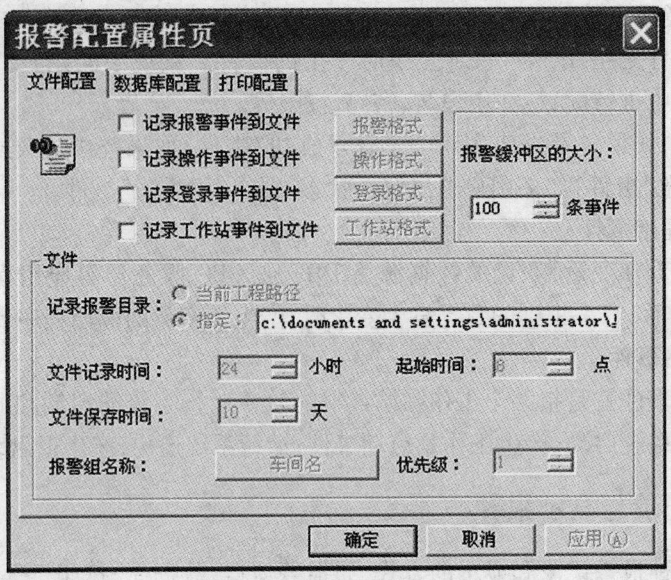

图 4-11　报警缓冲区大小设置

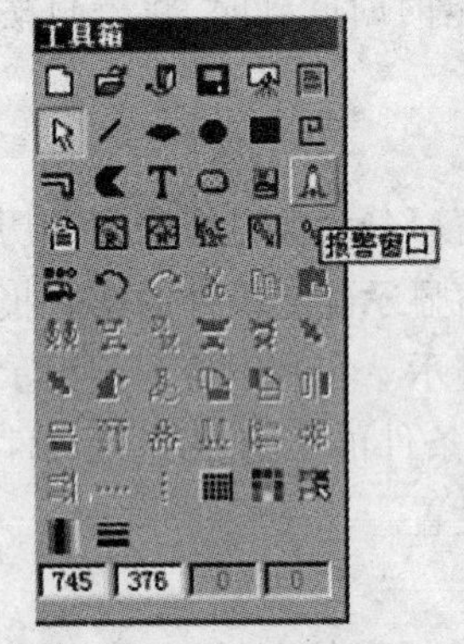

图 4-12　报警窗口按钮

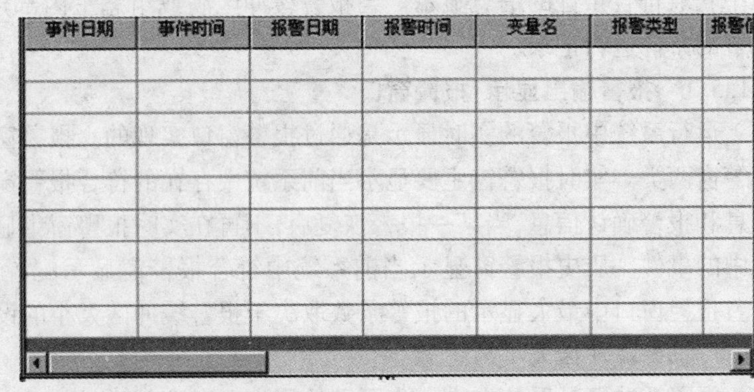

图 4-13　报警窗口

3. 配置实时和历史报警窗

报警窗口创建完成后，要对其进行配置。双击报警窗口，弹出报警窗口配置属性页，如图 4-14 所示，首先显示的是通用属性页。在该页中有一个实时报警窗和历史报警窗的选项，选择当前报警窗是哪一种类型：如果选择“实时报警窗”，则当前窗口将成为实时报警窗；如果选择“历史报警窗”，则当前窗口将成为历史报警窗。实时和历史报警窗的配置选项大多数相同。在本节的说明中，如果没有特殊说明，则配置选项为公用选项。

通用属性页中各选项含义如下：

报警窗口名：定义报警窗口在数据库中的变量登记名。此报警窗口变量名可在为操作报警窗口建立的命令语言连接程序中使用。报警窗口名的定义应该符合变量的命名规则。

属性选择：属性选择有七项选项，即是否显示列标题、是否显示状态栏、报警自动卷滚、是否显示水平网格、是否显示垂直网格、小数点后显示位数、新报警出现位置。

日期格式：选择报警窗中日期的显示格式，只能选择一项。

时间格式：选择报警窗中时间的显示格式，即显示时间的哪几个部分。如“xx 分 xx 秒”

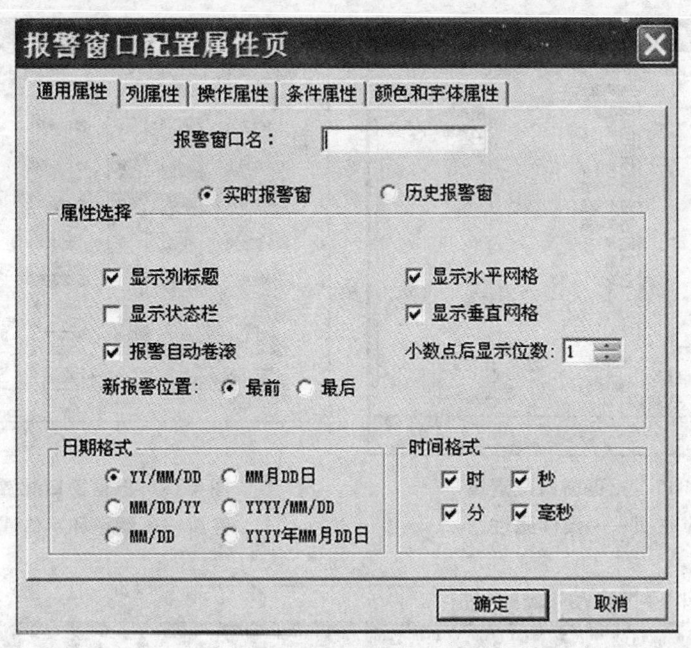

图 4-14　报警窗口配置属性页—通用属性

或“xx 时 xx 分 xx 秒”。该选择应该符合逻辑，例如只选择时和秒是错误的，时间格式选择错误时，系统会提示“时间格式不对”。

其他属性设置参照图 4-15 ~ 图 4-18。

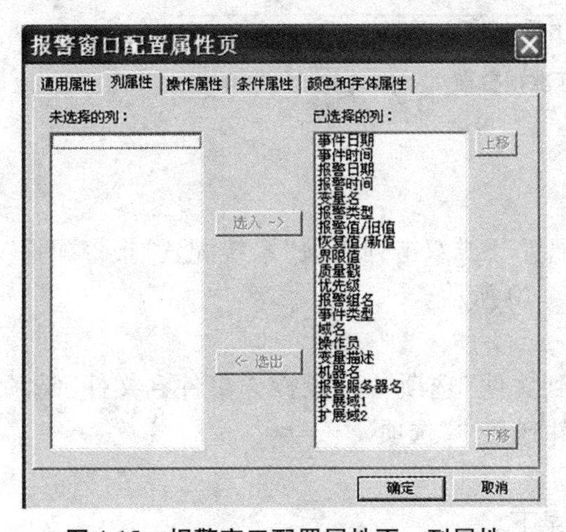

图 4-15　报警窗口配置属性页—列属性

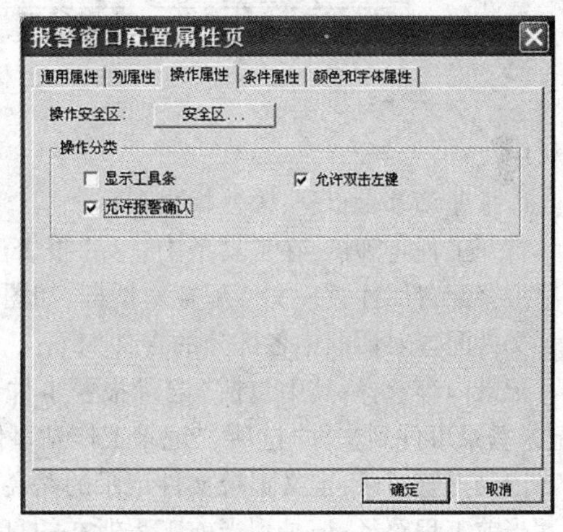

图 4-16　报警窗口配置属性页—操作属性

4. 运行系统中报警窗的操作

如果报警窗口配置中选择了“显示工具条”和“显示状态栏”，则运行时的标准报警窗显示如图 4-19 所示。

标准报警窗共分为三个部分：工具条、报警和事件信息显示部分、状态栏。

4.1.5.2　报警记录输出

系统中的报警和事件信息不仅可以输出到报警窗口中，还可以输出到文件、数据库和打

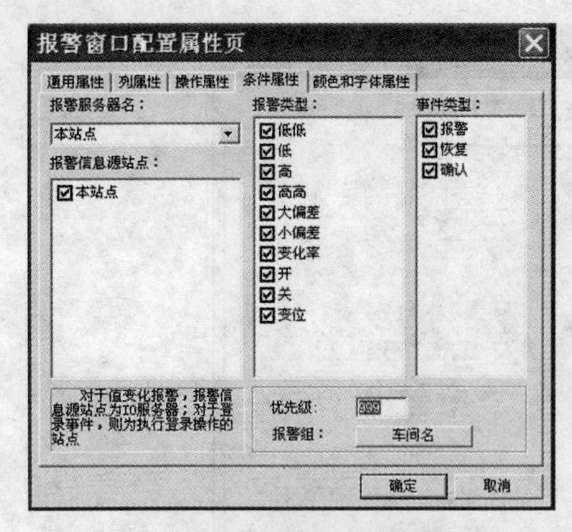

图 4-17　报警窗口配置属性页——条件属性

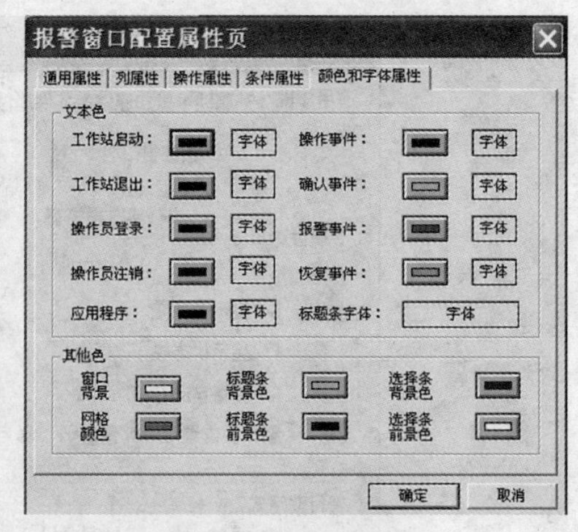

图 4-18　报警窗口配置属性页——颜色和字体属性

事件日期	事件时间	报警日期	报警时间	变量名	报警类型

报警的数目：0　新报警出现的位置：前面　滚动

图 4-19　标准报警窗

印机中。

1. 报警记录输出一：文件输出

打开工程管理器，在工具条中选择“报警配置”，或双击列表项“系统配置\报警配置”，弹出报警配置属性页—文件配置对话框，如图 4-20 所示。

文件配置对话框中各部分的含义如下：

记录内容选择：其中包括“记录报警事件到文件”选项、“记录操作事件到文件”选项、“记录登录事件到文件”选项、“记录工作站事件到文件”选项。

记录报警目录：定义报警文件记录的路径。

当前工程路径：记录到当前工程所在的目录下。

指定：当选择该项时，其后面的编辑框变为有效，在编辑框中直接输入报警文件将要存储的路径。

文件记录时间：报警记录的文件一般有很多个，该项指定没有记录文件的记录时间长度，单位为小时，指定数值范围为 1 ~ 24。如果超过指定的记录时间，系统将生成新的记录文件。如定义文件记录时间为 8 小时，则系统按照定义的起始时间，每 8 小时生成一个新的报警记录文件。

起始时间：报警记录文件命名时的时间（小时数），表明某个报警记录文件开始记录的

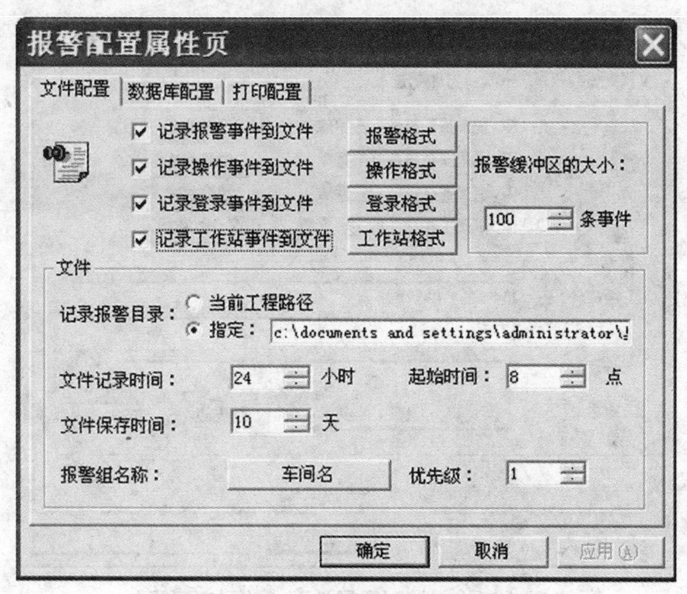

图 4-20　报警配置属性页—文件配置

时间,其值为 0 ~ 23 的一个整数。

文件保存时间:规定记录文件在硬盘上的保存天数(当日之前)。超过天数的记录文件将被自动删除。保存天数为 1 ~ 999。

报警组名称:选择要记录的报警和事件的报警组名称条件,只有符合定义的报警组及其子报警组的报警和事件才会被记录到文件。

优先级:规定要记录的报警和事件的优先级条件。只有高于规定的优先级的报警和事件才会被记录到文件中。

文件配置完成后,单击“确定”关闭对话框。

文件记录中每条报警和事件记录占用一行,每条记录中每项记录都用“[ ]”隔离开来。

2. 报警记录输出二:数据库

(1)定义报警记录数据库。

报警和事件信息可以通过 ODBC 记录到开放式数据库中,如 Access、SQL Server 等。在使用该功能之前,应该做些准备工作:首先在数据库中建立相关的数据表和数据字段,然后在系统控制面板的 ODBC 数据源中配置一个数据源(用户 DSN 或系统 DSN),该数据源可以定义用户名和密码等权限。

(2)报警输出数据库配置。

定义好报警记录数据库和定义完 ODBC 数据源后,就可以在系统中定义数据库输出配置了。如图 4-21 所示为报警配置属性页—数据库配置对话框。

对话框中各项含义为:

记录报警事件到数据库:记录报警数据库时,是否包括报警事件。

记录操作事件到数据库:记录报警数据库时,是否包括操作事件。

记录登录事件到数据库:记录报警数据库时,是否包括登录事件。

记录工作站事件到数据库:记录报警数据库时,是否包括工作站事件。

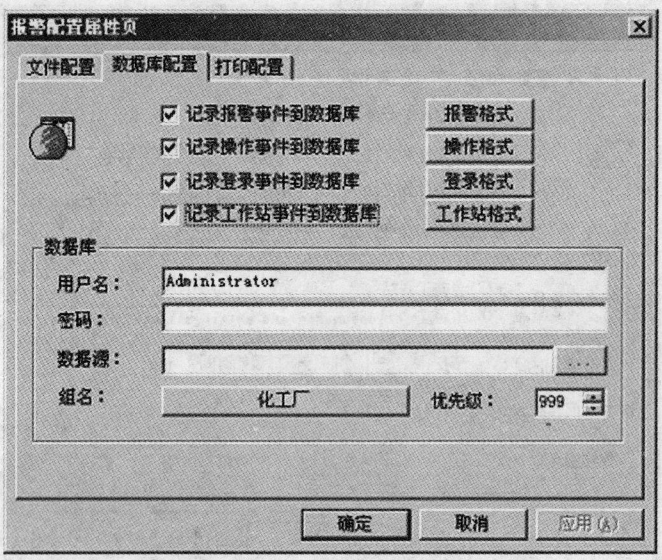

图 4-21　报警配置属性页—数据库配置

用户名、密码:输入在定义 ODBC 数据源时定义的用户名和密码,如果没有,置为空即可。

数据源:输入定义的与报警数据库连接的 ODBC 数据源名称,也可通过单击“数据源”标签后的按钮,在弹出的“ODBC”数据源对话框中选择,该对话框包含“系统 DSN”和“用户 DSN”两项,分别列出当前系统中已有的数据源名称。

组名:选择记录到数据库中的报警和事件的报警组条件,只有符合当前选中的报警组及其子报警组的报警和事件信息才会被记录到数据库中,报警组组名只能选择一个。

优先级:选择记录到数据库中的报警和事件的优先级条件,只有比当前优先级高的报警和事件信息才会被记录到数据库中。优先级范围为 1 ~999 的整数。

3. 报警记录输出三:实时打印输出

软件产生的报警和事件信息可以通过打印机实时打印出来。首先应该对实时打印进行配置,图 4-22 为报警配置属性页。

按照用户在“报警配置”中定义的报警事件的打印格式及内容,系统将报警信息送到指定的打印端口缓冲区,将其实时打印出来。在打印时,某一条记录中间的各个字段以“/”分开,每个字段包含在“ < > ”内,并且字段标题与字段内容之间用冒号分割。打印时,两条报警信息之间以“ - - - - - - - ”分隔。

由于实时报警信息是直接输出到打印端口的(如 LPT1),建议用户在使用实时报警打印时,最好使用带硬字库的针式打印机(即打印机本身带字库,市场上其他类型的打印机,如激光式、喷墨式、部分针式打印机等,其本身不带字库,均使用系统的字库),如 EPSON 的 1600II、1600KIII 等,否则会出现打印出来的报警信息中的汉字为乱码的情况。

4.1.6　反应车间的报警系统设置

4.1.6.1　定义报警组

(1)在工程浏览器窗口左侧工程目录显示区中选择“数据库”中的“报警组”选项,在右

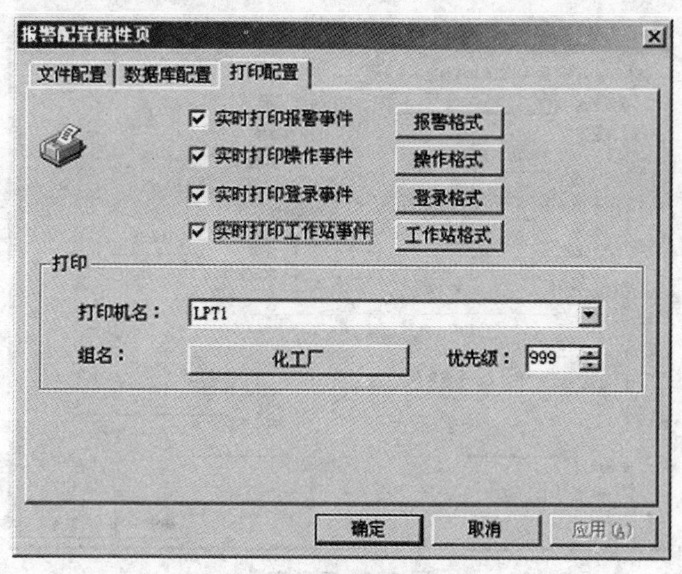

图 4-22　报警配置属性页

侧目录内容显示区中双击“进入报警组”图标弹出“报警组定义”对话框,如图 4-23 所示。

(2)单击“修改”按钮,将名称为“RootNode”报警组改名为“车间”。

(3)选中“车间”报警组,单击“增加”按钮,增加此报警组的子报警组,名称为“反应车间”,如图 4-24 所示。

(4)单击“确认”按钮关闭对话框,结束对报警组的设置。

图 4-23　报警组定义

图 4-24　设置完毕的报警组

4.1.6.2　设置变量的报警属性

(1)在数据词典中选择“原料油液位”变量,双击此变量,在弹出的“定义变量”对话框中单击“报警定义”选项卡,如图 4-25 所示。

对话框设置如下:

报警组名:反应车间

低:10　原料油液位过低

高:90　原料油液位过高

优先级:100

(2)设置完毕后单击“确定”按钮,系统进入运行状态时,当“原料油液位”的高度低于

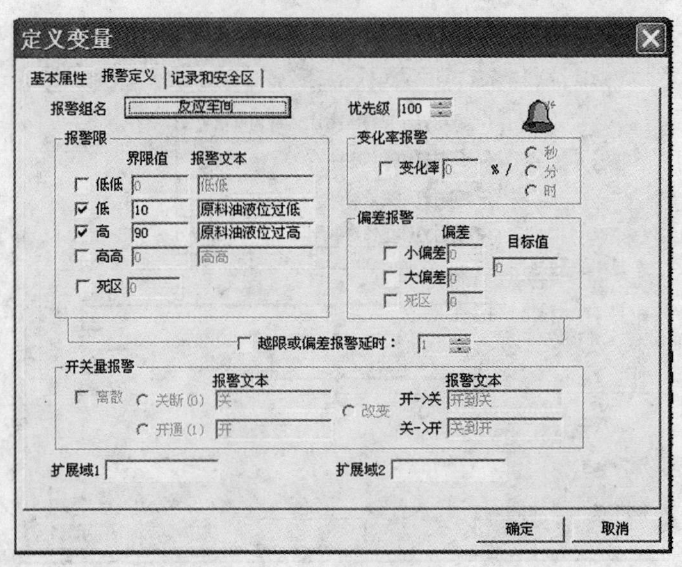

图 4-25　定义变量

10 或高于 90 时系统将产生报警，报警信息将显示在“反应车间”报警组中。

4.1.6.3　建立报警窗口

报警窗口用来显示系统中发生的报警和事件信息，报警窗口分实时报警窗口和历史报警窗口。实时报警窗口主要显示当前系统中发生的实时报警信息和报警确认信息，一旦报警恢复后将从窗口中消失。历史报警窗口中显示系统发生的所有报警和事件信息，主要用于对报警和事件信息进行查询。

报警窗口的建立过程如下：

(1)新建一画面，名称为“报警和事件画面”，类型为“覆盖式”。

(2)选择工具箱中的 **T** 工具，在画面上输入文字：报警和事件。

(3)选择工具箱中的 工具，在画面中绘制一报警窗口，如图 4-26 所示。

(4)双击“报警窗口”对象，弹出报警窗口配置属性页对话框，如图 4-27 所示。

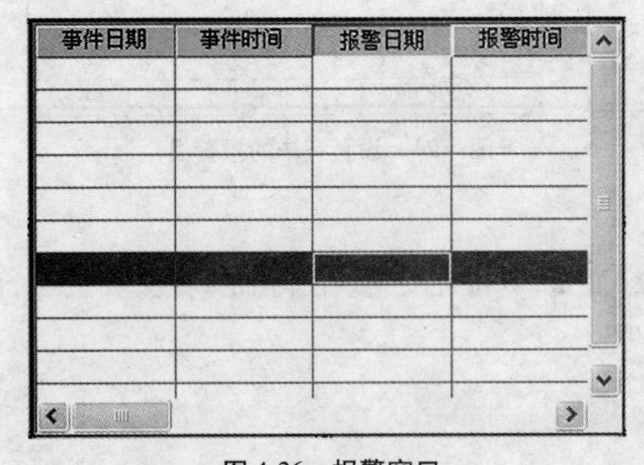

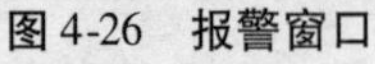
图 4-26　报警窗口

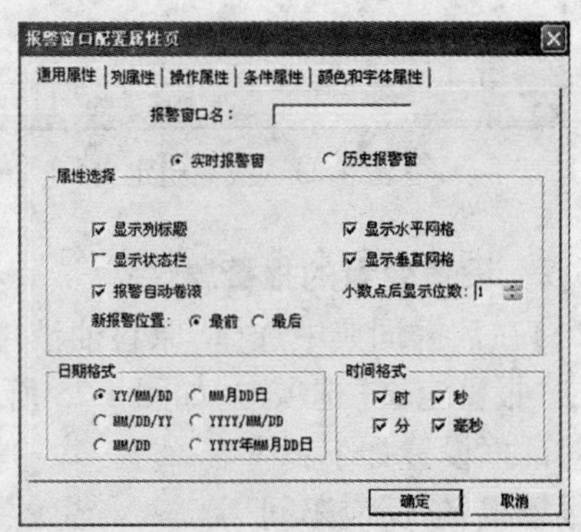

图 4-27　报警窗口配置属性页

报警窗口分为五个属性页，即通用属性页、列属性页、操作属性页、条件属性页、颜色和字体属性页。

通用属性页：在此属性页中可以设置窗口的名称、窗口的类型（实时报警窗口或历史报警窗口）、窗口显示属性以及日期和时间显示格式等。

列属性页：报警窗口中的列属性页对话框如图 4-28 所示。

在此属性页中可以设置报警窗中显示的内容，包括报警日期时间显示与否、报警变量名称显示与否、报警限值显示与否、报警类型显示与否等。

操作属性页：报警窗口中的操作属性页对话框，如图 4-29 所示。

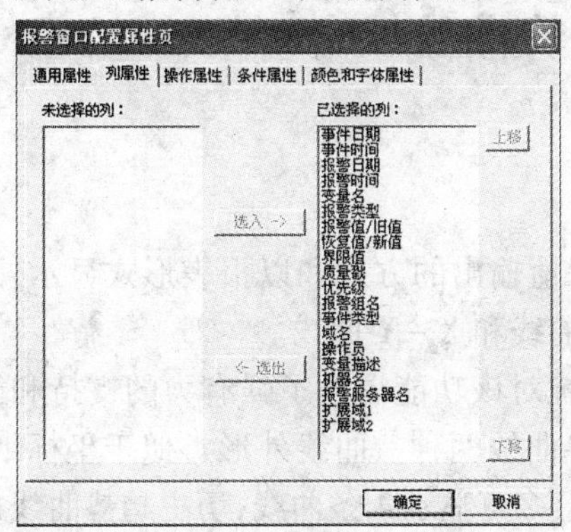

图 4-28　列属性页

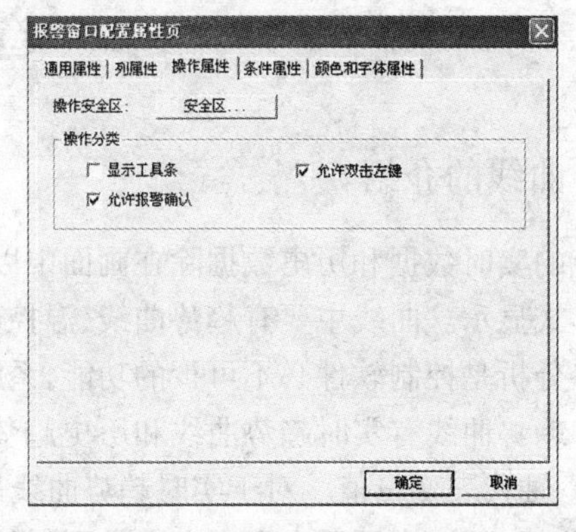

图 4-29　操作属性页

在此属性页中可以对操作者的操作权限进行设置。单击“安全区”按钮，在弹出的“选择安全区”对话框中选择报警窗口所在的安全区，只有登录用户的安全区包含报警窗口的操作安全区时，才可执行如下设置的操作，双击左键操作、工具条的操作和报警确认的操作。

条件属性页：报警窗口中的条件属性页对话框，如图 4-30 所示。

在此属性页中可以设置哪些类型的报警或事件发生时才在此报警窗口中显示，并设置其优先级和报警组：

优先级：999；

报警组：反应车间。

这样设置完后，满足如下条件的报警点信息会显示在此报警窗口中：

a. 在变量报警属性中设置的优先级高于 999；

b. 在变量报警属性中设置的报警组名为反应车间。

颜色和字体属性页：报警窗口中的颜色和字体属性页对话框，如图 4-31 所示。

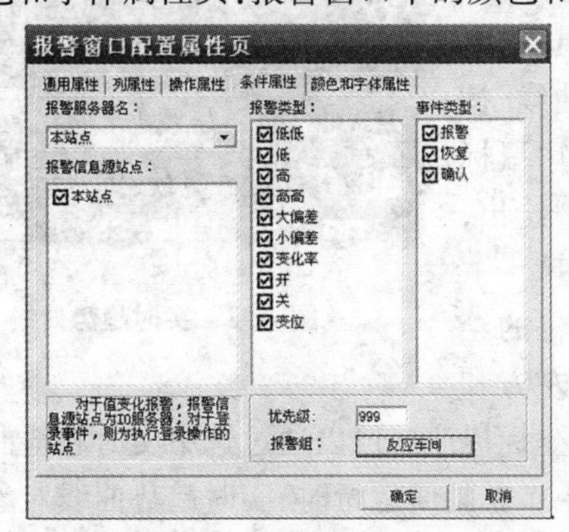

图 4-30　条件属性页

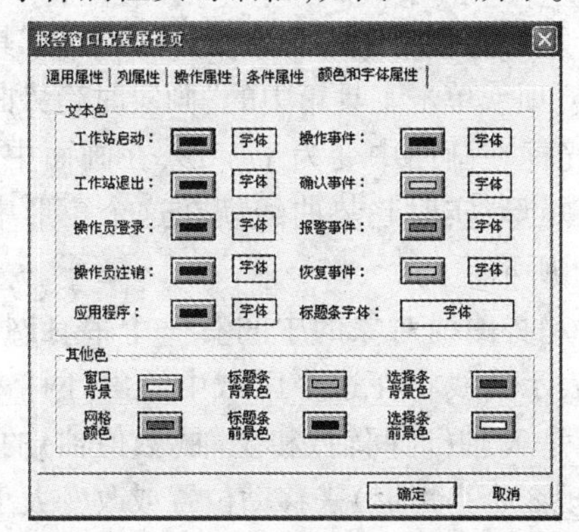

图 4-31　颜色和字体属性页

在此属性页中可以设置报警窗口的各种颜色以及信息的显示颜色。

报警窗口的上述属性可由用户根据实际情况进行设置。

(5)单击“文件”菜单中的“全部存”命令,保存所作的设置。

(6)单击“文件”菜单中的“切换到 VIEW”命令,进入运行系统。通过运行界面中“画面”菜单中的“打开”命令将其打开后方可运行。

4.2 趋势曲线

4.2.1 曲线的介绍

系统的实时数据和历史数据除在画面中以值输出的方式和以报表形式显示外,还可以以曲线形式显示。曲线主要有趋势曲线、温控曲线和 X - Y 曲线。

趋势分析是控制软件必不可少的功能,系统对该功能提供了强有力的支持和简单的控制方法。趋势曲线有实时趋势曲线和历史趋势曲线两种。曲线外形类似于坐标纸,X 轴代表时间、Y 轴代表变量值。对于实时趋势曲线最多可显示 4 条曲线,历史趋势曲线最多可显示 16 条曲线,而一个画面中可定义数量不限的趋势曲线(实时趋势曲线或历史趋势曲线)。在趋势曲线中工程人员可以规定时间间距、数据的数值范围、网格分辨率、时间坐标数目、数值坐标数目,以及绘制曲线的“笔”的颜色属性。画面程序运行时,实时趋势曲线可以自动卷动,以快速反映变量随时间的变化;历史趋势曲线不能自动卷动,它一般与功能按钮一起工作,共同完成历史数据的查看工作。这些按钮可以完成翻页、设定时间参数、启动/停止记录、打印曲线图等复杂功能。

温控曲线反映出实际测量值按设定曲线变化的情况。在温控曲线中,纵轴代表温度值,横轴对应时间的变化,同时将每一个温度采样点显示在曲线中。温控曲线主要适用于温度控制,流量控制等。

X - Y 曲线主要是用曲线来显示两个变量之间的运行关系的,例如电流—转速曲线等。

4.2.2 实时趋势曲线

4.2.2.1 实时趋势曲线定义

在开发系统中制作画面时,选择菜单“工具\实时趋势曲线”项或单击工具箱中的“画实时趋势曲线”按钮,此时光标在画面中变为十字形,在画面中用鼠标画出一个矩形,实时趋势曲线就在这个矩形中绘出,如图 4-32 所示。

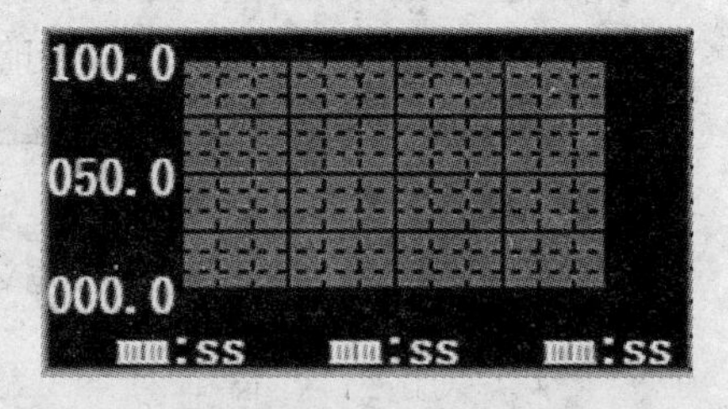

图 4-32 实时趋势曲线

实时趋势曲线对象的中间有一个带有网格的绘图区域,表示曲线将在这个区域中绘出,网格左方和下方分别是 X 轴(时间轴)和 Y 轴(数值轴)的坐标标注。可以通过选中实时趋势曲线对象(周围出现 8 个小矩形)来移动位置或改变大小。在画面运行时,实时趋势曲线对象由系统自动更新。

4.2.2.2　实时趋势曲线对话框

实时趋势曲线对话框如图 4-33 所示。

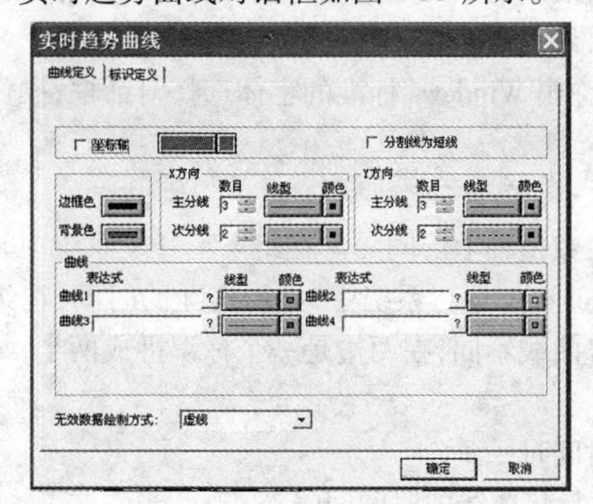

(a)实时趋势曲线—曲线定义

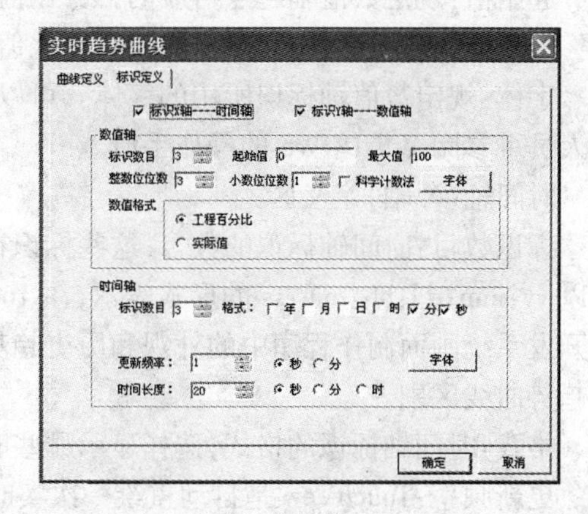

(b)实时趋势曲线—标识定义

图 4-33　实时趋势曲线

在生成实时趋势曲线对象后,双击此对象,弹出“曲线定义”对话框,通过单击对话框上端的两个按钮在“曲线定义”和“标识定义”之间切换。

1. 曲线定义属性卡片选项

坐标轴:目前此项无效。

分割线为短线:选择分割线的类型。选中此项后在坐标轴上只有很短的主分线,整个图纸区域接近空白状态,没有网格,同时下面的“次分线”选择项变灰。

边框色、背景色:分别规定绘图区域的边框和背景(底色)的颜色。按动这两个按钮的方法与坐标轴按钮类似,弹出的浮动对话框也与之大致相同,只是没有线型选项。

X 方向、Y 方向:X 方向和 Y 方向的主分线将绘图区划分成矩形网格,次分线将再次划分主分线划分出来的小矩形。这两种线都可改变线型和颜色。分割线的数目可以通过小方框右边的“加减”按钮增加或减小,也可通过编辑区直接输入。工程人员可以根据实时趋势曲线的大小决定分割线的数目,分割线最好与标识定义(标注)相对应。

曲线:定义所绘的 1 ~ 4 条曲线 Y 坐标对应的表达式,实时趋势曲线可以实时计算表达式的值,所以它可以使用表达式。在实时趋势曲线名的编辑框中可输入有效的变量名或表达式,表达式中所用变量必须是数据库中已定义的变量。右边的“?”按钮可列出数据库中已定义的变量或变量域供选择。每条曲线可通过右边的线型和颜色按钮来改变线型和颜色。

2. 标识定义属性卡片选项

标识 X 轴——时间轴、标识 Y 轴——数值轴:选择是否为 X 轴或 Y 轴加标识,即在绘图区域的外面用文字标注坐标的数值。如果此项选中,左边的检查框中有小叉标记,同时下面定义相应标识的选择项也由灰变亮。

数值轴(Y 轴)定义区:因为一个实时趋势曲线可以同时显示 4 个变量的变化,而各变量的数值范围可能相差很大,为使每个变量都能表现清楚,组态王中规定,变量在 Y 轴上以百分数表示,即以变量值与变量范围(最大值与最小值之差)的比值表示。所以,Y 轴的范围是 0(0%)至 1(100%)。

标识数目:数值轴标识的数目,这些标识在数值轴上等间隔。

起始值:规定数值轴起点对应的百分比值,最小为0。

最大值:规定数值轴终点对应的百分比值,最大为100。

字体:规定数值轴标识所用的字体。可以弹出 Windows 标准的字体选择对话框,操作工程人员可参阅 WINDOWS 的操作手册。

时间轴(X 轴)定义区:

标识数目:时间轴标识的数目,这些标识在数值轴上等间隔。在组态王开发系统中时间是以 yy:mm:dd:hh:mm:ss 的形式表示,在 TouchVew 运行系统中,显示实际的时间,在组态王开发系统画面制作程序中的外观和历史趋势曲线不同,在两边是一个标识拆成两半,与历史趋势曲线区别。

格式:时间轴标识的格式,选择显示哪些时间量。

更新频率:TouchVew 是自动重绘一次实时趋势曲线的时间间隔。

时间长度:时间轴所表示的时间范围。

字体:规定时间轴标识所用的字体。与数值轴的字体选择方法相同。

4.2.2.3 为实时趋势曲线建立“笔”

首先使用图素画出笔的形状(一般用多边形即可),如图 4-34 所示,然后定义图素的垂直移动动画连接,可以通过动画连接向导选择实时趋势曲线绘图区域纵轴方向两个顶点,然后用对应的实时曲线变量所用的表达式定义垂直移动连接。

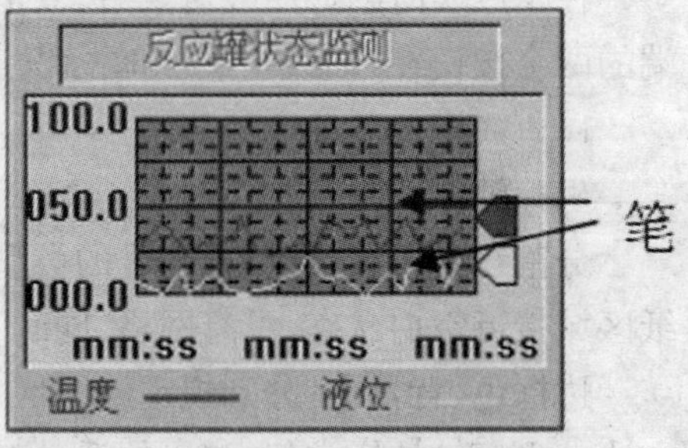

图 4-34 为实时趋势曲线建立“笔”

4.2.3 历史趋势曲线

系统提供了三种形式的历史趋势曲线:

第一种是从图库中调用已经定义好各功能按钮的历史趋势曲线,对于这种历史趋势曲线,用户只需要定义几个相关变量,适当调整曲线外观即可完成历史趋势曲线的复杂功能,这种形式使用简单方便;该曲线控件最多可以绘制 8 条曲线,但该曲线无法实现曲线打印功能。

第二种是调用历史趋势曲线控件,对于这种历史趋势曲线,功能很强大,使用比较简单。通过该控件,不但可以实现组态王历史数据的曲线绘制,还可以实现 ODBC 数据库中数据记录的曲线绘制,而且在运行状态下,可以实现在线动态增加/删除曲线、曲线图表的无级缩放、曲线的动态比较、曲线的打印等。

第三种是从工具箱中调用历史趋势曲线,对于这种历史趋势曲线,用户需要对曲线的各个操作按钮进行定义,即建立命令语言连接才能操作历史曲线,对于这种形式,用户使用时自主性较强,能做出个性化的历史趋势曲线;该曲线控件最多可以绘制 8 条曲线,该曲线无法实现曲线打印功能。

下面分别详细讲述两种形式的历史趋势曲线的使用方法。

4.2.3.1 通用历史趋势曲线

1. 历史趋势曲线的定义

在开发系统中制作画面时,选择菜单“图库\打开图库”项,弹出“图库管理器”,单击“图库管理器”中的“历史曲线”,在图库窗口内用鼠标左键双击历史曲线(如果图库窗口不可见,请按 F2 键激活它),然后图库窗口消失,光标在画面中变为直角符号“ ┌”,鼠标移动到画面上适当位置,单击左键,历史趋势曲线就复制到画面上了,如图 4-35 所示。拖动曲线图素四周的矩形柄,可以任意移动、缩放历史曲线。

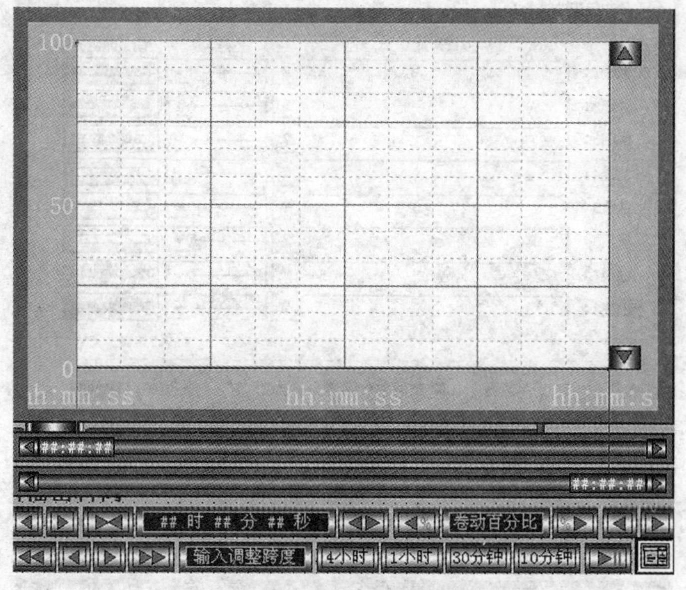

图 4-35　历史趋势曲线

历史趋势曲线对象的上方有一个带有网格的绘图区域,表示曲线将在这个区域中绘出,网格左方和下方分别是 X 轴(时间轴)和 Y 轴(数值轴)的坐标标注。

曲线的下方是指示器和两排功能按钮。可以通过选中历史趋势曲线对象(周围出现 8 个小矩形)来移动位置或改变大小。通过定义历史趋势曲线的属性可以定义曲线、功能按钮的参数、改变趋势曲线的笔属性和填充属性等,笔属性是趋势曲线边框的颜色和线型,填充属性是边框和内部网格之间的背景颜色和填充模式。

2. 历史趋势曲线对话框

生成历史趋势曲线对象后,在对象上双击鼠标左键,弹出“历史曲线向导”对话框。历史曲线向导对话框由三个属性卡片“曲线定义”、“坐标系”和“操作面板和安全属性”组成,如图 4-36 所示。

3. 历史趋势曲线操作按钮

因为画面运行时不自动更新历史趋势曲线图表,所以需要为历史趋势曲线建立操作按钮,如图 4-37 所示,时间轴缩放平移面板就是提供一系列建立好命令语言连接的操作按钮,完成查看功能。

4. 历史趋势曲线时间轴指示器

移动指示器,就可以查看整个曲线上变量的变化情况。移动指示器可以通过按钮来实现。另外,为使用方便,指示器也可以作为一个滑动杆,指示器已经建立好命令语言连接,具体有以下几种移动方式:

(1)左指示器向左移动。弹起或按住第一排指示器的左端按钮时,左指示器向左移动。按住时的执行频率是 55 毫秒。

历史曲线向导

曲线定义 | 坐标系 | 操作面板和安全属性

曲线

历史趋势曲线名：

	变量名称		线条类型	线条颜色
曲线1：		?		
曲线2：		?		
曲线3：		?		
曲线4：		?		
曲线5：		?		
曲线6：		?		
曲线7：		?		
曲线8：		?		

选项

☑ 时间轴(X)指示器　☑ 时间轴(X)缩放平移面板　☑ 数值轴(Y)缩放面板

确定　取消

图 4-36　历史曲线向导

图 4-37　历史趋势曲线操作按钮

(2)左指示器向右移动。弹起或按住第一排指示器的右端按钮时,左指示器向右移动。按住时的执行频率是 55 毫秒。

(3)右指示器向左移动。弹起或按住第二排指示器的左端按钮时,右指示器向左移动。按住时的执行频率是 55 毫秒。

(4)右指示器向右移动。弹起或按住第二排指示器的右端按钮时,右指示器向右移动。按住时的执行频率是 55 毫秒。

4.2.3.2　历史趋势曲线控件

1. 创建历史曲线控件

在开发系统中新建画面,在工具箱中单击“插入通用控件”或选择菜单“编辑”下的“插入通用控件”命令,弹出“插入控件”对话框,在列表中选择“历史趋势曲线”,单击“确定”按钮,对话框自动消失,光标箭头变为小十字形,在画面上选择控件的左上角,按下鼠标左键并拖动,画面上显示出一个虚线的矩形框,该矩形框为创建后的曲线的外框,如图 4-38 所示。当达到所需大小时,松开鼠标左键,则历史曲线控件创建成功,画面上显示出该曲线。

2. 设置历史曲线属性

历史曲线控件创建完成后,在控件上单击右键,在弹出的快捷菜单中选择“控件属性”命令,弹出历史曲线控件的属性对话框,如图 4-39 所示。

控件属性含有以下几个属性页:曲线、坐标系、预置打印选项、报警区域选项、游标配置选项。

(1)曲线属性页。

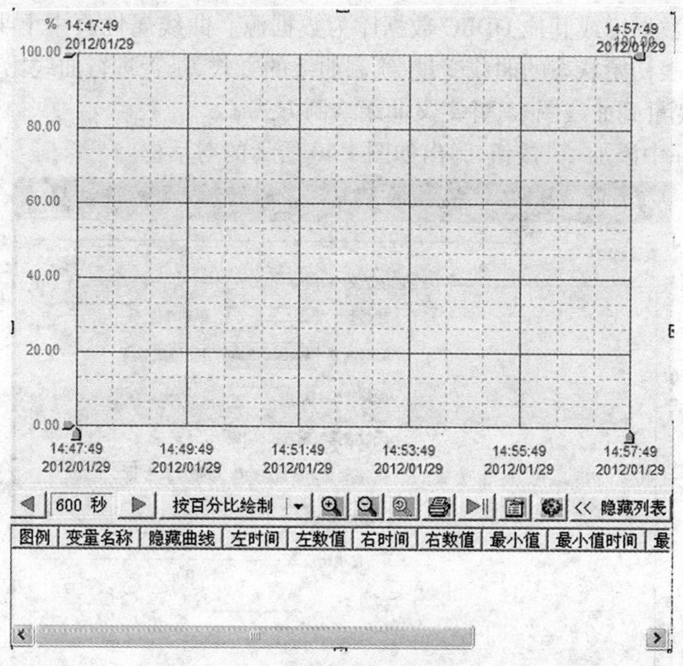

图 4-38　历史曲线控件

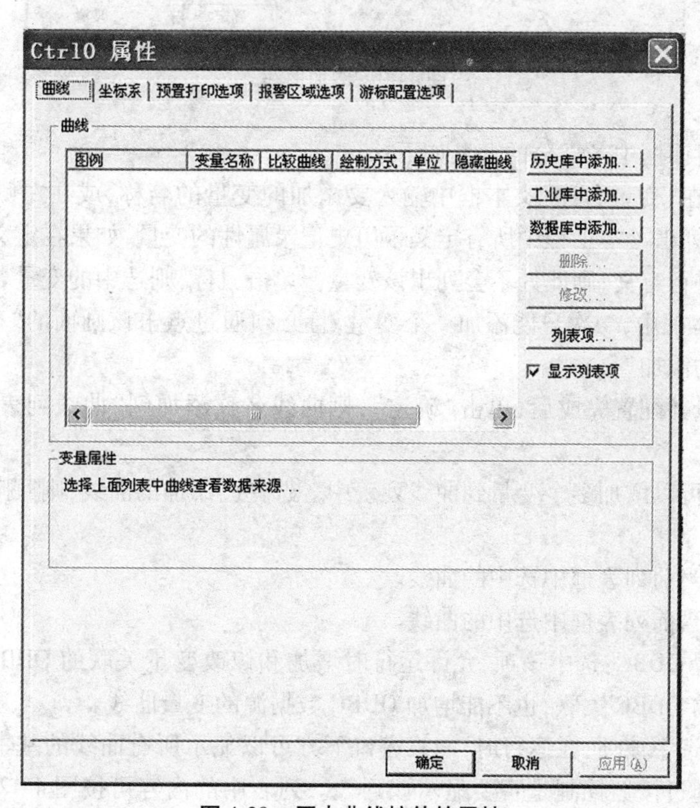

图 4-39　历史曲线控件的属性

如图 4-39 所示，曲线属性页中下半部分为说明在绘制曲线时历史数据的来源，可以选择组态王的历史数据库或其他 ODBC 数据库为数据源。曲线属性页中上半部分“曲线”列表是定义曲线图表初始状态的曲线变量、绘制曲线的方式、是否进行曲线比较等。

添加:添加变量到曲线图表,并定义曲线绘制方式。

单击“历史库中添加…”按钮,弹出如图 4-40 所示的对话框。

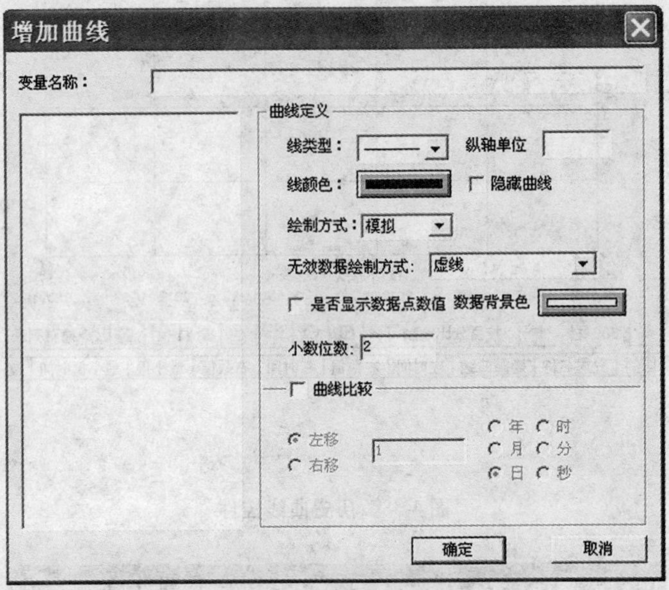

图 4-40　增加曲线

增加曲线对话框中各部分的含义如下:

变量名称:在“变量名称”文本框中输入要添加的变量的名称,或在左侧的列表框中选择,该列表框中列出了本工程中所有定义了历史记录属性的变量,如果在定义变量属性时没有对历史记录进行定义,则此处不会列出该变量。单击鼠标,则选中的变量名称自动添加到“变量名称”文本框中,一次只能添加一个变量,且必须通过点击该画面的“确定”按钮来完成这一条曲线的添加。

选择完变量并配置完成后,单击“确定”,则曲线名称添加到“曲线列表”中,如图 4-41 所示。

如上所述,可以增加多个变量到曲线列表中。选择已添加的曲线,则“删除”、“修改”按钮变为有效。

删除:删除当前列表框中选中的曲线。

修改:修改当前列表框中选中的曲线。

运行时配置 ODBC:选中该项,允许运行时增加和修改变量关联的 ODBC 数据源;否则不能修改已有的 ODBC 关联,也不能增加 ODBC 数据源的变量曲线。

显示列表:选中该项,在运行时,曲线窗口下方可以显示所有曲线的基本情况列表。在运行时也可以通过按钮控制是否要显示该列表。列表中的内容可按图 4-42 中选择的内容显示,也可以自定义,但“图例”一项不可删除。单击“列表项…”按钮,弹出列表项对话框,如图 4-42 所示。

左边列表框中为选出的不用显示的项,右边列表框中为需要显示的内容。选择列表框

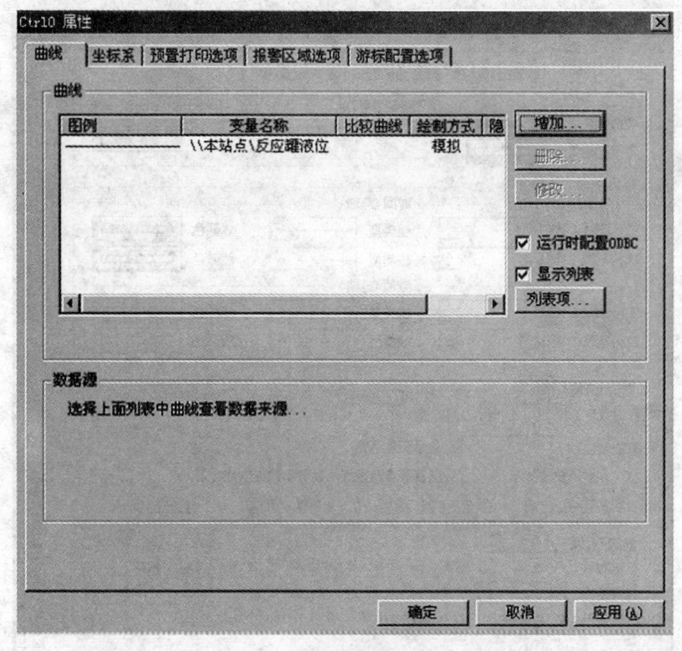

图 4-41　增加变量到曲线列表

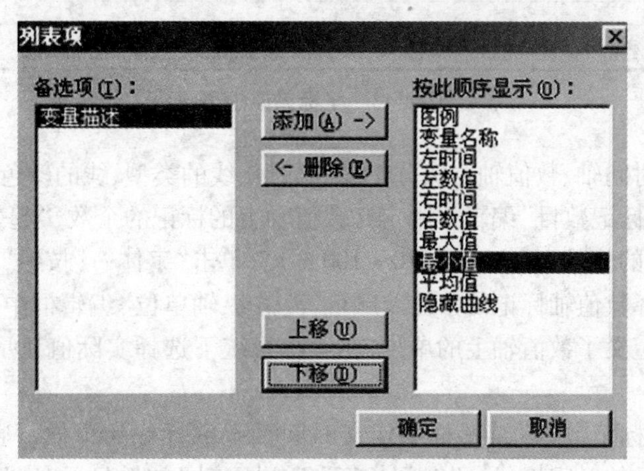

图 4-42　列表项

中的项目,单击“添加”或“删除”,确定显示的项。单击“上移”、“下移”按钮,排列所选择的项的顺序。需要注意的是,“图例”一项的位置不可修改。

数据源:显示定义曲线时使用的数据源的信息。

(2)坐标系属性页。

单击“坐标系”标签,进入坐标系属性页,如图 4-43 所示。

边框颜色和背景颜色:设置曲线图表的边框颜色和图表背景颜色。单击相应按钮,弹出浮动调色板,选择所需颜色。

绘制坐标轴:是否在图表上绘制坐标轴。单击“轴线类型”列表框选择坐标轴线的线型;单击“轴线颜色”按钮,选择坐标轴线的颜色。绘制出的坐标轴为带箭头的表示 X、Y 方向的直线。

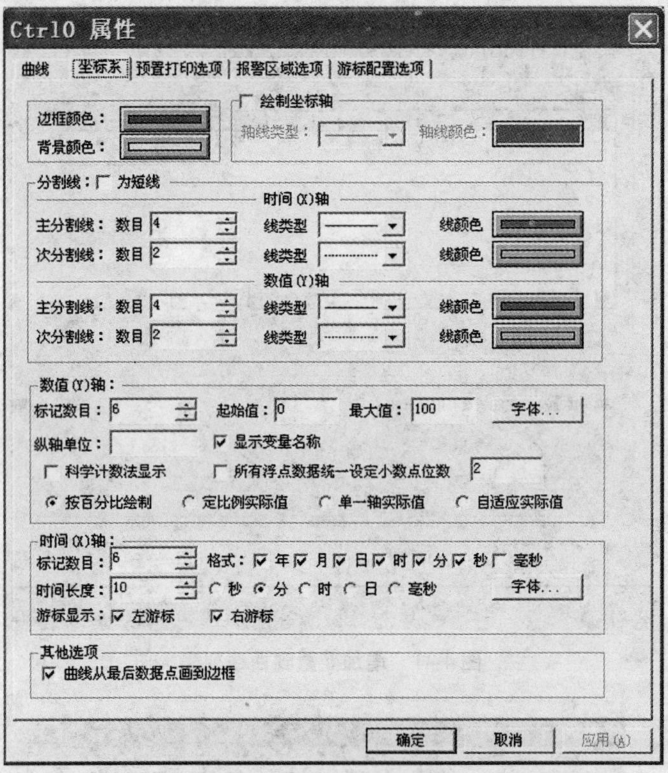

图 4-43　坐标系属性页

分割线:定义时间轴、数值轴主次分割线的数目、线的类型、线的颜色等。

数值(Y)轴:“标记数目”编辑框中定义数值轴上的标记的个数,“起始值”、“最大值”编辑框定义初始显示的值的百分比范围(0～100%)。单击“字体…”按钮,弹出字体、字型、字号选择对话框,选择数值轴标记的字体及颜色等。“纵轴单位”编辑框中定义数值轴上的单位标识,如果在此定义了数值轴上的单位,在运行系统下选择实际值显示时,数值上就会显示出实际的单位。

时间(X)轴:“标记数目”编辑框中定义时间轴上的标记的个数。通过选择“格式”选项,选择时间轴显示的时间格式。“时间长度”编辑框定义初始显示时图表所显示的时间段的长度。单击“字体…”按钮,弹出字体、字型、字号选择对话框,选择数值轴标记的字体及颜色等。所有项定义完成后,单击“确定”返回。

3. 设置历史曲线的动画连接属性

以上所述为设置历史曲线的固有属性,在使用该历史曲线时必定要使用到这些属性。由于该历史曲线以控件形式出现,因此该曲线还具有控件的属性,即可以定义“属性”和“事件”。

用鼠标选中并双击该控件,弹出动画连接属性对话框,如图 4-44 所示。

动画连接属性共有 3 个属性页,下面一一介绍。

“常规”属性页:

控件名:定义该控件在系统中的标识名,如“历史曲线”,该标识名在当前工程中应该唯一。

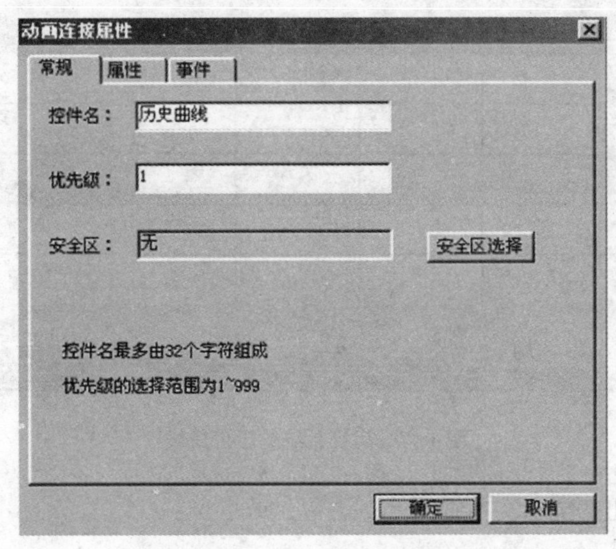

图 4-44　动画连接属性

优先级、安全区：定义控件的安全性。

“属性”属性页：定义控件属性与组态王变量相关联的关系，如图 4-45 所示。

“事件”属性页：定义控件的事件函数，如图 4-46 所示。

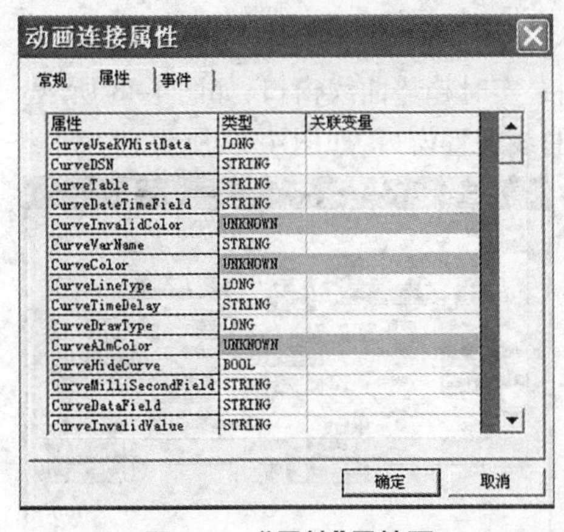

图 4-45　“属性”属性页

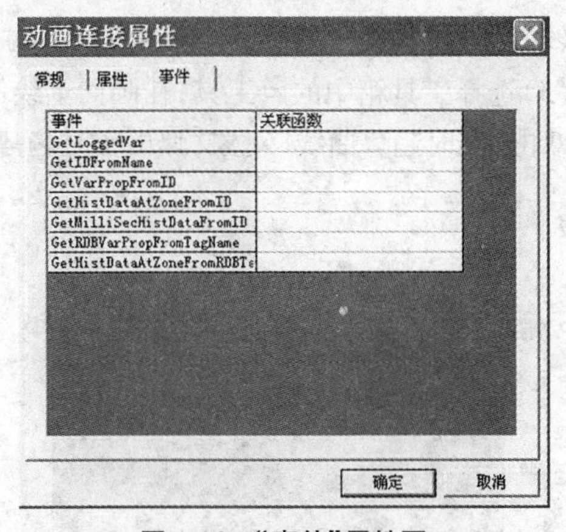

图 4-46　“事件”属性页

4. 运行时修改历史曲线属性

历史曲线属性定义完成后，进入组态王运行系统，运行系统的历史曲线如图 4-47 所示。

数值轴指示器的使用：

拖动数值轴（Y 轴）指示器，可以放大或缩小曲线在 Y 轴方向的长度，一般情况下，该指示器标记为当前图表中变量量程的百分比。

时间轴指示器的使用：

时间轴指示器所获得的时间字符串显示在时间指示器的顶部，时间轴指示器可以配合函数等获得曲线某个时间点上的数据。

工具条的使用：

曲线图表的工具条是用来查看变量曲线详细情况的。工具条的具体作用可以通过将鼠

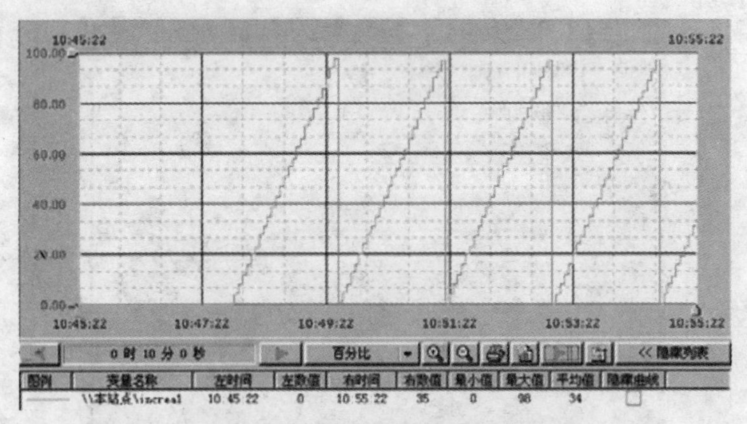

图 4-47　运行系统的历史曲线

标放到按钮上时弹出的提示文本看到。

4.2.4　反应监控中心的实时和历史趋势曲线

4.2.4.1　实时趋势曲线的设置

实时趋势曲线设置过程如下：

(1)新建一画面，名称为：实时趋势曲线画面。

(2)选择工具箱中的 T 工具，在画面上输入文字：实时趋势曲线。

(3)选择工具箱中的工具，在画面上绘制一实时趋势曲线窗口，如图 4-48 所示。

双击“实时趋势曲线”对象，弹出实时趋势曲线设置窗口，如图 4-49 所示。

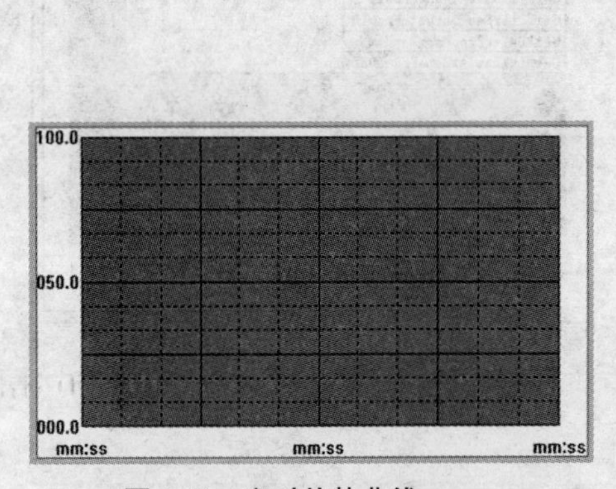

图 4-48　实时趋势曲线

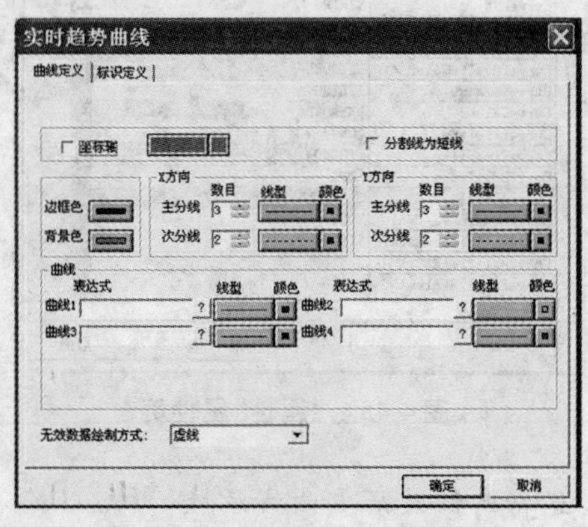

图 4-49　实时趋势曲线设置

实时趋势曲线设置窗口分为两个属性页：曲线定义属性页、标识定义属性页。

曲线定义属性页：在此属性页中不仅可以设置曲线窗口的显示风格，还可以设置趋势曲线中所要显示的变量。单击“曲线 1”编辑框后的“?”按钮，在弹出的“选择变量名”对话框中选择变量\\本站点\原料油液位，曲线颜色设置为：红色。

标识定义属性页：标识定义属性页，如图 4-50 所示。

在此属性页中可以设置数值轴和时间轴的显示风格。

设置如下：

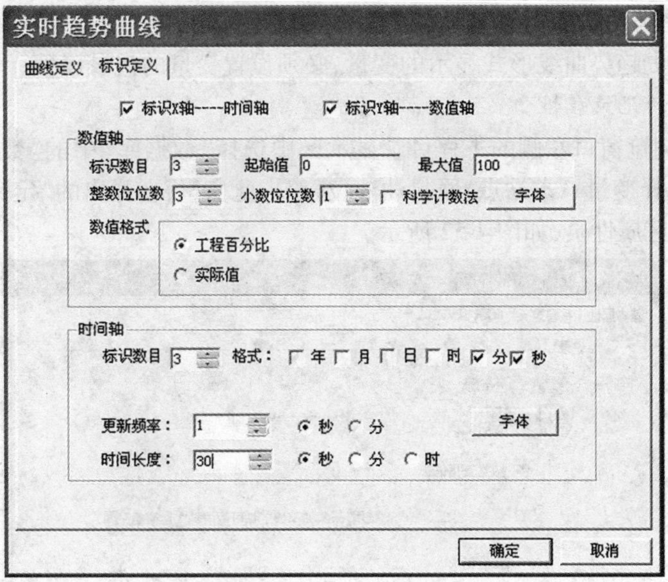

实时趋势曲线

曲线定义 标识定义

☑ 标识X轴----时间轴 ☑ 标识Y轴----数值轴

数值轴

标识数目 3 起始值 0 最大值 100

整数位位数 3 小数位位数 1 ☐ 科学计数法 字体

数值格式

◉ 工程百分比

○ 实际值

时间轴

标识数目 3 格式： ☐ 年 ☐ 月 ☐ 日 ☐ 时 ☑ 分 ☑ 秒

更新频率： 1 ◉ 秒 ○ 分 字体

时间长度： 30 ◉ 秒 ○ 分 ○ 时

确定 取消

图 4-50 标识定义属性页

标识 X 轴——时间轴:有效

标识 Y 轴——数值轴:有效

起始值:0 最大值:100

数值格式:工程百分比

时间轴:分、秒有效

更新频率:1 秒 时间长度:30 秒

(4)设置完毕后单击“确定”按钮关闭对话框。

(5)单击“文件”菜单中的“全部存”命令,保存所作的设置。

(6)单击“文件”菜单中的“切换到 VIEW”命令,进入运行系统,通过运行界面中“画面”菜单中的“打开”命令将“实时趋势曲线画面”打开,可看到连接变量的实时趋势曲线,如图 4-51所示。

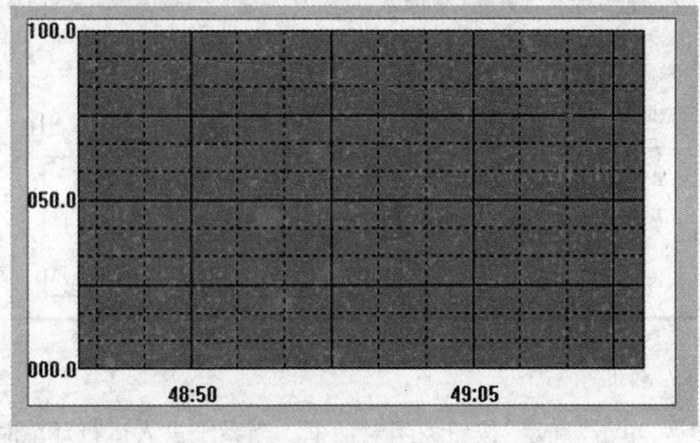

图 4-51 运行中的实时趋势曲线

4.2.4.2 历史趋势曲线的设置

对于要以历史趋势曲线形式显示的变量，必须设置变量的记录属性，设置过程如下。

1. 设置变量的记录属性

(1)在工程浏览窗口左侧的工程目录显示区中选择“数据库”中的“数据词典”选项，在“数据词典”中选择变量\\本站点\原料油液位，双击此变量，在弹出的“定义变量”对话框中单击记录和安全区属性页，如图 4-52 所示。

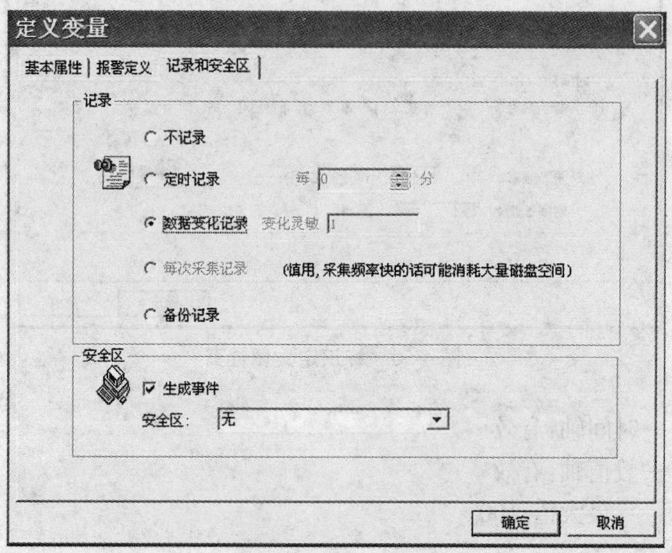

图 4-52 记录和安全区属性页

设置变量\\本站点\原料油液位的记录类型为：数据变化记录，变化灵敏为：1。

(2)设置完毕后单击“确定”按钮关闭对话框。

2. 定义历史数据文件的存储目录

(1)在工程浏览器窗口左侧的工程目录显示区中双击“系统配置”中的“历史数据记录”选项，弹出“历史记录配置”对话框，如图 4-53 所示。

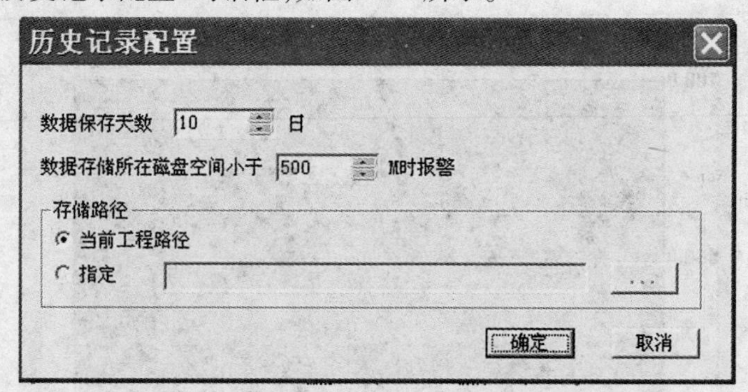

图 4-53 历史记录配置

(2)设置完毕后，单击“确定”按钮关闭对话框。当系统进入运行环境时“历史记录服务器”自动启动，将变量的历史数据以文件的形式存储到当前工程路径下。这些文件将在当前工程路径下保存 10 天。

4.2.4.3 创建历史趋势曲线控件

历史趋势曲线创建过程如下：

(1)新建一画面，名称为：历时趋势曲线画面。

(2)选择工具箱中的 T 工具，在画面上输入文字：历史趋势曲线。

(3)选择工具箱中的 工具，在画面中插入通用控件窗口中的“历史趋势曲线”控件，如图 4-54 所示。

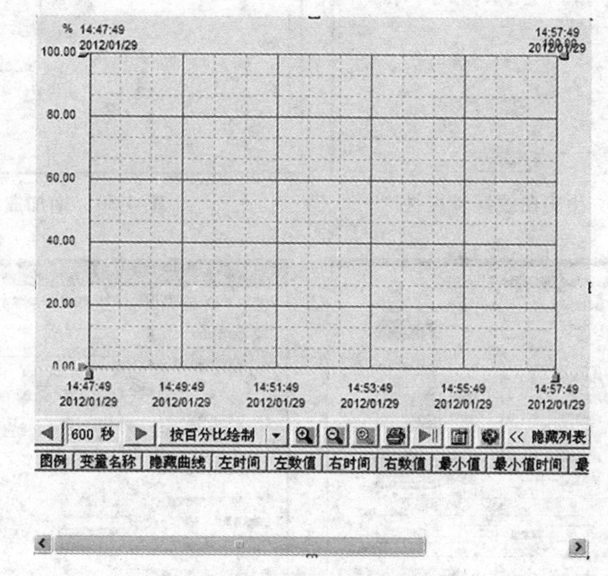

图 4-54 历史趋势曲线控件

选中此控件，单击鼠标右键，在弹出的下拉菜单中执行“控件属性”命令，弹出控件属性对话框，如图 4-55 所示。

历史趋势曲线属性窗口分为五个属性页：曲线属性页、坐标系属性页、预置打印选项属性页、报警区域选项属性页、游标配置选项属性页。

①曲线属性页：在此属性页中可以利用“历史库中添加…”按钮添加历史曲线变量，并设置曲线的采样间隔(即在历史曲线窗口中绘制一个点的时间间隔)。

单击此属性页中的“历史库中添加…”按钮弹出“增加曲线”对话框，如图 4-56 所示。

单击“本站点”左侧的“+”符号，系统将工程中所有设置了记录属性的变量显示出来，选择“原料油液位”变量后，此变量自动显示在“变量名称”后面的编辑框中。

单击“确定”按钮后关闭此窗口，设置的结果会显示在图 4-55 所示的窗口中。

②坐标系属性页：历史曲线控件中的坐标系属性页，如图 4-57 所示。

在此属性页中可以设置历史曲线控件的显示风格，如历史曲线控件背景颜色、坐标轴的显示风格、数值轴、时间轴的显示格式等。在“数值轴”中如果“按百分比绘制”被选中后历史曲线变量将按照百分比的格式显示，否则按照实际数值显示历史曲线变量。

③预置打印选项属性页：历史曲线控件中的预置打印选项属性页如图 4-58 所示。

在此属性页中您可以设置历史曲线控件的打印格式及打印的背景颜色。

④报警区域选项属性页：历史曲线控件中的报警区域选项属性页，如图 4-59 所示。

在此属性页中可以设置历史曲线窗口中报警区域显示的颜色，包括高高限报警区的颜

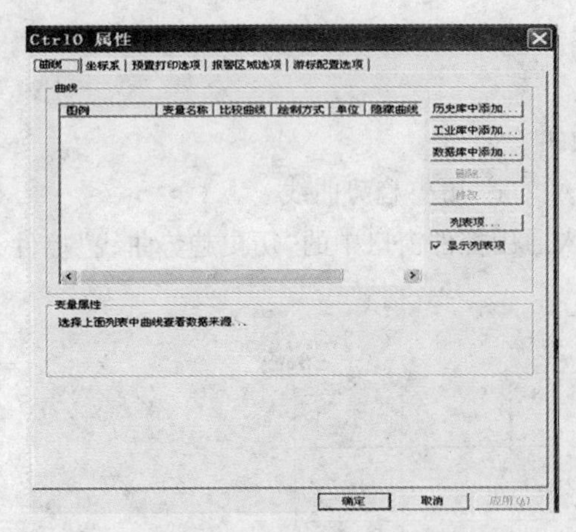

图 4-55　历史曲线控件属性

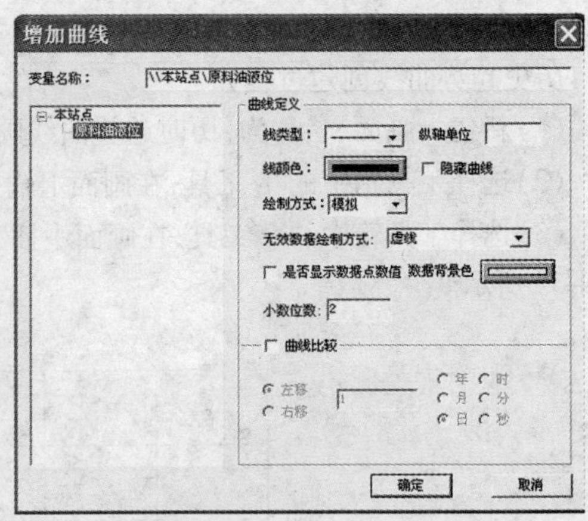

图 4-56　增加曲线

图 4-57　坐标系属性页

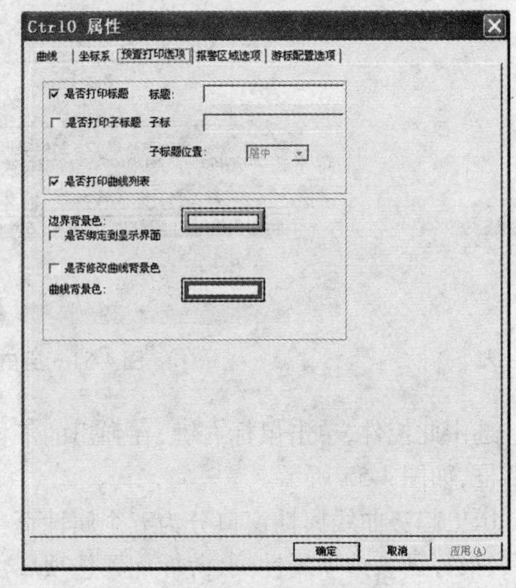

图 4-58　预置打印选项属性页

色、高限报警区的颜色、低限报警区的颜色和低低限报警区的颜色及各报警区颜色显示的范围。通过报警区颜色的设置使用户对变量的报警情况一目了然。

⑤游标配置选项属性页：历史曲线控件中的游标配置选项属性页如图 4-60 所示。

在此属性页中可以设置历史曲线窗口左右游标在显示数值时的显示风格及显示的附加信息，附加信息的设置不仅可以在编辑框中输入静态信息，还可使用 ODBC 从任何第三方数据库中得到动态的附加信息。

上述属性可由用户根据实际情况进行设置。

(4)单击“确定”按钮完成历史曲线控件编辑工作。

(5)单击“文件”菜单中的“全部存”命令，保存所作的设置。

(6)单击“文件”菜单中的“切换到 VIEW”命令，进入运行系统。系统默认运行的画面可能不是刚刚编辑完成的“历史趋势曲线画面”，通过运行界面中“画面”菜单中的“打开”命令将其打开后方可运行，如图 4-61 所示。

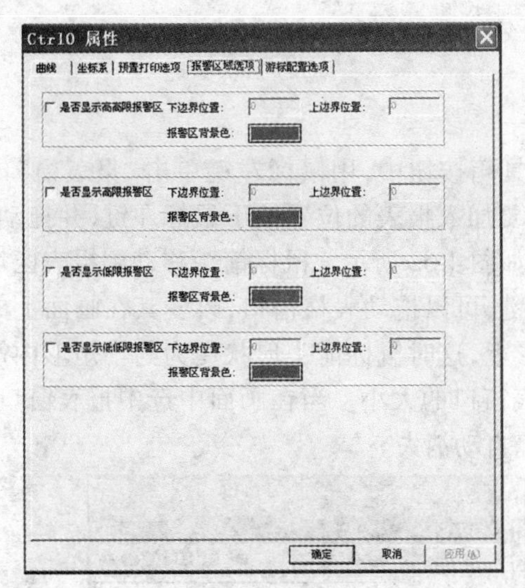

图 4-59　报警区域选项属性页

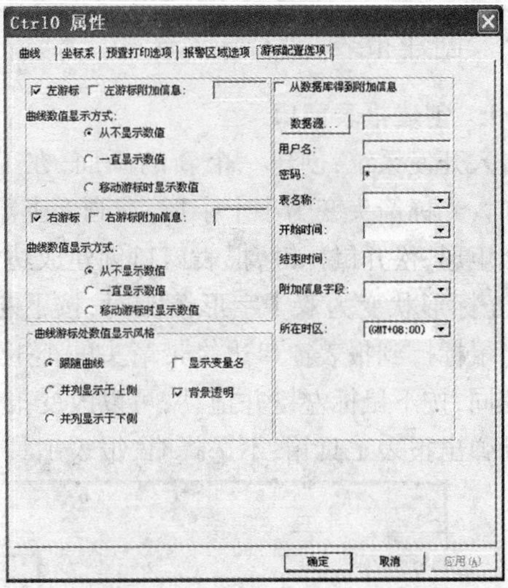

图 4-60　游标配置选项属性页

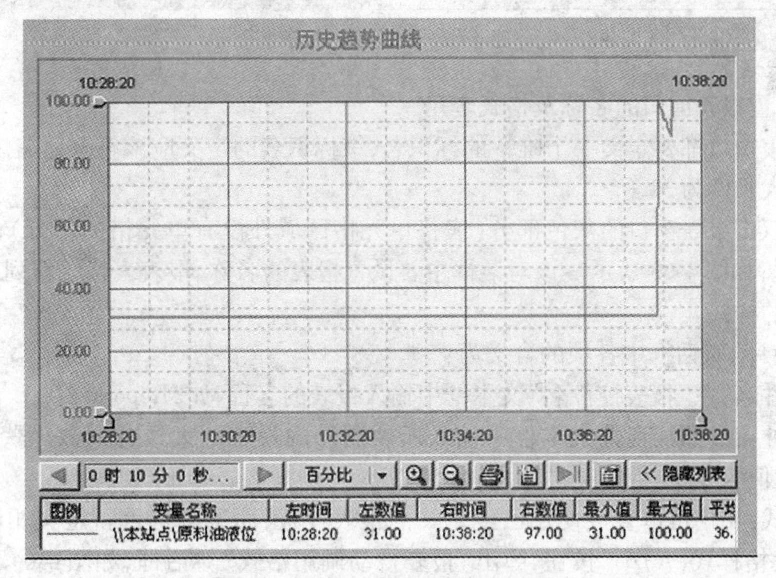

图 4-61　运行中的历史趋势曲线控件

4.3　报表系统

数据报表是反映生产过程中的数据、状态等,并对数据进行记录的一种重要形式,是生产过程中必不可少的一个部分。它既能反映系统实时的生产情况,也能对长期的生产过程进行统计、分析,使管理人员能够实时掌握和分析生产情况。组态王提供内嵌式报表系统,工程人员可以任意设置报表格式,对报表进行组态。本软件为工程人员提供了丰富的报表函数,实现各种运算、数据转换、统计分析、报表打印等。它既可以制作实时报表,也可以制作历史报表,还支持运行状态下单元格的输入操作,在运行状态下通过鼠标拖动改变行高、列宽。另外,工程人员还可以制作各种报表模板,实现多次使用,以免重复工作。

4.3.1 创建报表

4.3.1.1 创建报表窗口

进入开发系统，创建一个新的画面，在工具箱按钮中，用鼠标左键单击"报表窗口"按钮，此时，光标箭头变为小十字形，在画面上需要加入报表的位置按下鼠标左键，并拖动，画出一个矩形，松开鼠标键，报表窗口创建成功，如图4-62所示。鼠标箭头移动到报表区域周边，当光标形状变为双十字形箭头时，按下左键，可以拖动表格窗口，改变其在画面上的位置。将鼠标挪到报表窗口边缘带箭头的小矩形上，这时鼠标箭头形状变为与小矩形内箭头方向相同，按下鼠标左键并拖动，可以改变报表窗口的大小。当在画面中选中报表窗口时，会自动弹出报表工具箱，不选择时，报表工具箱自动消失。

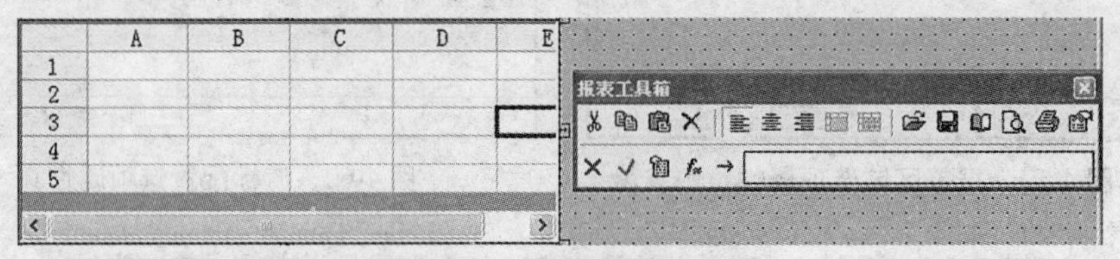

图4-62 创建后的报表

4.3.1.2 配置报表窗口的名称及格式套用

每个报表窗口都要定义一个唯一的标识名，该标识名的定义应该符合命名规则，标识名字符串的最大长度为31。

用鼠标双击报表窗口的灰色部分（表格单元格区域外没有单元格的部分），弹出"报表设计"对话框，如图4-63所示。该对话框主要设置报表的名称、报表表格的行列数目以及选择套用表格的样式。

"报表设计"对话框中各项的含义为：

报表控件名：在"报表控件名"文本框中输入报表的名称，如"Report0"。

表格尺寸：在行数、列数文本框中输入所要制作的报表的大致行列数。默认为5行5列，行数最大值为2000行，列数最大值为52列。

表格样式：用户可以直接使用已经定义的报表模板，而不必再重新定义相同的表格样式。单击"表格样式(A)…"按钮，弹出"报表自动调用格式"对话框，如图4-64所示。如果用户已经定义过报表格式的话，则可以在左侧的列表框中直接选择报表格式，而在右侧的表格中可以预览当前选中的报表的格式。对于套用后的格式用户可按照自己的需要进行修

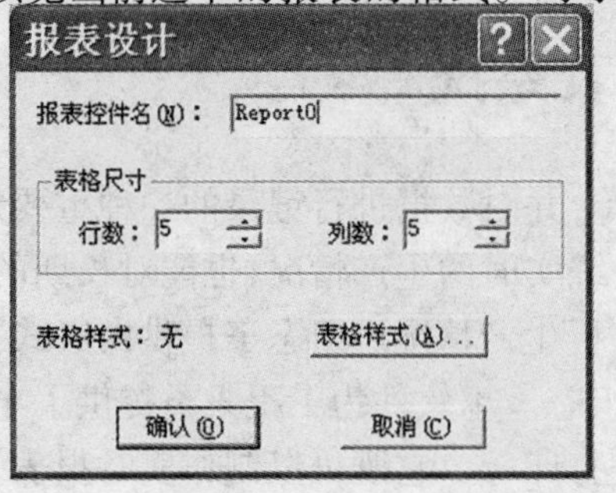

图4-63 报表设计

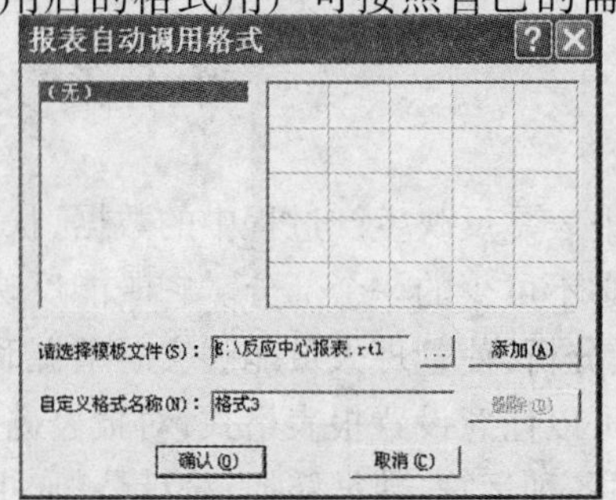

图4-64 报表自动调用格式

改。在这里,用户可以对报表的套用格式列表进行添加或删除。

添加报表套用格式:单击“请选择模板文件(S):”后的“…”按钮,弹出文件选择对话框,用户选择一个自制的报表模板(*.rtl 文件),单击“打开”,报表模板文件的名称及路径显示在“请选择模板文件(S):”文本框中。在“自定义格式名称(N):”文本框中输入当前报表模板被定义为表格格式的名称,如“格式 3”。单击“添加”按钮将其加入到格式列表框中,供用户调用。

删除报表套用格式:从列表框中选择某个报表格式,单击“删除”按钮,即可删除不需要的报表格式。删除套用格式不会删除报表模板文件。

预览报表套用格式:在格式列表框中选择一个格式项,则其格式显示在右边的表格框中。

定义完成后,单击“确认”完成操作,单击“取消”取消当前的操作。“套用报表格式”可以将常用的报表模板格式集中在这里,供随时调用,而不必在使用时再去一个个地查找模板。

套用报表格式的作用类似于报表工具箱中的“打开”报表模板功能。二者都可以在报表组态期间进行调用。

4.3.2 报表组态和报表函数

4.3.2.1 报表组态

1.认识报表工具箱与快捷菜单

报表创建完成后,呈现出的是一张空表或有套用格式的报表,还要对其进行加工——报表组态。报表的组态包括设置报表格式、编辑表格中显示内容等。进行这些操作需通过报表工具箱中的工具或单击鼠标右键弹出的快捷菜单来实现,如图 4-65 所示。

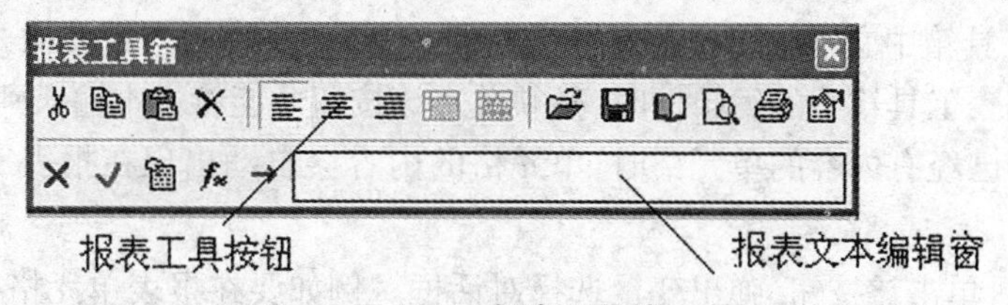

图 4-65 报表工具箱

报表工具箱中的按钮的含义如下:

剪切选中的一个或多个单元格中的内容,不包括单元格格式。

复制选中的一个或多个单元格中的内容,不包括单元格格式。

将复制或剪切的单元格内容依次粘贴到当前单元格向右向下方向的单元格中。

×删除选中的一个或多个单元格中的内容,单元格格式不变。

单元格显示内容的对齐方式:靠左、居中、靠右。

选中两个以上的单元格时合并单元格,将所选择的单元格围成的矩形区域内的所有单元格合并为一个单元格,合并后的单元格的内容及格式为所选择区域的左上角单元格的内容及格式。

将选中的一个合并过的单元格撤销合并,分解为基本单元格,撤销合并后的各个单元格的内容及格式与合并单元格的内容及格式相同。

打开一个报表模板到当前报表窗口中。单击该按钮后，弹出打开对话框，如图4-66所示，选择一个报表模板文件（＊.rtl），单击“打开”，报表模板将加载到当前的报表中。

将当前设计的报表存储为一个报表模板，单击该按钮，弹出另存为对话框，如图4-67所示，选择存储路径，并输入要存储的报表模板的文件名，单击“保存”，模板文件存储为“＊.rtl”文件。

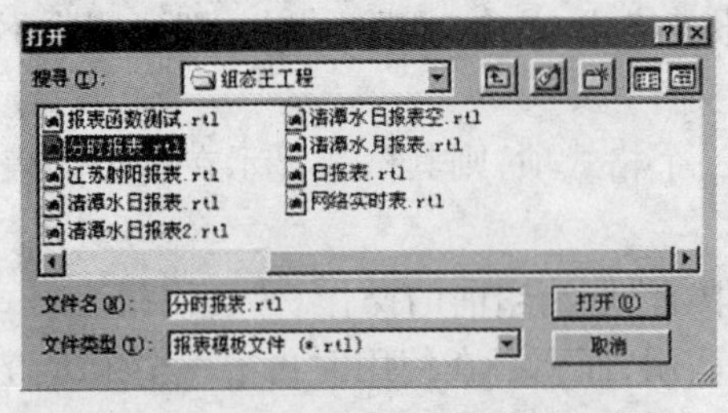

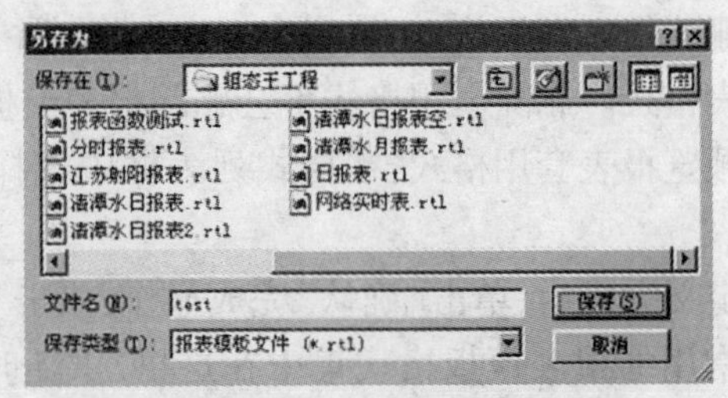

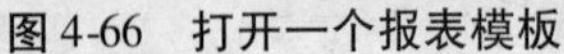

图4-66　打开一个报表模板

图4-67　保存一个报表模板

报表的页面设置，单击该按钮，弹出“页面设置”对话框。用户可以设置默认打印机、纸张大小、纸张来源、纸张方向、边距等。还可以设置报表的页眉、页脚的内容。

在开发系统中对设计好的报表进行打印预览，查看打印后的效果，进行打印预览时，系统会自动隐藏组态王的开发系统和运行系统。

打印报表。

设置选中的单元格格式，包括：单元格格式，如数字型、日期型等；字体；对齐方式；单元格边框样式；单元格图案。

取消上次对报表单元格的输入操作。

将报表工具箱中文本编辑框的内容输入到当前单元格中，当把要输入到某个单元格中的内容写到报表工具箱中的编辑框时，必须单击该按钮才能将文本输入到当前单元格中。当用户选中一个已经有内容的单元格时，单元格的内容会自动出现在报表工具箱的编辑框中。

插入变量，单击该按钮，弹出变量选择对话框。例如要在报表单元格中显示“$时间”变量的值，首先在报表工具箱的编辑栏中输入“＝”号，然后选择该按钮，在弹出的变量选择器中选择该变量，单击“确定”关闭变量选择对话框，这时报表工具箱编辑栏中的内容为“＝$时间”，单击工具箱上的“输入”按钮，则该表达式被输入到当前单元格中，运行时，该单元格显示的值能够随变量的变化随时自动刷新。

插入报表函数，单击该按钮弹出报表内部函数选择对话框，如图4-68所示。

报表工具箱和快捷菜单的命令只适用于报表中。

2. 定义报表单元格的保护属性

在系统运行过程中，用户可以直接在报表单元格中输入数据，修改单元格内容。为防止用户修改不允许修改单元格的内容，报表提供了一个保护属性——只读。

在开发环境中进行报表组态时，选择要保护的单元格区域，单击鼠标右键，在弹出的快捷菜单中选择“只读”，被保护的单元格在系统运行时不允许用户修改单元格内容。要查看某个单元格是否被定义为只读属性，方法为在单元格上单击鼠标右键，如果快捷菜单上的

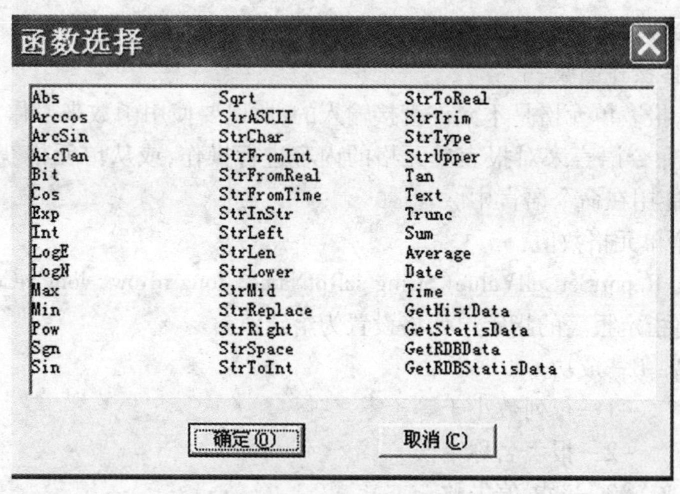

图 4-68　函数选择

"只读"项前有"✓"符号,则表明该单元格被定义了只读属性。再次选择该菜单项时取消保护属性。

用户在系统运行过程中在修改含有表达式的单元格的内容后,会在当前运行画面清除原表达式。只有重新关闭、打开画面后才能恢复该表达式。

3. 报表的其他快捷编辑方法

报表的其他快捷编辑方法有:

(1)鼠标左键单击某个单元格后拖动则为选择多个单元格。区域的左上角为当前单元格。

(2)鼠标左键单击固定行或固定列(报表中标识行号列标的灰色单元格)为选择整行或整列。单击报表左上角的灰色固定单元格为全选报表单元格。

(3)单击报表左上角的固定单元格为选择整个报表。

(4)允许在获得焦点的单元格直接输入文本。用鼠标左键单击单元格或双击单元格使输入光标位于该单元格内,输入字符。按下回车键或鼠标左键单击其他单元格为确认输入,按 Esc 键取消本次输入。

(5)允许通过鼠标拖动改变行高、列宽。将光标移动到固定行或固定列之间的分割线上,光标形状变为双向黑色箭头时,按下鼠标左键,拖动,修改行高、列宽。

(6)单元格文本的第一个字符若为"=",则其他的字符为表达式,该表达式允许由已定义的变量、函数、报表单元格名称等组成;否则为字符串。

4.3.2.2　报表函数

在运行系统中单元格中数据的计算、报表的操作等都是通过一整套报表函数实现的。报表函数分为报表内部函数、报表单元格操作函数、报表存取函数、报表统计函数、报表历史数据查询函数、报表打印函数等。

1. 报表内部函数

报表内部函数是指只能在报表单元格内使用的函数,有数学函数、字符串函数、统计函数等。这些函数基本上是来自于系统函数,使用方法相同,只是函数中的参数发生了变化,减少了用户的学习量,方便学习和使用。报表函数中的参数和有关用报表单元格作为参数的函数,其中的参数引用均为这种方法。

2. 报表单元格操作函数

运行系统中,报表单元格是不允许直接输入的,所以要使用函数来操作。单元格操作函数是指可以通过命令语言来对报表单元格的内容进行操作,或从单元格获取数据的函数。这些函数大多只能用在命令语言中。

(1)设置单个单元格数值:

Long nRet = ReportSetCellValue(String szRptName, long nRow, long nCol, float fValue)

函数功能:将指定报表的指定单元格设置为给定值。

返回值:整型 0—成功

-1—行列数小于等于零

-2—报表名称错误

-3—设置值失败

参数说明:szRptName—报表名称

Row—要设置数值的报表的行号(可用变量代替)

Col—要设置数值的报表的列号(这里的列号使用数值,可用变量代替)

Value—要设置的数值

(2)设置单个单元格文本:

Long nRet = ReportSetCellString(String szRptName, long nRow, long nCol, String szValue)

函数功能:将指定报表的指定单元格设置为给定字符串。

返回值:整型 0—成功

-1—行列数小于等于零

-2—报表名称错误

-3—设置文本失败

参数说明:szRptName—报表名称

Row—要设置数值的报表的行号(可用变量代替)

Col—要设置数值的报表的列号(这里的列号使用数值,可用变量代替)

Value—要设置的数值

(3)设置多个单元格数值:

Long nRet = ReportSetCellValue2(String szRptName, long nStartRow, long nStartCol, long nEndRow, long nEndCol, float fValue)

函数功能:将指定报表的指定单元格区域设置为给定值。

返回值:整型 0—成功

-1—行列数小于等于零

-2—报表名称错误

-3—设置值失败

参数说明:szRptName—报表名称

StartRow—要设置数值的报表的开始行号(可用变量代替)

StartCol—要设置数值的报表的开始列号(这里的列号使用数值,可用变量代

替)

EndRow—要设置数值的报表的结束行号(可用变量代替)

EndCol—要设置数值的报表的结束列号(这里的列号使用数值,可用变量代替)

Value—要设置的数值

(4)设置多个单元格文本:

Long nRet = ReportSetCellString2(String szRptName, long nStartRow, long nStartCol, long nEndRow, long nEndCol, String szValue)

函数功能:将指定报表的指定单元格设置为给定字符串。

返回值:整型　0—成功

-1—行列数小于等于零

-2—报表名称错误

-3—设置文本失败

参数说明:szRptName—报表名称

StartRow—要设置数值的报表的开始行号(可用变量代替)

StartCol—要设置数值的报表的开始列号(这里的列号使用数值,可用变量代替)

Value—要设置的文本

(5)获得单个单元格数值:

float fValue = ReportGetCellValue(String szRptName, long nRow, long nCol)

函数功能:获取指定报表的指定单元格的数值。

返回值:实型

参数说明:szRptName—报表名称

Row—要获取数据的报表的行号(可用变量代替)

Col—要获取数据的报表的列号(这里的列号使用数值,可用变量代替)

(6)获得单个单元格文本:

String szValue = ReportGetCellString(String szRptName, long nRow, long nCol)

函数功能:获取指定报表的指定单元格的文本。

返回值:字符串型

参数说明:szRptName—报表名称

Row—要获取文本的报表的行号(可用变量代替)

Col—要获取文本的报表的列号(这里的列号使用数值,可用变量代替)

(7)获取指定报表的行数:

Long nRows = ReportGetRows(String szRptName)

函数功能:获取指定报表的行数。

参数说明:szRptName—报表名称

(8)获取指定报表的列数:

Long nCols = ReportGetColumns(String szRptName)

函数功能:获取指定报表的列数。

参数说明:szRptName—报表名称

3.报表存取函数

报表存取函数主要用于存储指定报表和打开查阅已存储的报表。用户可利用这些函数保存和查阅历史数据、存档报表。

(1)存储报表:

Long nRet = ReportSaveAs(String szRptName, String szFileName)

函数功能:将指定报表按照所给的文件名存储到指定目录下,ReportSaveAs 支持将报表文件保存为.rtl、.xls、.csv 格式。保存的格式取决于所保存的文件的后缀名。

参数说明:szRptName—报表名称
szFileName—存储路径和文件名称

返回值:返回存储是否成功标志 0—成功

(2)读取报表:

Long nRet = ReportLoad(String szRptName, String szFileName)

函数功能:将指定路径下的报表读到当前报表中来。ReportLoad 支持读取.rtl、.xls、.csv格式的报表文件。报表文件格式取决于所保存的文件的后缀名。

参数说明:szRptName—报表名称
szFileName—报表存储路径和文件名称

返回值:返回存储是否成功标志 0—成功

4.报表统计函数

(1)Average:

函数功能:对指定单元格区域内的单元格进行求平均值运算,结果显示在当前单元格内。

使用格式:= Average('单元格区域')

(2)Sum:

函数功能:将指定单元格区域内的单元格进行求和运算,显示到当前单元格内。单元格区域内出现空字符、字符串等都不会影响求和。

使用格式:= Sum('单元格区域')

5.报表历史数据查询函数

报表历史数据查询函数将按照用户给定的起止时间和查询间隔,从组态王历史数据库中查询数据,并填写到指定报表上。

(1)ReportSetHistData():

ReportSetHistData(String szRptName, String szTagName, Long nStartTime, Long nSepTime, String szContent)

函数功能:按照用户给定的参数查询历史数据。

参数说明:szRptName—要填写查询数据结果的报表名称
szTagName—所要查询的变量名称
StartTime—数据查询的开始时间,该时间是通过组态王 HTConvertTime 函数转换的以 1970 年 1 月 1 日 8:00:00 为基准的长整型数,所以用户在使用本函数查询历史数据之前,应先将查询起始时间转换为长整型数值

SepTime—查询的数据的时间间隔,单位为秒

szContent—查询结果填充的单元格区域

(2)ReportSetHistData2():

ReportSetHistData2(StartRow,StartCol);

函数参数:StartRow—指定数据查询后,在报表中开始填充数据的起始行

StartCol—指定数据查询后,在报表中开始填充数据的起始列

这两个参数可以省略不写(应同时省略),省略时默认值都为1。

函数功能:使用该函数,不需要任何参数,系统会自动弹出报表历史查询对话框,如图4-69所示。

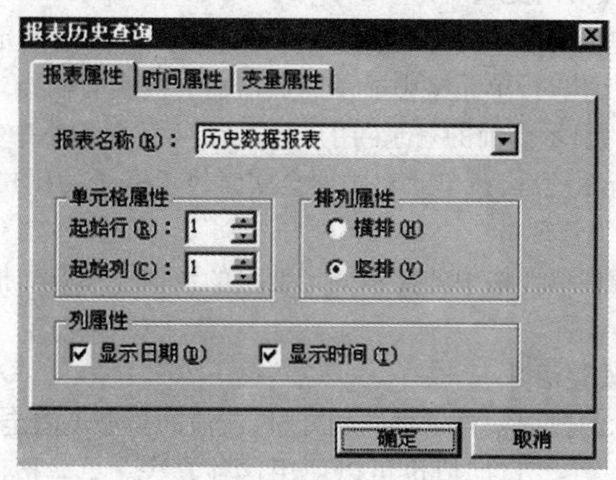

图4-69 报表历史查询

6. 报表打印函数

(1)报表打印函数:

报表打印函数根据用户的需要有两种使用方法:一种是执行函数时自动弹出“打印属性”对话框,供用户选择确定后,再打印;另外一种是执行函数后,按照默认的设置直接输出打印,不弹出“打印属性”对话框,适用于报表的自动打印。报表打印函数原型为:

ReportPrint2(String szRptName) 或者

ReportPrint2(String szRptName, EV_LONG|EV_ANALOG|EV_DISC)

函数功能:将指定的报表输出到打印配置中指定的打印机上打印。

参数说明:szRptName—要打印的报表名称

EV_LONG|EV_ANALOG|EV_DISC—整型或实型或离散型的一个参数,当该参数不为0时,自动打印,不弹出“打印属性”对话框。如果该参数为0,则弹出“打印属性”对话框

(2)报表页面设置函数:

开发系统中可以通过报表工具箱对报表进行页面设置,运行系统中则需要通过调用页面设置函数来对报表进行设置。页面设置函数的原型为:ReportPageSetup(ReportName);

函数功能:设置报表页面属性,如纸张大小、打印方向、页眉页脚设置等。

参数说明:ReportName—要打印的报表名称

(3)报表打印预览函数:

运行中当页面设置好以后,可以使用打印预览查看打印后的效果。打印预览函数原型

为：ReportPrintSetup(ReportName)；

函数功能：对指定的报表进行打印预览。

参数说明：ReportName—要打印的报表名称

4.3.3 制作实时数据报表

实时数据报表主要用来显示系统实时数据。除在表格中实时显示变量的值外，报表还可以按照单元格中设置的函数、公式等实时刷新单元格中的数据。在单元格中显示变量的实时数据一般有两种方法。

4.3.3.1 单元格中直接引用变量

在报表的单元格中直接输入"=变量名"，即可在运行时在该单元格中显示该变量的数值，当变量的数据发生变化时，单元格中显示的数值也会被实时刷新。如图4-70所示，例如在单元格"B5"中要实时显示当前的登录"用户名"，在"B5"单元格中直接输入"=\\本站点\$用户名"，切换到运行系统后，该单元格中便会实时显示登录的用户的名称，如"系统管理员"登录，则会显示"系统管理员"。

这种方式适用于表格单元格中的显示固定变量的数据。只有当报表画面被打开时其中的数据才会被刷新。

4.3.3.2 使用单元格设置函数

如果单元格中显示的数据来自于不同的变量，或值的类型不固定时，最好使用单元格设置函数。当然，显示同一个变量的值也可以使用这种方法。单元格设置函数有：ReportSetCellValue()、ReportSetCellString()、ReportSetCellValue2()、ReportSetCellString2()，如图4-70中在"B5"中设置用户名，也可以在数据改变命令语言中使用ReportSetCellString()函数设置数据，如图4-71所示。这样当系统运行时，用户登录后，用户名就会被自动填充到指定单元格中。

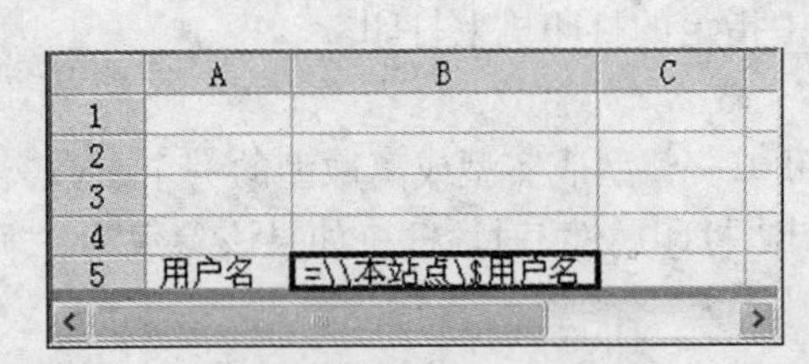

图4-70 直接引用变量

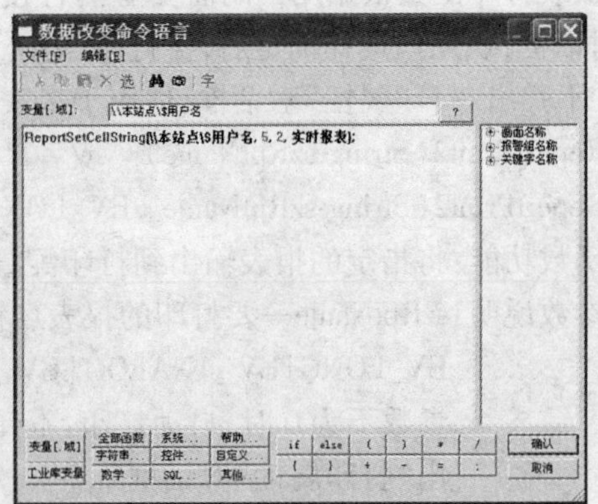

图4-71 单元格设置函数

4.3.4 制作历史数据报表

历史报表记录了以往的生产记录数据，对用户来说是非常重要的。历史报表的制作根据所需数据的不同有不同的方法，这里介绍两种常用的方法。

4.3.4.1　向报表单元格中实时添加数据

例如要设计一个锅炉功耗记录表,该报表为 8 小时生成一个(类似于班报),要记录每小时最后一刻的数据作为历史数据,而且该报表在查看时应该实时刷新。

对于这个报表就可以采用向单元格中定时刷新数据的方法实现。报表设计如图 4-72 所示,按照规定的时间,在不同的小时里,将变量的值定时用单元格设置函数如 ReportSetCellValue( )设置到不同的单元格中,这时,报表单元格中的数据会自动刷新,而带有函数的单元格也会自动计算结果,当到换班时,保存当前添有数据的报表为报表文件,清除上班填充的数据,继续填充,这样就完成了要求。这样就好比是操作员每小时在记录表上记录一次现场数据,当换班时,由下一班在新的记录表上开始记录一样。

	A	B	C	D	E	F	G	H
1						系统锅炉房功耗总报表		
2	NO!1		报表时间	=Time ($..				
3	日期	时间	1#热水锅炉	1#采暖锅炉	泵	总功耗	供电单价	总电价(元)
4						=sum(’c4:j4’)		=’k4’*’g4’
5						=sum(’c5:j5’)		=’k5’*’g5’
6						=sum(’c6:j6’)		=’k6’*’g6’
7						=sum(’c7:j7’)		=’k7’*’g7’
8						=sum(’c8:j8’)		=’k8’*’g8’
9						=sum(’c9:j9’)		=’k9’*’g9’
10						=sum(’c10:j10’)		=’k10’*’g10’
11						=sum(’c11:j11’)		=’k11’*’g11’
12						=sum(’f4:f11’)		=sum(’h4:h11’)
13	制表单位:					值班员:		

图 4-72　锅炉功耗报表

可以另外创建一个报表窗口,在运行时,调用这些保存的报表,查看以前的记录,实现历史数据报表的查询。

这种制作报表的方式既可以作为实时报表观察实时数据,也可以作为历史报表保存。用户可以参照演示工程中的实时报表。

4.3.4.2　使用历史数据查询函数

使用历史数据查询函数从记录的历史库中按指定的起始时间和时间间隔查询指定变量的数,如果用户在查询时,希望弹出一个对话框,可以在对话框上随机选择不同的变量和时间段来查询数据,最好使用函数 ReportSetHistData2(StartRow,StartCol)。该函数提供了方便、全面的对话框供用户操作。但该函数会将指定时间段内查询到的所有数据都填充到报表中,如果报表不够大,则系统会自动增加报表行数或列数,对于使用固定格式报表的用户来说不太方便。那么可以用下面一种方法。

如果用户想要一个定时自动查询历史数据的报表,而不是弹出对话框,或者历史报表的格式是固定的,要求将查询到的数据添到固定的表格中,多余查询的数据不需要添到表中,这时可以使用函数 ReportSetHistData(ReportName,TagName,StartTime,SepTime,szContent)。使用该函数时,用户需要指定查询的起始时间、查询间隔和变量数据的填充范围。

系统报表拥有丰富而灵活的报表函数,用户可以使用报表制作一些数据存储、求和、运算、转换等特殊用法。如将采集到的数据存储在报表的单元格中,然后将报表数据赋给曲线控件来制作一段分析曲线等,既可以节省变量,简化操作,还可重复使用。总之,报表的其他用法还有很多,用户可按照自己的实际用途灵活使用。

4.3.5 反应监控中心的实时数据和历史数据报表

4.3.5.1 实时数据报表

1. 实时数据报表创建

(1)在工具箱内选择“报表窗口”工具，在报表画面上绘制报表，如图 4-73 所示。报表工具箱会自动显示出来，双击窗口的灰色部分，弹出“报表设计”对话框，如图 4-74 所示。

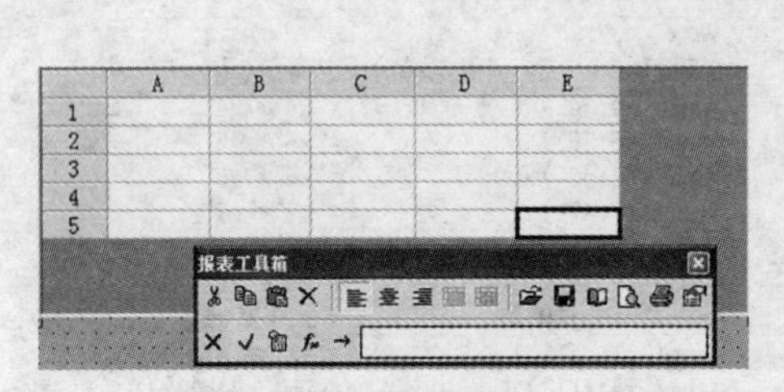

图 4-73　实时数据报表

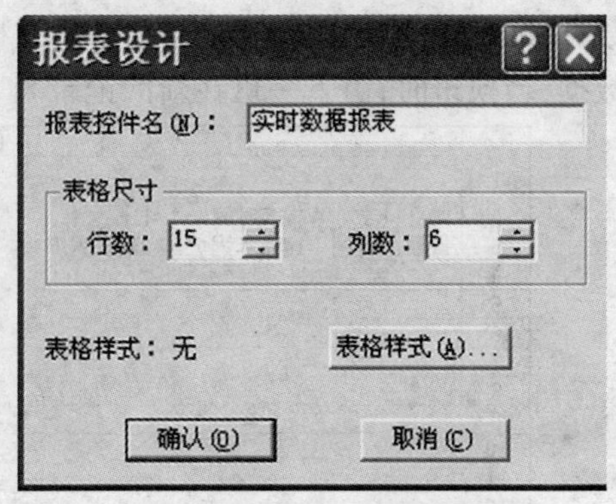

图 4-74　报表设计

对话框设置如下：

报表控件名：实时数据报表

行数：15

列数：6

(2)输入静态文字：选中 B2 到 E2 的单元格区域，执行报表工具箱中的“合并单元格”命令并在合并后的单元格中输入：实时数据报表。

利用同样方法输入其他静态文字，如图 4-75 所示。

	A	B	C	D	E	F
1						
2		实时数据报表				
3	日期			时间		
4	原料油液位		米			
5						
6	成品油液位		米			
7						
8						
9			值班人			
10						
11						
12						
13						
14						
15						

图 4-75　实时数据报表窗口中的静态文字

(3)插入动态变量：在单元格中输入：= \\本站点\$日期。(变量的输入可以利用报表工具箱中的“插入变量”按钮实现)

利用同样方法输入其他动态变量，如图 4-76 所示。

注：如果变量名前没有添加“ = ”符号的话，此变量被当做静态文字来处理。

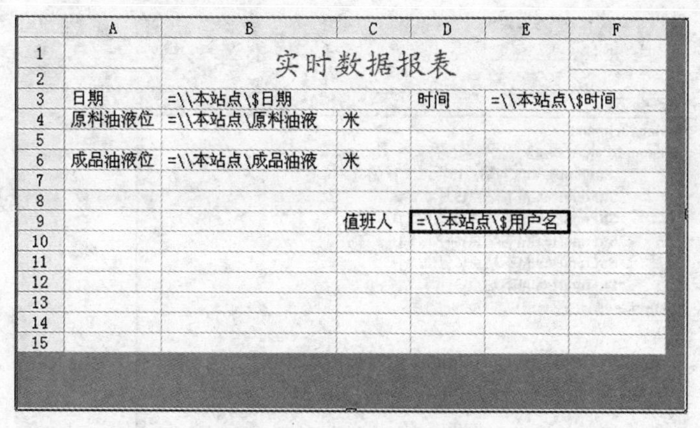

	A	B	C	D	E	F
1		实时数据报表				
2						
3	日期	=\\本站点\$日期		时间	=\\本站点\$时间	
4	原料油液位	=\\本站点\原料油液	米			
5						
6	成品油液位	=\\本站点\成品油液	米			
7						
8						
9			值班人	=\\本站点\$用户名		
10						
11						
12						
13						
14						
15						

图 4-76　设置完毕的报表

(4)单击“文件”菜单中的“全部存”命令,保存所作的设置。

(5)单击“文件”菜单中的“切换到 VIEW”命令,进入运行系统。系统默认运行的画面可能不是刚刚编辑完成的“实时数据报表画面”,可以通过运行界面中“画面”菜单的“打开”命令将其打开后运行,如图 4-77 所示。

2. 实时数据报表打印

实时数据报表打印设置过程如下:

(1)在“实时数据报表画面”中添加一按钮,按钮文本为:实时数据报表打印。

(2)在按钮的弹起事件中输入命令语言,如图 4-78 所示。

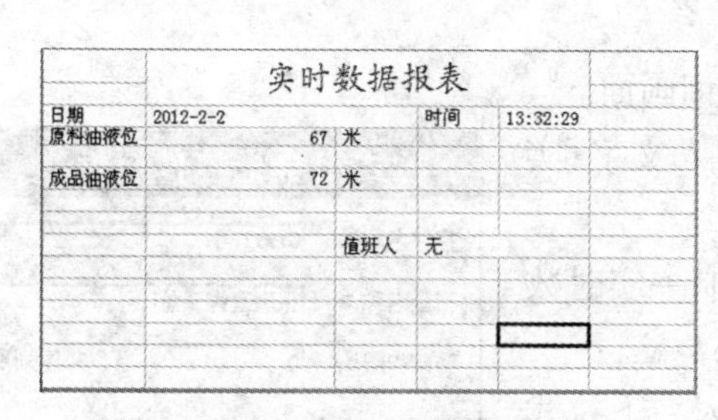

实时数据报表				
日期	2012-2-2		时间	13:32:29
原料油液位	67	米		
成品油液位	72	米		
		值班人	无	

图 4-77　运行中的实时数据报表

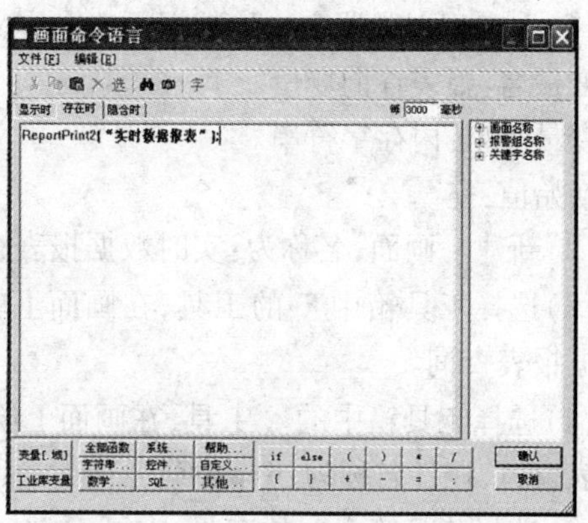

图 4-78　实时数据报表打印命令语言

(3)单击“确认”按钮关闭命令语言编辑框。当系统处于运行状态时,单击此按钮数据报表将被打印出来。

3. 实时数据报表存储

实现以当前时间作为文件名将实时数据报表保存到指定文件夹下的操作过程如下:

(1)在当前工程路径下建立一文件夹:实时数据文件夹。

(2)在“实时数据报表画面”中添加一按钮,按钮文本为:保存实时数据报表。

(3)在按钮的弹起事件中输入命令语言,如图 4-79 所示。

(4)单击“确认”按钮关闭命令语言编辑框。当系统处于运行状态时,单击此按钮数据报表将以当前时间作为文件名保存实时数据报表。

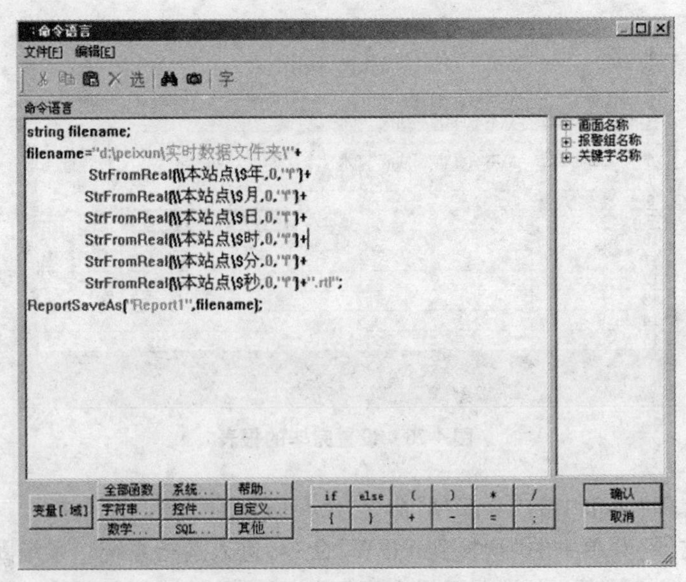

图 4-79 保存实时数据报表命令语言

4. 实时数据报表查询

利用系统提供的命令语言可将实时数据报表以当前时间作为文件名保存在指定的文件夹中，对于已经保存到文件夹中的报表文件如何在系统中进行查询呢？下面将介绍实时数据报表的查询过程：利用下拉式组合框与一报表窗口控件可以实现上述功能。

(1)在工程浏览器窗口的数据词典中定义一个内存字符串变量：

变量名：报表查询变量

变量类型：内存字符串

初始值：空

(2)新建一画面，名称为：实时数据报表查询画面。

(3)选择工具箱中 T 的工具，在画面上输入文字：实时数据报表查询。

(4)选择工具箱中的工具，在画面上绘制一实时数据报表窗口，控件名称为：Report2。

(5)选择工具箱中的工具，在画面上插入一下拉式组合框控件，控件属性设置如图 4-80 所示。

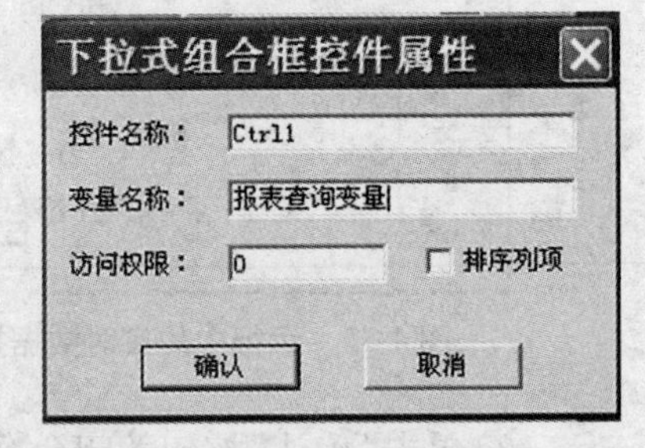

图 4-80 下拉式组合框控件属性

(6)在画面中单击鼠标右键，在画面属性的命令语言中输入命令语言，如图 4-81 所示。

上述命令语言的作用是将已经保存到“d:\我的工程\实时数据文件夹”中的实时报表文件名称在下拉式组合框中显示出来。

(7)在画面中添加一按钮，按钮文本为：实时数据报表查询。

(8)在按钮的弹起事件中输入命令语言，如图 4-82 所示。

上述命令语言的作用是将下拉式组合框中选中的报表文件的数据显示在 Report2 报表窗口中，其中\\本站点\报表查询变量保存了下拉式组合框中选中的报表文件名。

(9)设置完毕后单击“文件”菜单中的“全部存”命令，保存所作的设置。

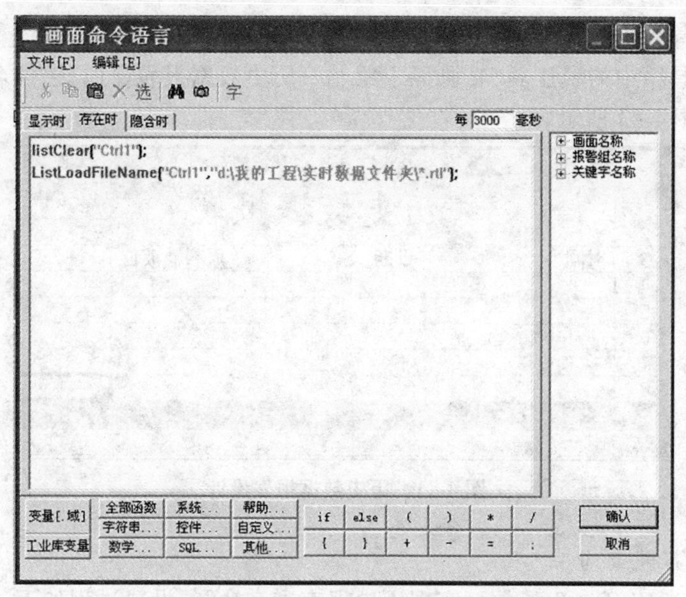

图 4-81　报表文件在下拉框中显示的命令语言

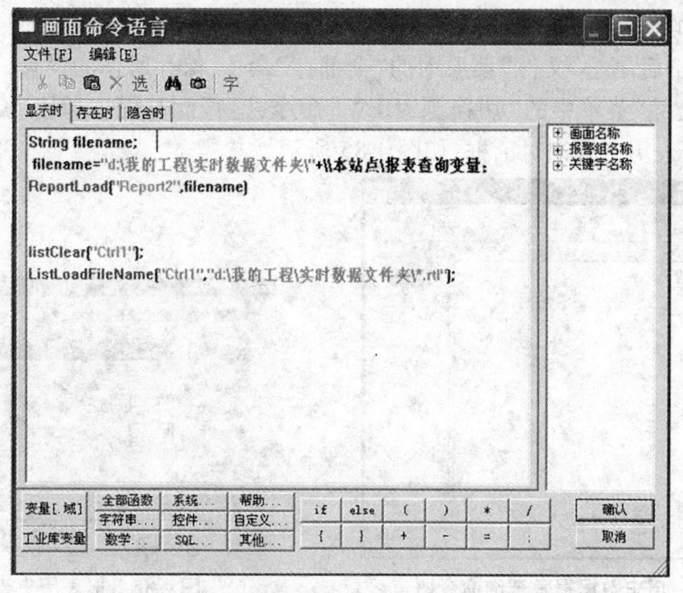

图 4-82　查询下拉框中选中的文件的命令语言

(10)单击“文件”菜单中的“切换到 VIEW”命令,运行此画面。当单击下拉式组合框控件时保存在指定路径下的报表文件全部显示出来,选择任一报表文件名,单击“实时数据报表查询”按钮后此报表文件中的数据会在报表窗口中显示出来,从而达到了实时数据报表查询的目的。

4.3.5.2　历史数据报表

1. 创建历史数据报表

历史数据报表创建过程如下:

(1)新建一画面,名称为:历史数据报表画面。

(2)选择工具箱中的 T 工具,在画面上输入文字:历史数据报表。

(3)选择工具箱中的工具,在画面上绘制一历史数据报表窗口,控件名称为:Report5,并设计表格,如图 4-83 所示。

图 4-83　历史数据报表设计

2. 历史数据报表查询

利用 ReportSetHistData2 函数可实现历史报表查询功能,设置过程如下:

(1)在画面中添加一按钮,按钮文本为:历史数据报表查询。

(2)在按钮的弹起事件中输入命令语言,如图 4-84 所示。

(3)设置完毕后单击"文件"菜单中的"全部存"命令,保存所作的设置。

(4)单击"文件"菜单中的"切换到 VIEW"命令,运行此画面。单击"历史数据报表查询"按钮,弹出报表历史查询对话框,如图 4-85 所示。

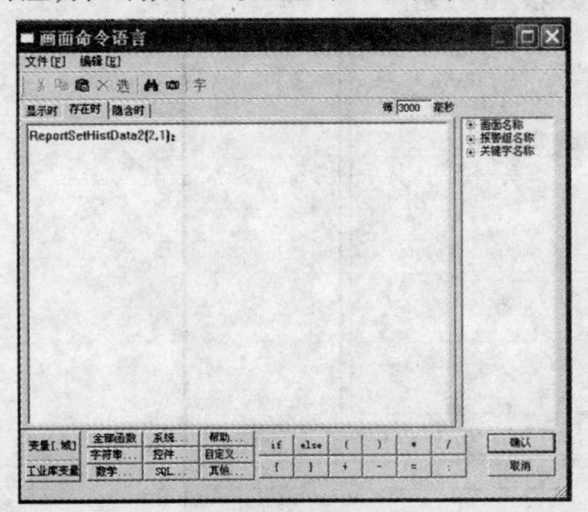

图 4-84　历史数据报表查询命令语言

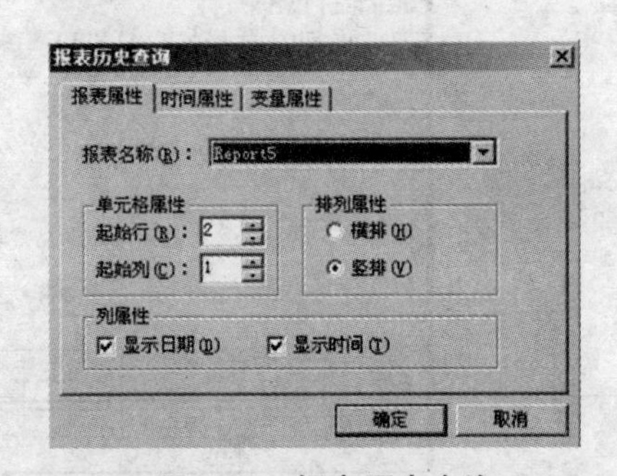

图 4-85　报表历史查询

报表历史查询对话框分三个属性页:报表属性页、时间属性页、变量属性页。

报表属性页:在报表属性页中可以设置报表查询的显示格式,此属性页设置如图 4-85 所示。

时间属性页:在时间属性页中可以设置查询的起止时间以及查询的时间间隔,如图 4-86所示。

变量属性页:在变量属性页中可以选择欲查询历史数据的变量,如图 4-87 所示。

(5)设置完毕后单击"确定"按钮,原料油液位变量的历史数据即可显示在历史数据报表控件中,从而达到了历史数据查询的目的,如图 4-88 所示。

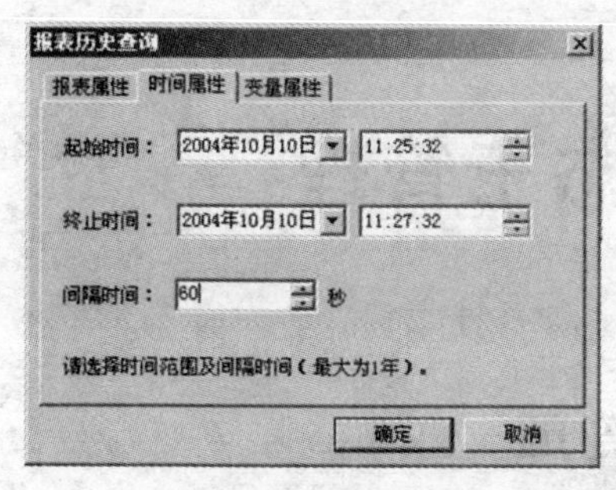

图 4-86　报表历史查询窗口中的时间属性页

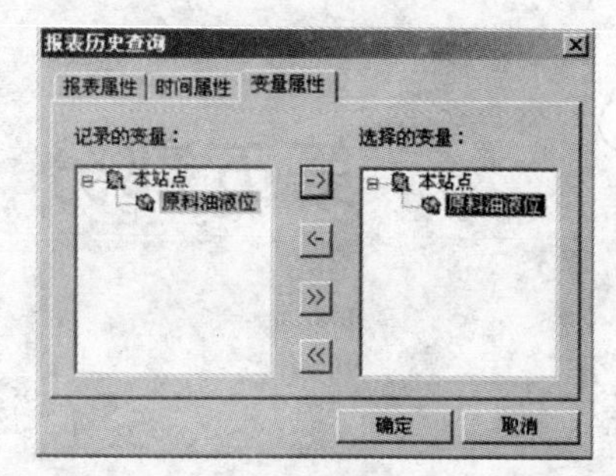

图 4-87　报表历史查询窗口中的变量属性页

历史数据报表

日期	时间	原料油液位
04/10/10	11:25:32	9.00
04/10/10	11:26:32	60.00
04/10/10	11:27:32	9.00

图 4-88　查询历史数据

3. *历史数据报表刷新*

历史数据报表刷新设置过程如下：

(1) 在历史数据报表画面中选中历史报表窗口，并利用报表工具箱中的"保存"按钮将历史数据报表保存成一个报表模板，存储在当前工程路径下(后缀名为.rtl)。

(2) 在历史数据报表画面中添加一按钮，按钮文本为：历史数据报表刷新。

(3) 在按钮的弹起事件中输入命令语言，如图 4-89 所示。

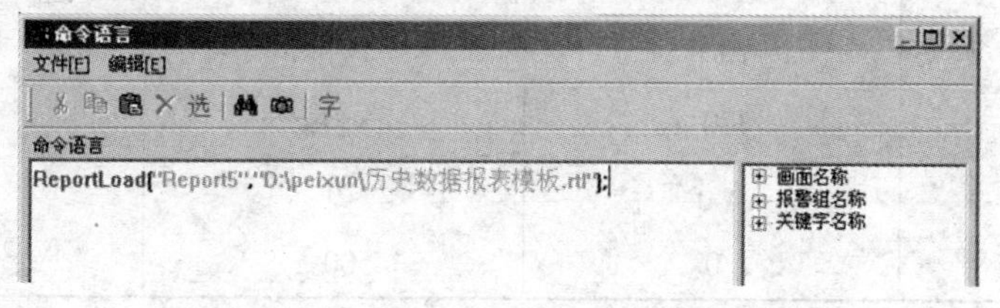

图 4-89　历史数据报表刷新命令语言

(4) 设置完毕后单击"文件"菜单中的"全部存"命令，保存所作的设置。

(5) 当系统处于运行状态时，单击此按钮刷新历史数据报表窗口。

第五部分　组态王管理

5.1　配方管理

5.1.1　配方管理概述

5.1.1.1　配方的含义

在制造领域,配方是用来描述生产一件产品所用的不同配料之间的比例关系。配方是生产过程中一些变量对应的参数设定值的集合。例如,一个面包厂生产面包时有一个基本的配料配方,此配方列出所有要用来生产面包的配料成分表(如水、面粉、糖、鸡蛋、香油等)。另外,也列出所有可选配料成分表(如果酱、巧克力、维生素等),而这些可选配料成分可以被添加到基本配方中用以生产各种各样的面包。表5-1为某一面包厂生产面包时的配方。

表5-1　生产面包的配方

配料名	配方1	配方2	配方3
	果酱面包	功克力面包	维生素面包
水	200 g	200 g	200 g
面粉	4500 g	4500 g	4500 g
盐	325 g	325 g	325 g
糖	500 g	500 g	500 g
鸡蛋	10个	10个	10个
香油	300 g	300 g	300 g
水果	5个	0	0
巧克力	0	500 g	0

又如,在钢铁厂,一个配方可能就是机器设置参数的一个集合,而对于批处理器,一个配方可能被用来描述批处理过程中的不同步骤。系统支持对配方的管理,用户利用此功能可以在控制生产过程中得心应手,提高效率。比如当生产过程状态需要大量的控制变量参数时,如果一个接一个地设置这些变量参数就会耽误时间,而使用配方,则可以一次设置大量的控制变量参数,满足生产过程的需要。

5.1.1.2　组态王中的配方管理

配方管理由配方管理器和配方函数集两部分组成。配方管理器打开后,弹出对话框,用于创建和维护配方模板文件;配方函数集允许运行时对包含在配方模板文件中的各种配方进行选择、修改、创建和删除等一系列操作。

所有配方都在配方模板文件中定义和存储,每一个配方模板文件以扩展名为.csv 的文件格式存储,一个配方模板文件是通过配方定义模板产生的。

配方定义模板:用于定义配方中的所有项目名(即配料名)、项目类型、数据变量(与每一个项目名对应)、配方名,每一个配方指定每一个配料成分所要求的数量大小。

配方定义模板的结构如表 5-2 所示。

表 5-2　配方定义模板的结构

项目名	变量名	变量类型(项目类型)	配方 1	配方 2	配方 M
配料 1	变量 1	实型、整型、离散型或字符串型	11	21	M1
配料 2	变量 2	实型、整型、离散型或字符串型	12	22	M2
配料 3	变量 3	实型、整型、离散型或字符串型	13	23	M3
配料 4	变量 4	实型、整型、离散型或字符串型	14	24	M4
配料 N	变量 N	实型、整型、离散型或字符串型	1N	2N	MN

5.1.1.3　配方的工作原理

配方模板文件中的配方定义模板完成后,在运行时可以通过配方函数进行各种配方的调入、修改等。工作原理结构示意图如图 5-1 所示。

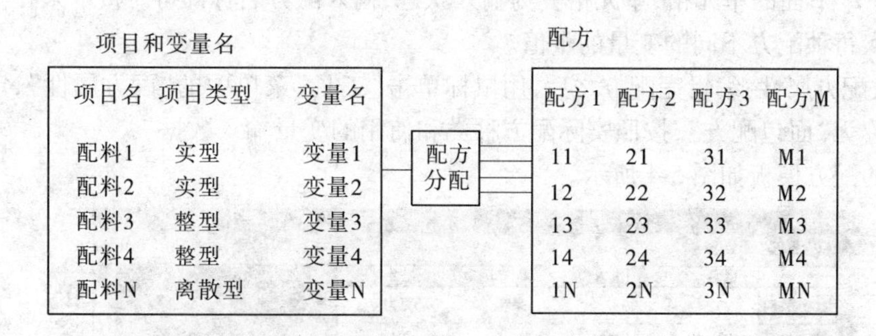

图 5-1　工作原理结构

配方分配的功能由配方函数来完成,通过配方分配将指定配方(如配方 M)传递到相应的变量中。当调用配方 1 时,则配方 1 的数据值 11、12、13、14、1N 分别对应地传送给变量 1、变量 2、变量 3、变量 4、变量 N;同理,当调用配方 M 时,则同样是把配方 M 的数据值传送给变量 1、变量 2、变量 3、变量 4、变量 N。

5.1.2　创建配方模板

5.1.2.1　配方创建方法

工程浏览器能够创建和管理配方模板文件,在工程浏览器的目录显示区中,选中大纲项“文件”下的成员“配方”,如图 5-2 所示。

在内容显示区中用左键双击“新建…”图标,或者右键单击“新建…”图标,从浮动式菜单中选择命令“新建配方”,则弹出“配方定义”对话框,如图 5-3 所示。

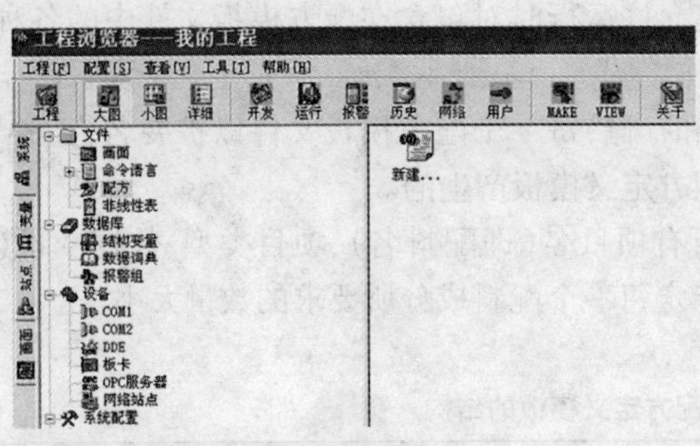

图 5-2　新建配方

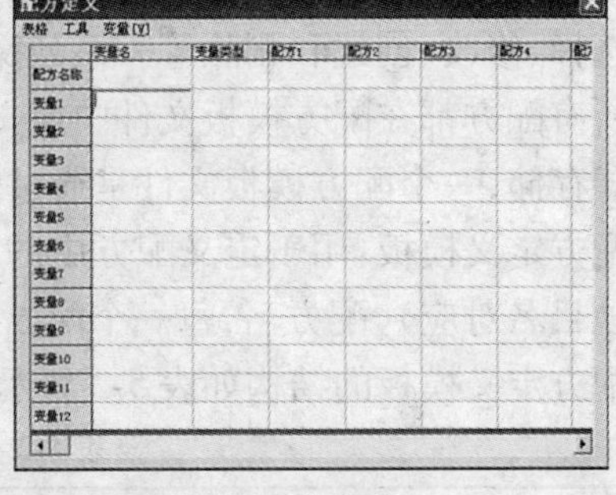

图 5-3　配方定义

配方定义对话框中第一行中的第一列和第二列是不可操作的，即不能在这两个单元格中输入任何内容。

“配方定义”窗口中的前两列为变量名、变量类型。

5.1.2.2　配方模板建立

(1)加入变量：用鼠标选中“变量 1”所在列名为“变量名”的单元格，此时“变量[V]”菜单栏变为黑色有效。单击“变量”，弹出“选择变量名”窗口，选中一个已经定义好的组态王变量，单击“确定”，完成变量选择。“配方定义”窗口中相应变量的变量类型自动显示出来。如果变量名是由手动输入的，则需要手动输入相应的变量类型。加入多个变量的方法相同。

(2)建立配方：在第一行中各个配方名称相应的单元格中输入各种配方的名称。用鼠标单击“配方 1”下面的单元格，单元格变为输入状态，输入配方名称即可。接下来在下面对应变量中输入每种配方不同的变量的量值。

(3)修改配方属性：编辑完配方之后，用鼠标单击“工具”菜单中的“配方属性”，定义配方模板的名称为“面包配方”，按照实际配方种类和使用的变量输入数据。

定义好的配方模板如图 5-4 所示。

配方定义
表格　工具　变量[V]

	变量名	变量类型	配方1	配方2
配方名称			果酱	巧克力
变量1	\\本站点\水	实型	100	100
变量2	\\本站点\面粉	实型	400	400
变量3	\\本站点\盐	实型	50	50
变量4	\\本站点\糖	实型	80	80
变量5	\\本站点\鸡蛋	整型	1	5
变量6	\\本站点\香油	实型	5	5
变量7	\\本站点\水果	整型	20	0
变量8	\\本站点\巧克力	实型	0	300

图 5-4　定义好的配方模板

5.1.3　如何使用配方

配方的使用是建立配方模板后，通过使用配方命令语言函数实现的。配方命令语言函数的调用可通过建立操作按钮或是在命令语言中调用来实现。下面详细介绍配方命令语言函数。

1. RecipeDelete

此函数用于删除指定配方模板文件中当前指定的配方。

语法格式使用如下:RecipeDelete("filename","recipeName");

filename:指配方模板文件存放的路径和相应的文件名;

recipeName:指配方模板文件中特定配方的名字。

文件名和配方名如果加上双引号,则表示是字符串常量,若不加双引号,则可以是组态王中的 DDE 或内存型字符串变量。

2. RecipeLoad

此函数将指定配方调入模板文件中的数据变量中。

语法格式使用如下:RecipeLoad("filename","recipeName");

filename:指配方模板文件存放的路径和相应的文件名;

recipeName:指配方模板文件中特定配方的名字。

文件名和配方名如果加上双引号,则表示是字符串常量,若不加双引号,则可以是 I/O 型或内存型字符串变量。

3. RecipeSave

此函数用于存放一个新建配方或把对原配方的修改变化存入已有的配方模板文件中。

语法格式使用如下:RecipeSave("filename","recipeName");

filename:指配方模板文件存放的路径和相应的文件名;

recipeName:指配方模板文件中特定配方的名字。

文件名和配方名如果加上双引号,则表示是字符串常量,若不加双引号,则可以是 I/O 型或内存型字符串变量。

4. RecipeSelectNextRecipe

此函数用于在配方模板文件中选择指定配方的下一个配方。

语法格式使用如下:RecipeSelectNextRecipe("filename","recipeName");

filename:指配方模板文件存放的路径和相应的文件名;

recipeName:是一个字符串变量,存放工程人员选择的配方名。

文件名和配方名如果加上双引号,则表示是字常量,若不加双引号,则可以是 I/O 型变量或内存型变量。

5. RecipeSelectPreviousRecipe

此函数用于在配方模板文件中选择当前配方的前一个配方。

语法格式使用如下:RecipeSelectPreviousRecipe("filename","recipeName");

filename:指配方模板文件存放的路径和相应的文件名;

recipeName:是一个字符串变量,存放工程人员选择的当前配方名。

6. RecipeSelectRecipe

此函数用于在指定的配方模板文件中选取工程人员输入的配方,运行此函数后,弹出请选择配方对话框,如图 5-5 所示,工程人员可以输入指定的配方,并把此配方名送入字符串变量中存放。

语法格式使用如下:RecipeSelectRecipe("filename","recipeNameTag","Mess");

filename:指配方模板文件存放的路径和相应的文件名;

recipeNameTag:是一个字符串变量,存放工程人员选择的配方名;

Mess:字符串提示信息,由工程人员自己设定。

7. RecipeInsertRecipe

此函数用于在配方中选定的位置插入一个新的配方。执行该函数后,系统会弹出一个请选择插入配方的位置对话框,如图5-6所示。对话框中列出了当前配方中所有的配方名,选择要插入的位置,确定后新的配方将被插入到指定配方的前面。

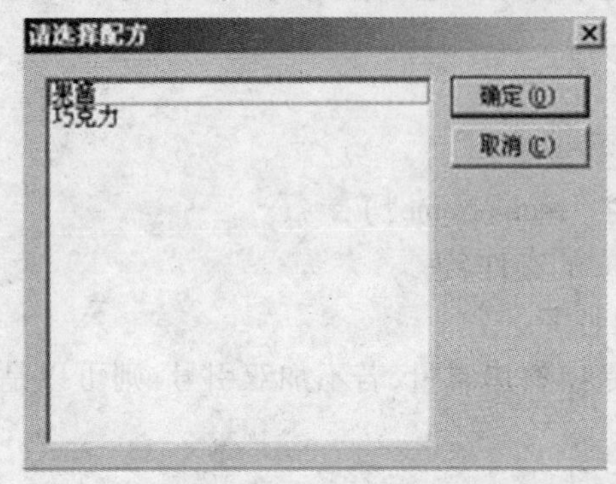

图5-5 请选择配方

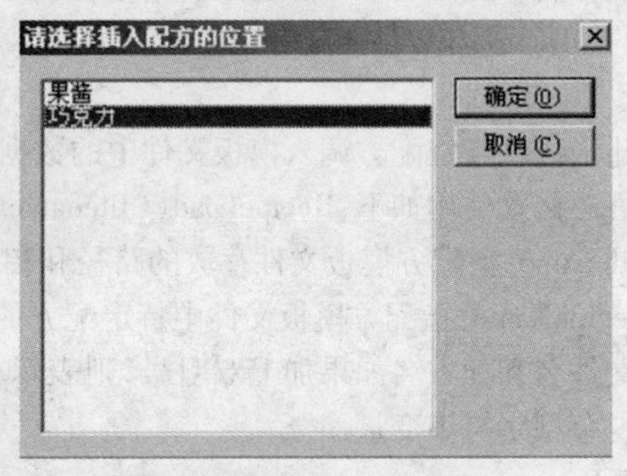

图5-6 请选择插入配方的位置

语法格式使用如下:RecipeInsertRecipe(filename,InsertRecipeName);

filename:字符串型,指配方模板文件存放的路径和相应的文件名;

InsertRecipeName:字符串型,要插入的新配方的名称。

5.2 组态王数据库(SQL)访问

SQL访问功能是为了实现系统和其他ODBC数据库之间的数据传输,它包括SQL访问管理器、如何配置与各种数据库的连接、系统与数据库连接实例和SQL函数的使用。

SQL访问管理器用来建立数据库列和系统变量之间的联系。通过表格模板在数据库中创建表格,表格模板信息存储在SQL.DEF文件中;通过记录体建立数据库表格列和系统之间的联系,允许系统通过记录体直接操纵数据库中的数据。这种联系存储在BIND.DEF文件中。

系统可以与其他外部数据库(支持ODBC访问接口)进行数据传输。首先在系统ODBC数据源中添加数据库,然后通过SQL访问管理器和SQL函数实现各种操作。

SQL函数可以在任意一种命令语言中调用。这些函数用来创建表格,插入、删除记录,编辑已有的表格,清空、删除表格,查询记录等操作。

5.2.1 SQL访问管理器

SQL访问管理器包括表格模板和记录体两部分功能。当执行SQLCreateTable()指令时,使用的表格模板将定义创建的表格的结构;当执行SQLInsert()、SQLSelect()或SQLUpdate()时,记录体中定义的连接将使系统中的变量和数据库表格中的变量相关联。

系统提供集成的SQL访问管理。在工程浏览器的左侧大纲项中,可以看到SQL访问管理器,如图5-7所示。

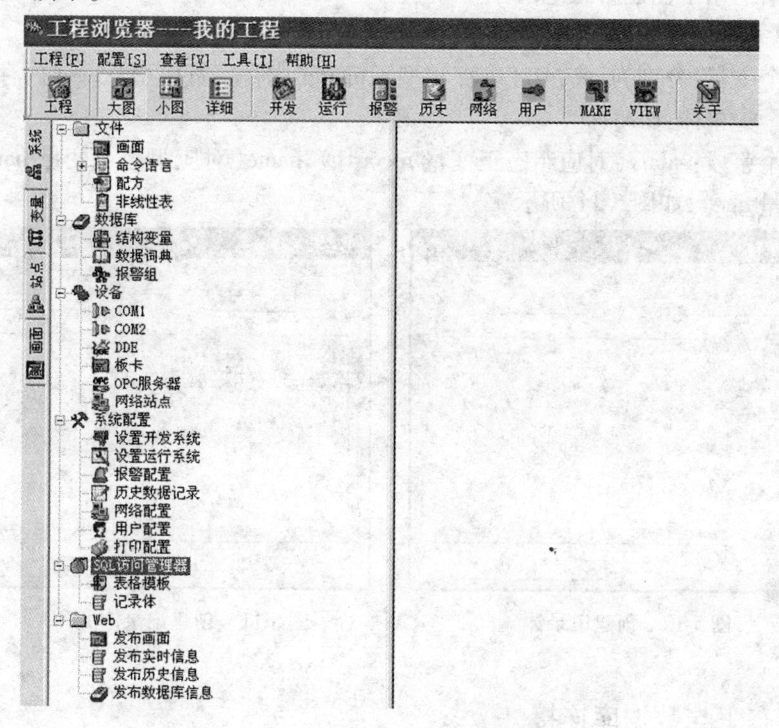

图5-7　组态王SQL访问管理器

5.2.1.1　表格模板

选择工程浏览器左侧大纲项"SQL访问管理器\表格模板",在工程浏览器右侧用鼠标左键双击"新建"图标,弹出对话框如图5-8所示。该对话框用于建立新的表格模板。

例:创建一个表格模板,如图5-9所示。

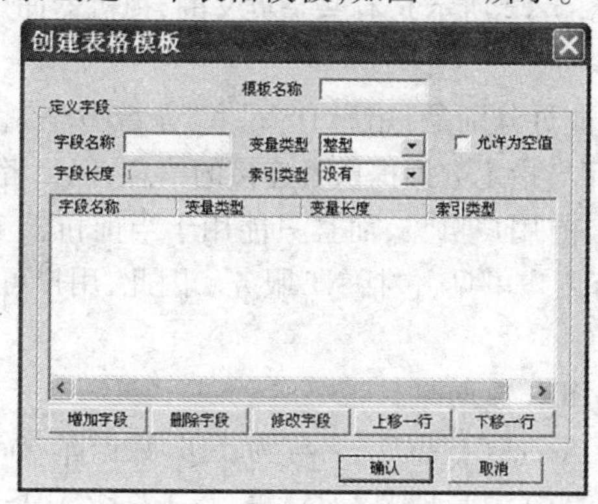

图5-8　创建表格模板

图5-9　创建后的表格模板

创建一个表格模板:table。

定义三个字段:salary(整型)、name(定长字符串型,字段长度:127)、age(整型)。

5.2.1.2　记录体

记录体用来连接表格的列和数据词典中的变量。选择工程浏览器左侧大纲项"SQL访问管理器\记录体”，在工程浏览器右侧用鼠标左键双击“新建”图标，弹出对话框如图 5-10 所示。该对话框用于创建新的记录体。

例：创建一个记录体。

定义三个变量，分别为 record1（内存实型）、name（内存字符串型）、age（内存整型）；

创建一个记录体：BIND；

定义三个字段：salary（对应组态王变量 record1）、name（对应组态王变量 name）、age（对应组态王变量 age），如图 5-11 所示。

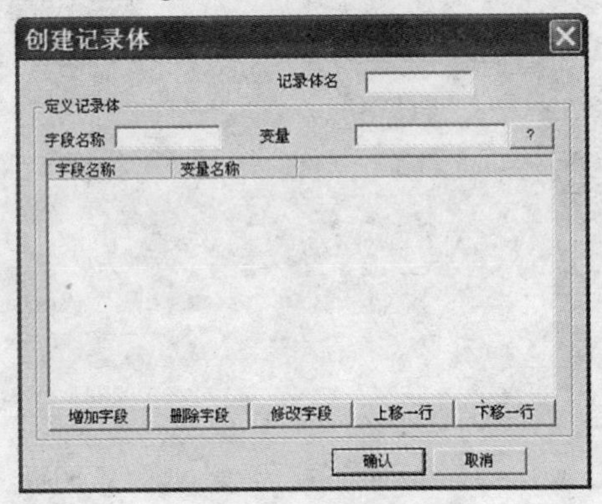

图 5-10　创建记录体

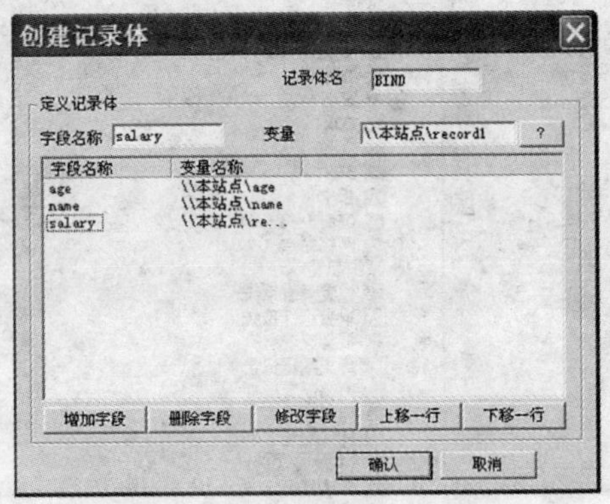

图 5-11　创建记录体 BIND

5.2.2　组态王与数据库连接

SQL 访问功能能够和其他外部数据库（支持 ODBC 访问接口）之间进行数据传输。实现数据传输必须在系统 ODBC 数据源中定义相应数据库。进入“控制面板”中的“管理工具”，用鼠标双击“数据源（ODBC）”选项，弹出“ODBC 数据源管理器”对话框，如图 5-12 所示。

有些计算机的 ODBC 数据源是中文的（如图 5-12 所示），有些是英文的，视机器而定，但是两种的使用方法相同。

“ODBC 数据源管理器”对话框中前两个属性页分别是“用户 DSN”和“系统 DSN”，二者共同点是：在它们中定义的数据源都存储了如何与指定数据提供者连接的信息，但二者又有所区别。在“用户 DSN”中定义的数据源只对当前用户可见，而且只能用于当前机器上；在“系统 DSN”中定义的数据源对当前机器上所有用户可见，包括 NT 服务。因此，用户可根据数据库使用的范围进行 ODBC 数据源的建立。

例：以 Microsoft Access 数据库为例，建立 ODBC 数据源。

在机器上 D 盘根目录下建立一个 Microsoft Access 数据库，名称为：SQL 数据库. mdb。

双击“数据源（ODBC）”选项，弹出“ODBC 数据源管理器”对话框，点击“系统 DSN”属性页，如图 5-13 所示。

单击右边“添加（D）…”按钮，弹出“创建新数据源”窗口，从列表中选择“Microsoft Access Driver（ *. mdb）”驱动程序，如图 5-14 所示。

单击“完成”按钮，进入“ODBC Microsoft Access 安装”对话框，如图 5-15 所示。

在“数据源名”中输入数据源名称：mine；单击“选择（S）…”按钮，从计算机上选择数据

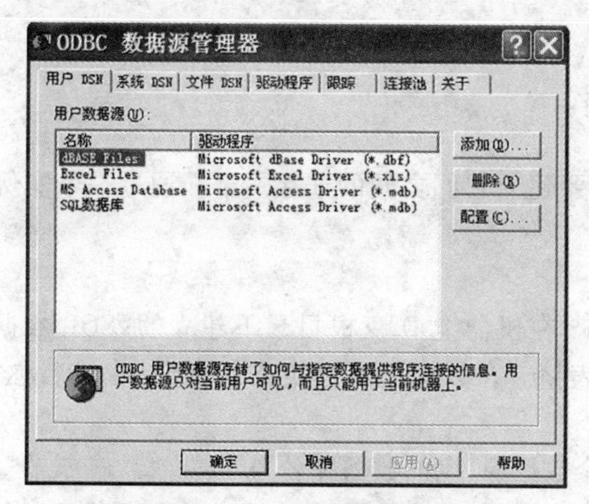

图 5-12　ODBC 数据源管理器

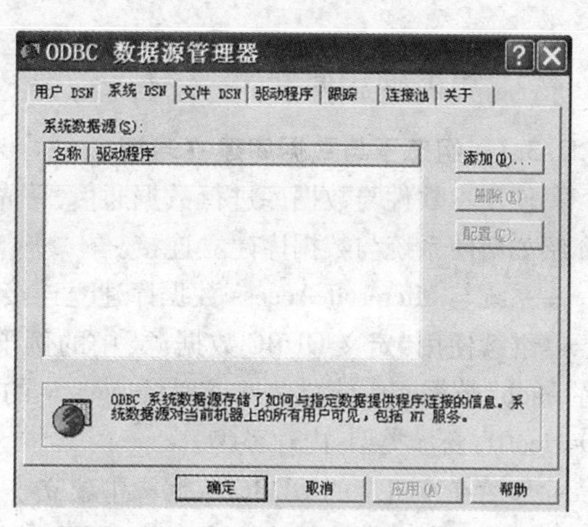

图 5-13　系统 DSN 属性页

图 5-14　创建新数据源

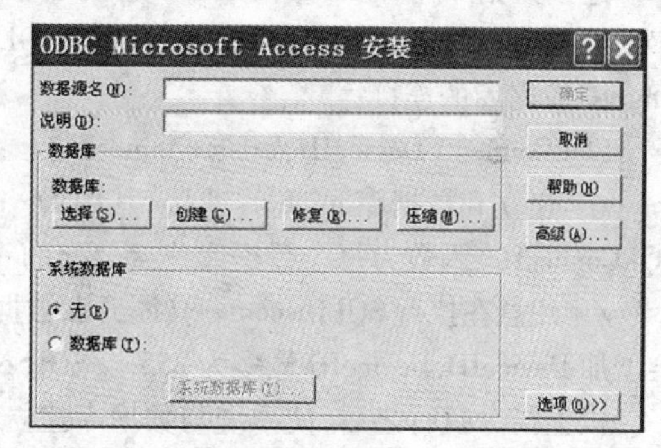

图 5-15　ODBC Microsoft Access 安装(一)

库,选择好数据库后的对话框如图 5-16 所示。

点击“确定”按钮,完成数据源定义,回到“ODBC 数据源管理器”窗口,点击“确定”关闭“ODBC 数据源管理器”窗口。

完成 Microsoft Access 数据库 ODBC 数据源的定义。其他类型的数据库定义方法类似。

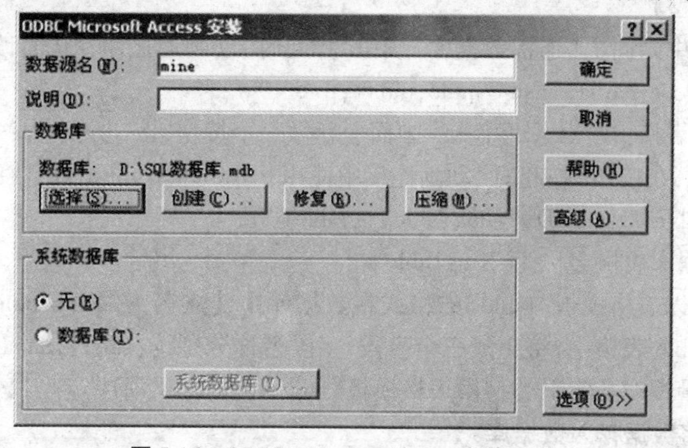

图 5-16　ODBC Microsoft Access 安装(二)

5.2.3 SQL 使用简介

5.2.3.1 组态王与数据库建立连接

使用本软件与数据库进行数据通信，首先要建立它们之间的连接。下面通过一个实例介绍如何使系统与数据库建立连接。

系统与 Microsoft Access 数据库建立连接：

继续使用“定义 ODBC 数据源”中的例子。在机器上 D 盘根目录下建立的“SQL 数据库.mdb”数据库中建立一个名为 kingview 的表格。在数据词典里定义新变量，变量名称：DeviceID，变量类型：内存整型。

然后在本机上的 ODBC 数据源中建立一个数据源，比如数据源名为 mine。

在工程浏览器中建立一个名为 BIND 的记录体，定义一个字段：name（对应组态王内存字符串变量 name）。

连接数据库：新建画面“数据库连接”，在画面上做一个按钮，按钮文本为：“连接数据库”，在按钮“弹起时”动画连接中使用 SQLConnect( ) 函数和 SQLSelect( ) 函数建立与“mine”数据库的连接：

SQLConnect(DeviceID,"dsn = mine;uid = ;pwd = ");

/ * 建立和数据库 mine 的连接，其中 DeviceID 是用户创建的内存整型变量，用来保存 SQLConnect( )函数为每个数据库连接分配的一个数值 * /

/ * 注意在执行 SQLDisconnect(断开和数据库的连接函数)之前，重复执行 SQLConnect 将会增加 DeviceID，DeviceID 最多为 255 * /SQLSelect(DeviceID,"kingview","BIND","","");

以上指令执行之后，使系统与数据库建立了连接。

5.2.3.2 创建一个表格

系统与数据库连接成功之后，可以通过操作在数据库中创建表格。

下面通过一个实例介绍如何创建一个表格。

例：创建数据库表格。

创建一个表格模板：table。定义三个字段：salary（整型）、name（定长字符串型，字段长度：127）、age（整型）。

将上个实例中画面上“连接数据库”按钮“弹起时”动画连接命令语言改为：

SQLConnect(DeviceID,"dsn = mine;uid = ;pwd = ");

创建数据库表格：在“数据库连接”画面上新做一个按钮，按钮文本为：

“创建表格”，在按钮“弹起时”动画连接中使用 SQLCreateTable( )函数创建表格。

SQLCreateTable(DeviceID,"KingTable","table1");

/ * 创建数据库表格名称为：KingTable * /

该命令用于以表格模板“table”的格式在数据库中建立名为“KingTable”的表格。在自动生成的 KingTable 表格中，将生成三个字段，字段名称分别为：salary，name，age。每个字段的变量类型、变量长度及索引类型由表格模板“table”中的定义所决定。

5.2.3.3 如何将数据存入数据库

创建数据库表格成功之后，可以将数据存入到数据库表格中。下面通过一个实例介绍如何将数据存入数据库。

例:将数据存入数据库。

创建一个记录体:BIND。定义三个字段:salary(整型,对应变量 record1)、name(定长字符串型,字段长度:127,对应变量 name)、age(整型,对应变量 age)。

在“数据库连接”画面上做一个按钮,按钮文本为:“插入记录”,在按钮“弹起时”动画连接中使用 SQLInsert()函数:SQLInsert(DeviceID,"KingTable","BIND");

该命令使用记录体 BIND 中定义的连接在表格 KingTable 中插入一个新的记录。

该命令执行后,运行系统会将变量 salary 的当前值插入到 Access 数据库表格“KingTable”中最后一条记录的“salary”字段中,同理变量 name、age 的当前值分别赋给最后一条记录的字段:name、age 值。运行过程中可随时点击该按钮,执行插入操作,在数据库中生成多条新的记录,将变量的实时值进行保存。

5.2.3.4 如何进行数据查询

软件在运行过程中还可以对已连接的数据库进行数据查询。下面通过一个实例介绍如何进行数据查询。

例:进行数据查询。

在系统中定义变量。这些变量用于返回数据库中的记录。“记录 salary”:内存实型;“记录 name”:内存字符串型;“记录 age”:内存整型。定义记录体 BIND1,用于定义查询时的连接,如图 5-17 所示。

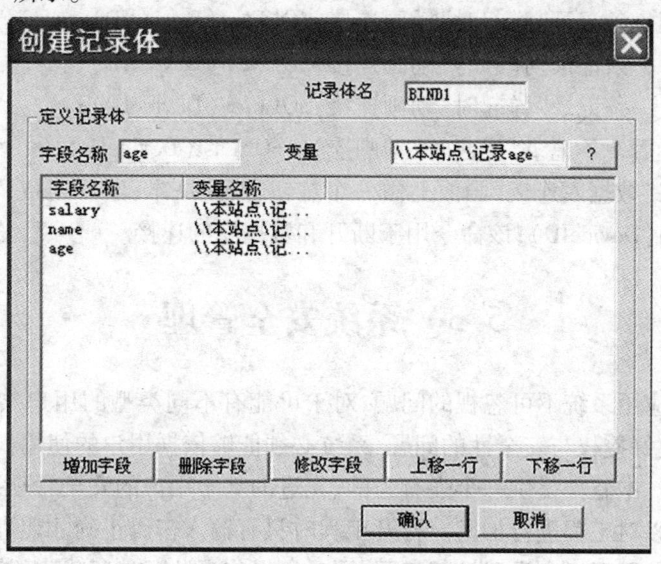

图 5-17 数据查询记录体

在“数据库连接”画面上做一个按钮,按钮文本为:“得到选择集”,在按钮“弹起时”动画连接中使用 SQL 连接函数,得到一个指定的选择集:SQLSelect(DeviceID,"KingTable","BIND1","","");

该命令选择表格 KingTable 中所有符合条件的记录,并以记录体 BIND1 中定义的连接返回选择集中的第一条记录。此处没有设定条件,将返回该表格中所有记录。

执行该命令后,运行系统会把得到的选择集的第一条记录的“salary”字段的值赋给记录体 BIND1 中定义的与其连接的变量“记录 salary”,同样“KingTable”表格中的 name、age 字段的值分别赋给变量记录 name、记录 age。

画面中查询返回值的显示：在画面上做两个“##”文本，分别定义值输出连接到变量记录 salary、记录 name 和记录 age，如图 5-18 所示。

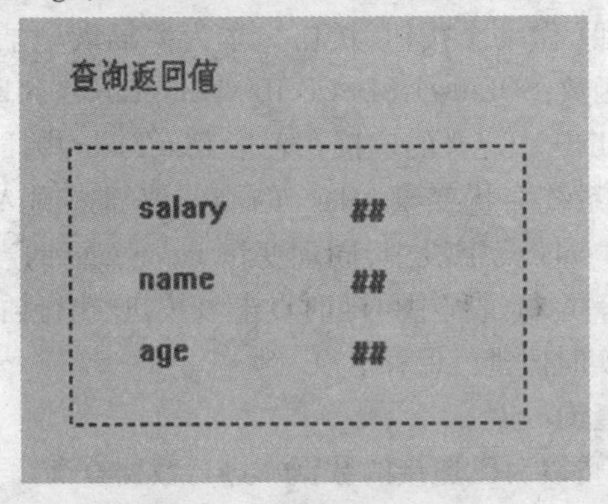

图 5-18 查询返回值画面

在执行 SQLSelect( ) 函数后，首先返回选择集的第一条记录，在画面上的“##”将显示返回值。

查询记录：在“数据库连接”画面上做四个按钮。

按钮文本：第一条记录“弹起时”动画连接：SQLFirst(DeviceID)；

按钮文本：下一条记录“弹起时”动画连接：SQLNext(DeviceID)；

按钮文本：上一条记录“弹起时”动画连接：SQLPrev(DeviceID)；

按钮文本：最后一条记录“弹起时”动画连接：SQLLast(DeviceID)；

断开连接：在“数据库连接”画面上做一个按钮，按钮文本：断开连接，“弹起时”动画连接：SQLDisconnect(DeviceID)；该命令用于断开和数据库的连接。

5.3 系统安全管理

安全保护是应用系统不可忽视的问题，对于可能有不同类型的用户共同使用的大型复杂应用，必须解决好授权与安全性的问题，系统必须能够依据用户的使用权限允许或禁止其对系统进行操作。本软件提供一个强有力的、先进的基于用户的安全管理系统。在系统中，在开发系统里可以对工程进行加密。打开工程时只有输入密码正确才能进入该工程的开发系统。对画面上的图形对象设置访问权限，同时给操作者分配访问优先级和安全区，运行时当操作者的优先级小于对象的访问优先级或不在对象的访问安全区内时，该对象为不可访问，即要访问一个有权限设置的对象，要求先具有访问优先级，而且操作者的操作安全区须在对象的安全区内时方能访问，以此来保障系统的安全运行。

5.3.1 开发系统安全管理

5.3.1.1 工程的加密

为了防止其他人员对工程进行修改，在开发系统中可以分别对多个工程进行加密。当进入一个有密码的工程时，必须正确输入密码方可进入开发系统，否则不能打开该工程进行修改，从而实现了开发系统的安全管理。

新建工程，首次进入浏览器，系统默认没有密码，可直接进入开发系统。如果要对该工程的开发系统进行加密，执行工程浏览器中“工具\工程加密”命令。弹出“工程加密处理”对话框，如图 5-19 所示。

密码：输入密码，密码长度不超过 12 个字节，密码可以是字母（区分字母大小写）、数字、其他符号等。

确认密码：再次输入相同密码进行确认。

单击“取消”按钮将取消对工程实施加密操作；单击“确定”按钮后，系统将对工程进行加密。加密过程中系统会弹出提示信息框，显示对每一个画面分别进行加密处理。当加密操作完成后，系统弹出“操作完成”，如图 5-20 所示。

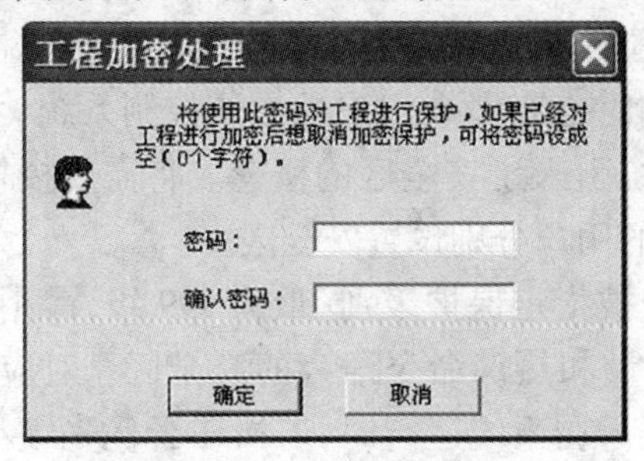

图 5-19　工程加密处理

图 5-20　加密操作成功

退出工程浏览器，每次在开发环境下打开该工程都会出现检查文件密码对话框，要求输入工程密码，如图 5-21 所示。

密码输入正确后，将打开该工程。如果用户丢失工程密码，将无法打开工程进行修改，请小心妥善保存密码！

5.3.1.2　去除工程加密

如果想取消对工程的加密，在打开该工程后，单击“工具\工程加密”，弹出“工程加密处理”对话框，将密码设为空，单击“确定”按钮，则弹出如图 5-22 所示的对话框。

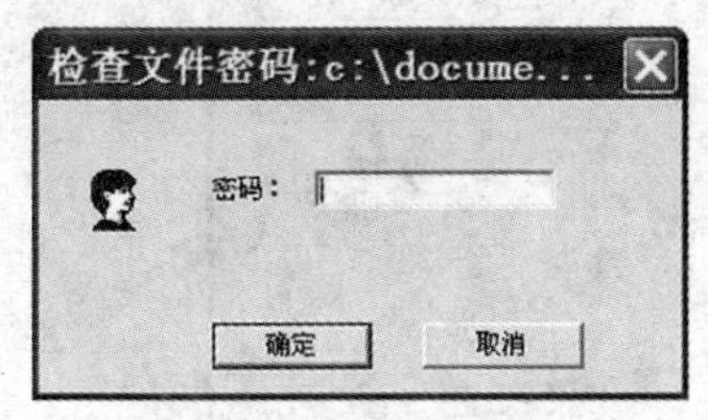

图 5-21　检查文件密码

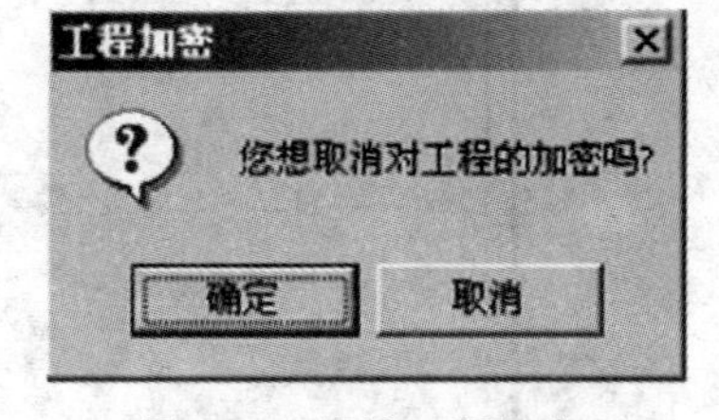

图 5-22　取消工程加密

单击“确定”按钮后系统将取消对工程的加密，单击“取消”按钮放弃对工程加密的取消操作。

5.3.2　运行系统安全管理

5.3.2.1　运行系统安全管理概述

在系统中，为了保证运行系统的安全运行，对画面上的图形对象设置访问权限，同时给操作者分配访问优先级和安全区，当操作者的优先级小于对象的访问优先级或不在对象的访问安全区内时，该对象为不可访问，即要访问一个有权限设置的对象，要求先具有访问优先级，而且操作者的操作安全区须在对象的安全区内时，方能访问。操作者的操作优先级级别范围为 1 ~ 999，每个操作者和对象的操作优先级级别只有一个。系统安全区共有 64 个，用户在进行配置时，每个用户可选择除“无”外的多个安全区，即一个用户可有多个安全区权限，每个对象也可有多个安全区权限。除“无”外的安全区名称可由用户按照自己的需要进行修改。在软件运行过程中，优先级大于 900 的用户还可以配置其他操作者，为他们设置用户名、口令、访问优先级和安全区。

5.3.2.2 安全管理配置

1. 优先级与安全区

系统采用分优先级和分安全区的双重保护策略。将优先级从小到大定为 1 ~ 999，可以对用户、图形对象、热键命令语言和控件设置不同的优先级。安全区功能在工程中使用广泛，在控制系统中一般包含多个控制过程，同时也有多个用户操作该控制系统。为了方便、安全地管理控制系统中的不同控制过程，系统引入了安全区的概念。将需要授权的控制过程的对象设置安全区，同时给操作这些对象的用户分别设置安全区。

应用系统中的每一个可操作元素都可以被指定保护级别（最大 999 级，最小 1 级）和安全区（最多 64 个），还可以指定图形对象、变量和热键命令语言的安全区。对应地，设计者可以指定操作者的操作优先级和工作安全区。在系统运行时，若操作者优先级小于可操作元素的访问优先级，或者工作安全区不在可操作元素的安全区内时，可操作元素是不可访问或操作的。

2. 如何配置用户

根据工程管理的需要将用户分成若干个组来管理，即用户组。在工程浏览器目录显示区中，用鼠标双击大纲项系统配置下的用户配置，或从工程浏览器的顶部工具栏中单击“用户”，弹出“用户和安全区配置”对话框，如图 5-23 所示。

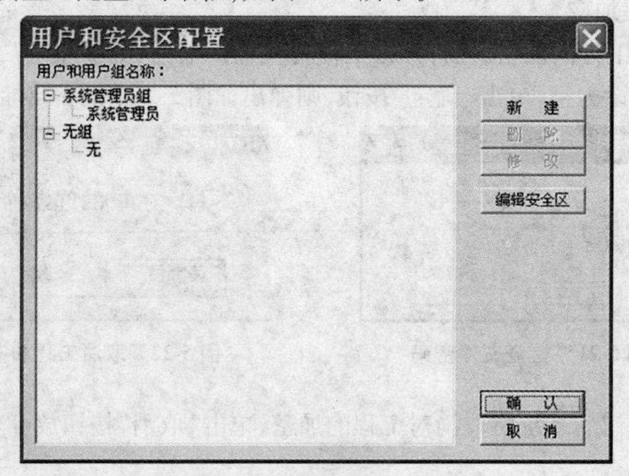

图 5-23 用户和安全区配置

3. 如何设置对象的安全属性

当用户登录成功后，对于图形的动画连接命令语言，只有当登录用户的操作优先级不小于该图形规定的操作优先级，并且安全区在该图形规定的安全区内时，方可访问该图形或执行命令语言。命令语言执行时与其中连接的变量的安全区没有关系，命令语言会正常执行。对于滑动杆输入和值输入除要求登录用户的操作优先级不小于对象设置的操作优先级、安全区在对象的安全区内外，其安全区还必须在所连接变量的安全区内，否则用户虽然可以访问对象（使对象获得焦点），但不能操作和修改它的值，在信息窗口中也会有对连接变量没有修改权限的提示信息。

在开发系统中双击画面上的某个对象，如矩形，弹出动画连接对话框，如图 5-24 所示。选择具有数据安全动画连接中的一项，如命令语言连接，则“优先级”和“安全区”选项变为有效，在“优先级”中输入访问的优先级级别；单击“安全区”后的按钮选择安全区，弹出“选择安全区”对话框，如图 5-25 所示。

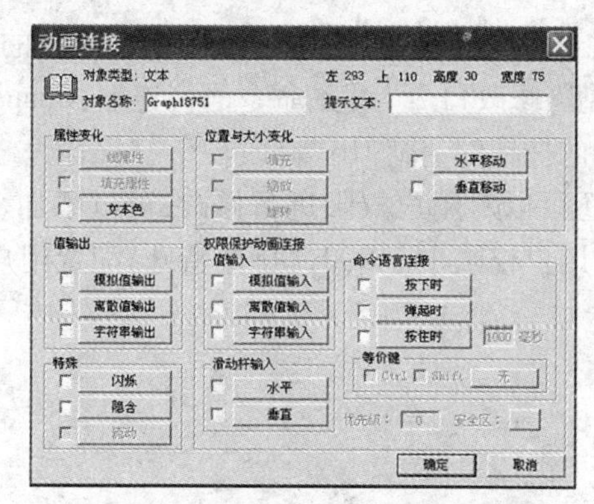

图 5-24　动画连接访问权限设置

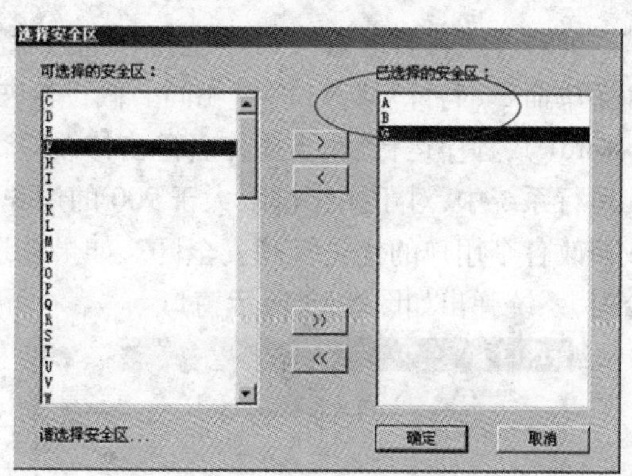

图 5-25　选择安全区

设置安全区的方法为：单击左侧“可选择的安全区”列表框中的安全区名称，然后单击“ > ”按钮，即可将该安全区名称加入右侧的“已选择的安全区”列表框中。若一次选择连续排列的多个安全区，可以利用 Shift 键或按下并同时拖动鼠标，来选择所有需要选中的多个安全区。若选择非连续排列的多个安全区，可以利用 Ctrl 键或者单个多次加入。若需加入左侧“可选择的安全区”列表框中的全部安全区，请使用“ ≫ ”按钮。取消安全区的方法为：选中“已选择的安全区”列表框中的安全区名称，单击“ < ”按钮即可，选中多个的方法与上同。若需取消右侧“已选择的安全区”列表框中的全部安全区，请使用“ ≪ ”按钮。选择完毕后，单击“确定”返回。

5.3.2.3　运行时如何登录用户

在 TouchVew 运行环境下，操作人员必须以自己的身份登录才能获得一定的操作权。在运行系统中打开菜单“特殊\登录开”菜单项，则弹出如图 5-26 所示的对话框。

单击用户名下拉列表框显示在开发系统中定义的所有用户的用户名称，从中选择一个；在“口令”文本框中正确输入口令，然后单击“确定”按钮。如果登录无误，使用者将获得一定的操作权，否则系统显示“登录失败”的信息。

5.3.2.4　运行时如何重新设置口令和权限

在运行环境下，允许任何登录成功的用户（访问权限无限制）修改自己的口令。首先进行用户登录，然后执行“特殊\修改口令”菜单，则弹出如图 5-27 所示的对话框。

在“旧口令”输入栏中输入旧的口令，在“新口令”输入栏中输入新的口令，在“校验新口令”输入栏中同样输入新的口令，给用户一次核实的机会。最后单击“确定”按钮，旧的口令

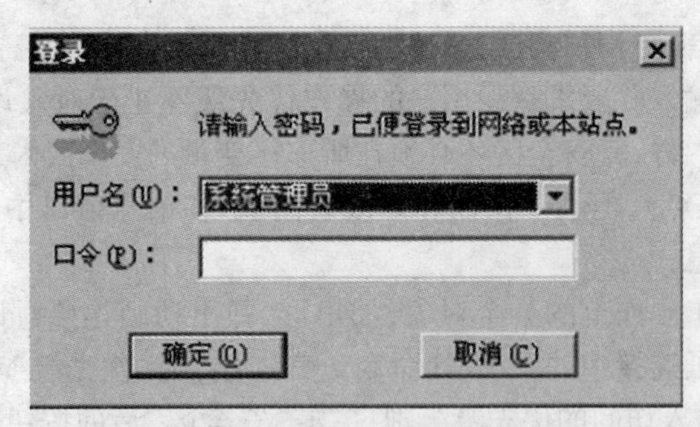

图 5-26　软件运行时登录用户

将被新的口令所代替。修改口令也可以通过命令语言进行。函数 ChangePassWord( )的功能和菜单命令“特殊\修改口令”相同。假设给按钮“修改口令”设置命令语言连接：ChangePassWord( )；程序运行后，当操作者单击修改口令的按钮时，将弹出“修改口令”对话框。

运行系统中，对于操作权限大于 900 的用户还可以对用户权限进行修改，可以添加、删除或修改各个用户的优先级和安全区。如果登录用户权限小于 900，执行“特殊\配置用户”命令时，系统弹出如图 5-28 所示窗口。

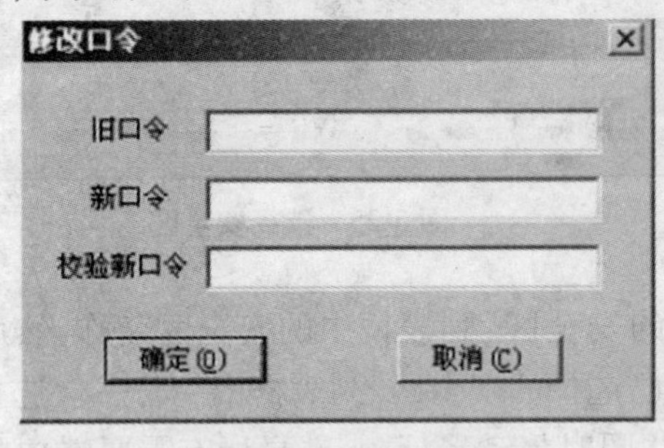

图 5-27　修改口令

图 5-28　不能配置用户提示

如果登录用户权限大于或等于 900，执行“特殊\配置用户”命令时，系统弹出“用户和安全区配置”对话框。可以修改用户的优先级和安全区。在运行系统中配置完成用户后，系统将会自动记住，打开开发系统用户配置，显示的是新配置完成的用户。

同样，使用函数 EditUsers( )的功能与菜单命令“特殊\配置用户”相同。假设给按钮“配置用户”设置命令语言连接：EditUsers( )程序运行后，当操作者单击配置用户的按钮时，用户权限大于或等于 900 时，系统弹出“用户和安全区配置”对话框。

5.3.2.5　与安全管理相关的系统变量和函数

与安全管理有关的系统变量有两个，即“$用户名”和“$访问权限”。

“$用户名”是内存字符串型变量，在程序运行时记录当前用户的名字。若没有用户登录或用户已退出登录，“$用户名”为“无”。

“$访问权限”是内存实型变量，在程序运行时记录当前用户的访问权限。若没有用户登录或用户已退出登录，“$访问权限”为 1，安全区为“无”。

与安全管理有关的函数有：ChangePassWord( )。

此函数用于显示“修改口令”对话框，允许登录用户修改他们的口令。

调用格式：ChangePassWord( )；

此函数无参数。

GetKey()此函数用于系统运行时获取组态王加密锁的序列号。

调用格式:GetKey();

此函数无参数。

返回值为字符串型:加密锁的序列号。

LogOn()此函数用于在 TouchVew 运行系统中登录。

调用格式:LogOn();

此函数无参数。

LogOff()此函数用于在 TouchVew 运行系统中退出登录。

调用格式:LogOff();

此函数无参数。

PowerCheckUser()此函数用于运行系统中进行身份双重认证。

调用格式:Result = PowerCheckUser(OperatorName, MonitorName);

参数:OperatorName:返回的操作者姓名;MonitorName:返回监控者姓名。

返回值:Result = 1:验证成功;Result = 0:验证失败。

EditUsers()此函数用于显示“用户和安全区配置”对话框,允许权限大于 900 的用户配置用户和安全区。

调用格式:EditUsers();

此函数无参数。

5.4 组态软件信息窗口

5.4.1 获取信息窗口中的信息

信息窗口是一个独立的 Windows 应用程序,用来记录、显示开发和运行系统在运行时的状态信息。信息窗口中显示的信息可以作为一个文件存于指定的目录中或是用打印机打印出来,供用户查阅。当工程浏览器、TouchVew 等启动时,会自动启动信息窗口。

一般情况下启动系统后,在信息窗口中可以显示的信息有:

系统的启动、关闭、运行模式;

历史记录的启动、关闭;

I/O 设备的启动、关闭;

网络连接的状态;

与设备连接的状态;

命令语言中函数未执行成功的出错信息。

如果用户想要查看与下位设备通信的信息,可以选择运行系统“调试”菜单下的“读成功”、“读失败”、“写成功”、“写失败”等项,则 I/O 变量读取设备上的数据是否成功的信息也会在信息窗口中显示出来。

信息窗口如图 5-29 所示。

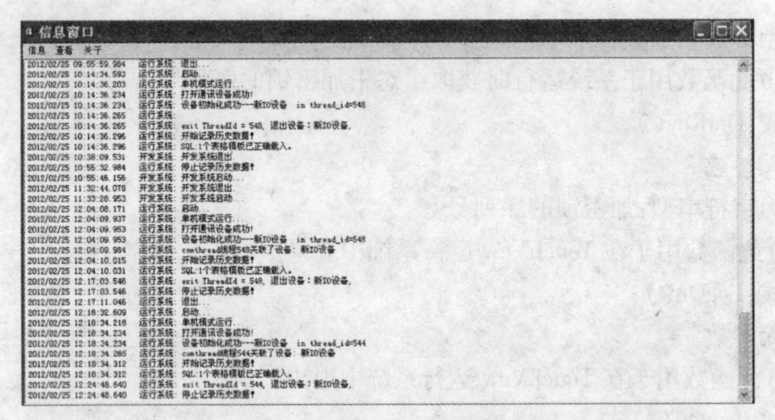

图 5-29　组态王的信息窗口

5.4.2　保存信息窗口中的信息

5.4.2.1　设置保存路径

用户可以将信息窗口中的信息以 *.kvl 文件的形式保存到硬盘中,以供查阅。

单击“信息”菜单下“设置存储路径”命令,弹出“设置保存路径”对话框,如图 5-30 所示。

如果是第一次运行信息窗口,缺省保存路径为本机的临时目录“C:\Windows\Temp\”,用户可根据需要点击“浏览…”更改保存路径。一旦用户设置了新的路径后,信息窗口会自动在该路径下生成新的信息文件,以后生成的信息文件都保存到该路径下。信息文件命名方式为“年月日时分.kvl”。如用户在 2012 年 2 月 25 日下午 13:32 保存信息文件到指定的路径下,则信息文件名称为 1202251332.kvl。

5.4.2.2　设置保存参数

除设置信息文件保存路径外,还可以设置保存参数。单击“信息”菜单下“设置保存参数”命令,弹出“设置保存参数”对话框,如图 5-31 所示。

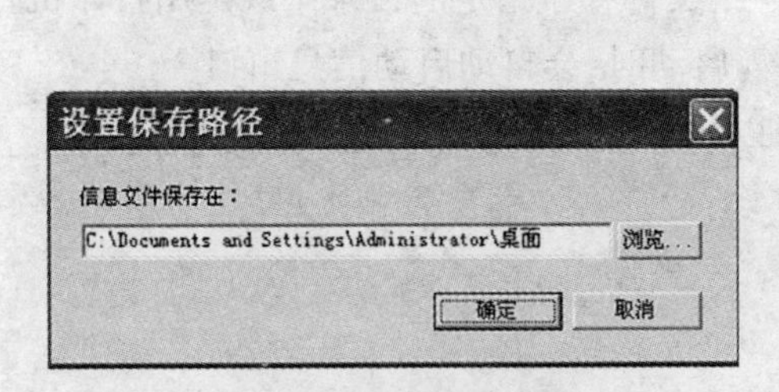

图 5-30　设置保存路径

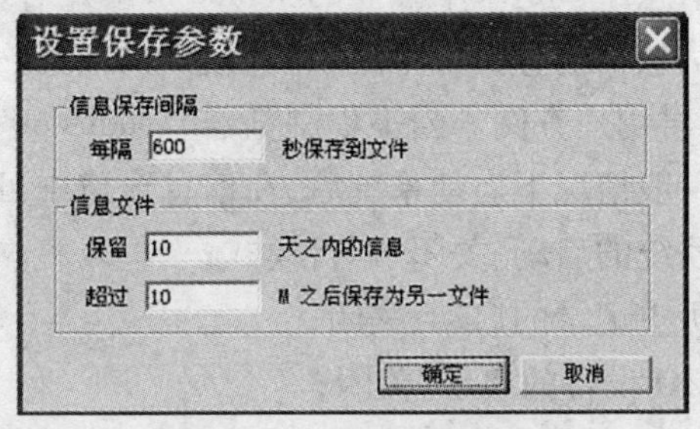

图 5-31　设置保存参数

5.4.3　查看历史存储信息

前面介绍过开发和运行系统信息以 *.kvl 文件形式保存在硬盘上,形成历史信息记录。使用信息窗口可以浏览保存过的信息文件。单击“信息”菜单下“浏览信息文件”命令,弹出选择信息文件对话框,如图 5-32 所示。

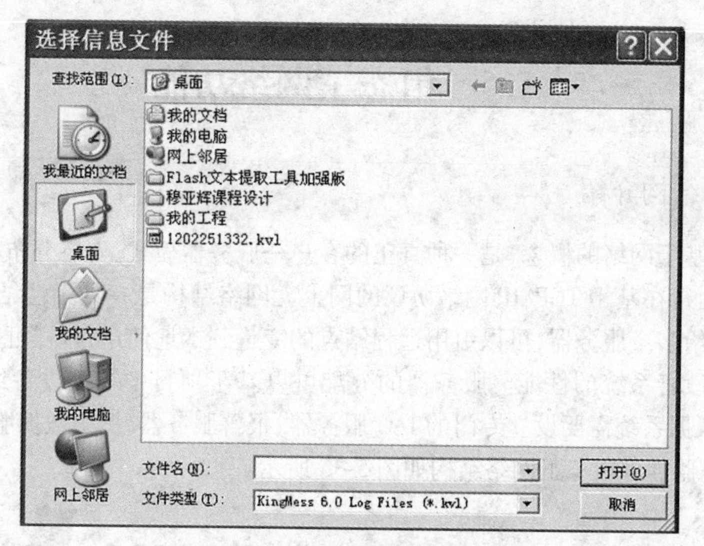

图 5-32　选择信息文件

5.4.4　如何打印信息窗口中的信息

信息窗口信息打印有两种:一种是打印当前信息窗口中的信息,另一种是打印浏览的历史信息文件。两种打印使用的方法大致相同,都是首先进行"打印设置",然后执行"打印"命令。

信息\打印设置:

单击"信息\打印设置"命令,弹出"设置打印参数"窗口,如图 5-33 所示。

通过"设置打印参数"窗口可以对打印范围、页面设置和打印字体等参数进行设置。

请正确填写打印范围,如果填写错误系统将会自动弹出"检查打印范围"提示框,请用户重新填写打印时间。

信息\打印:

单击"信息\打印"命令,弹出"打印"窗口,如图 5-34 所示。

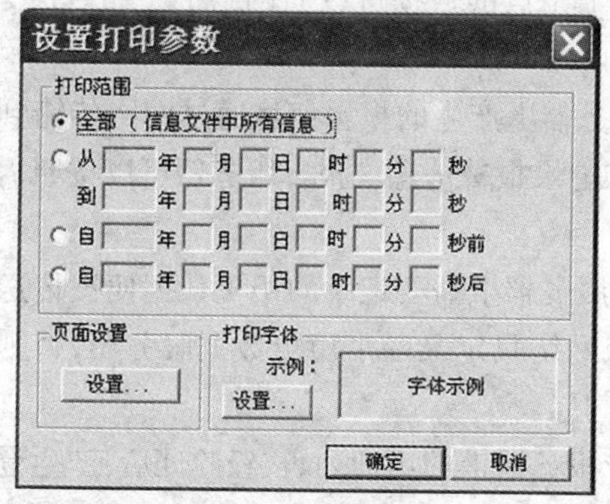

图 5-33　设置打印参数

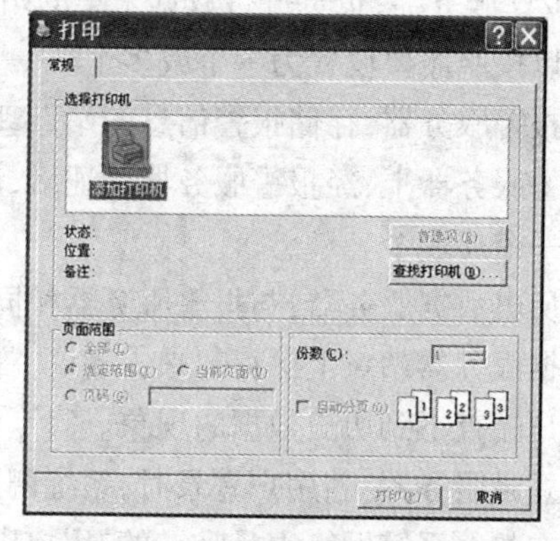

图 5-34　信息窗口—打印

通过"打印"窗口可以对打印机的属性、打印布局和打印份数进行定义。单击"打印"按钮进行打印。

5.5　组态王网络功能

5.5.1　网络结构介绍

系统完全基于网络的概念，是一种真正的客户—服务器模式，支持分布式历史数据库和报警系统，可运行在基于 TCP/IP 网络协议的网上。网络结构是一种柔性结构，可以将整个应用程序分配给多个服务器，可以引用远程站点的变量到本地使用，这样可以提高项目的整体容量结构并改善系统的性能。服务器的分配可以基于项目中物理设备结构或不同的功能，用户可以根据系统需要设立专门的 I/O 服务器、报警服务器、历史数据服务器、登录服务器和 Web 服务器等。组态王网络结构如图 5-35 所示。

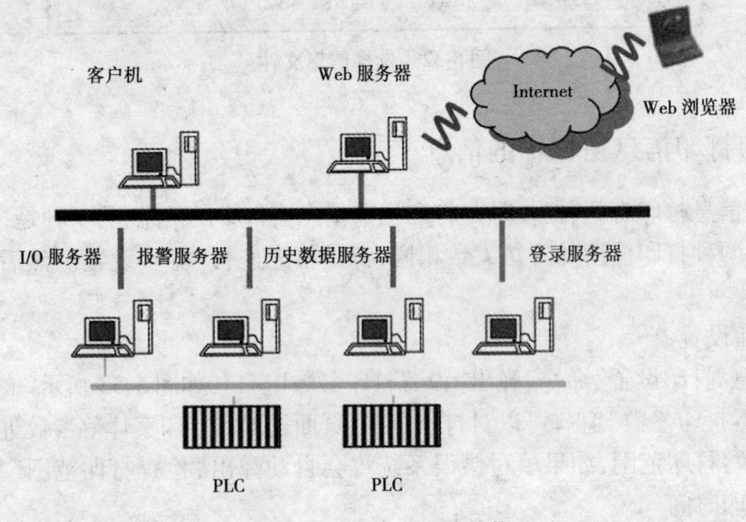

图 5-35　组态王网络结构

I/O 服务器：负责进行数据采集的站点，这个站点的数据可以向网络上发布。I/O 服务器可以按照需要设置为一个或多个。

报警服务器：存储报警信息的站点，I/O 服务器上产生的报警信息通过网络传输到指定的报警服务器上，经报警服务器验证后，产生和记录报警信息。报警服务器可以按照需要设置为一个或多个。

历史数据服务器：与报警服务器相同，I/O 服务器上需要记录的历史数据便被传送到历史数据服务器站点上保存起来。建议一个系统网络只定义一个历史数据服务器，否则会出现客户端查不到历史数据的现象。

登录服务器：当用户登录时，系统调用登录服务器上的用户列表，经验证后，产生登录事件。在整个系统网络中是唯一的，用户应该在登录服务器上建立最完整的用户列表。

Web 服务器：Web 服务器是运行 Web 版本、保存 For Internet 版本发布文件，传送文件所需数据，并为用户提供浏览服务的站点。

客户机：如果某个站点被指定为客户，可以访问其指定的服务器上的数据。一个站点被定义为服务器的同时,也可以被指定为其他服务器的客户。

5.5.2 网络配置

要实现网络功能,除具备网络硬件设施外,还必须对各个站点进行网络配置,设置网络参数,并且定义在网络上进行数据交换的变量,报警数据和历史数据的存储和引用等。为了使用户了解网络配置的具体过程,下面以一个系统的具体配置来说明。

5.5.2.1 服务器配置

在工程浏览器中,选择菜单“配置\网络配置”,或者在目录显示区中,选择大纲项系统配置下的成员网络配置,双击“网络配置”图标,弹出网络配置对话框,如图 5-36 所示。本机节点名就是本地计算机名称,也可以使用本地主网卡的 IP 地址。

单击“节点类型”,弹出节点类型对话框,如图 5-37 所示,按图设置本地计算机充当 5 种服务器的角色。

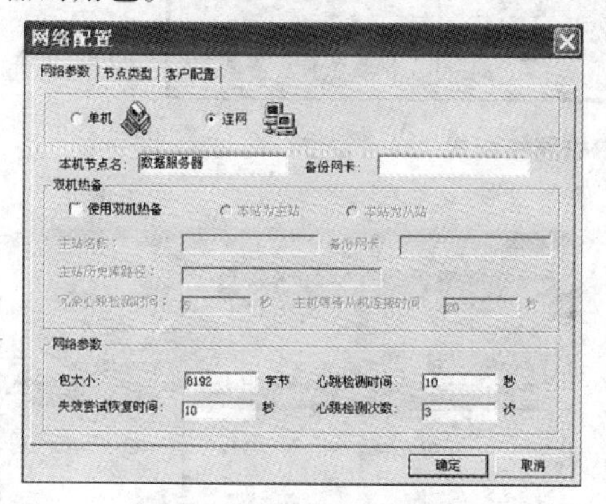

图 5-36 服务器网络配置

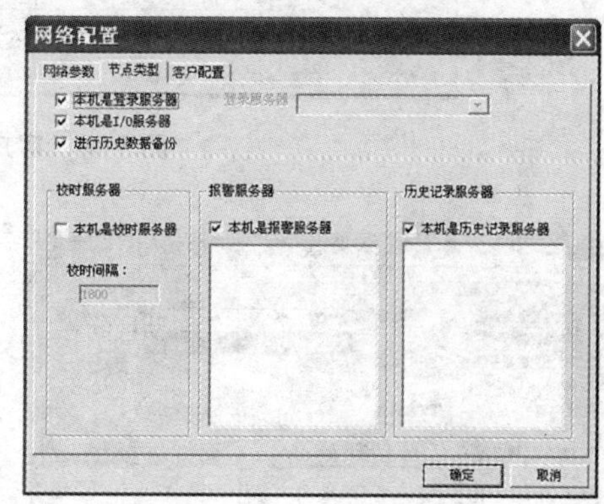

图 5-37 服务器节点类型设置

5.5.2.2 客户配置

在要定义客户端的计算机上,启动软件,在工程浏览器中,选择菜单“配置\网络配置”,或者在目录显示区中,选择大纲项系统配置下的成员网络配置,双击“网络配置”图标,弹出网络配置对话框,如图 5-38 所示。

单击“节点类型”,弹出节点类型对话框,如图 5-39 所示,选择登录服务器。

单击“客户配置”,弹出客户配置对话框,如图 5-40 所示,设置本机既是 I/O 服务器的客户端又是历史记录服务器和报警服务器的客户端。

5.5.2.3 建立远程站点

要建立客户—服务器模式的网络连接,就要求各站点共享信息,互相建立连接。在工程浏览器中的左边设置了一个 Tab 按钮—“站点”,单击该按钮,进入站点管理界面。界面共分为两个部分,左边为站点列表区,右边为站点内容区,如图 5-41 所示。

在站点列表区中单击鼠标右键,弹出快捷菜单,在菜单中选择“新建远程站点”选项,弹出“远程节点”对话框,如图 5-42 所示。在对话框的“远程工程的 UNC 路径”编辑框中输入网络上要连接的远程工程的路径(UNC 格式),或直接单击“读取节点配置”按钮,在弹出的文件选择对话框中选择路径,如图 5-43 所示。选择完成后,该远程站点的信息就会被全部

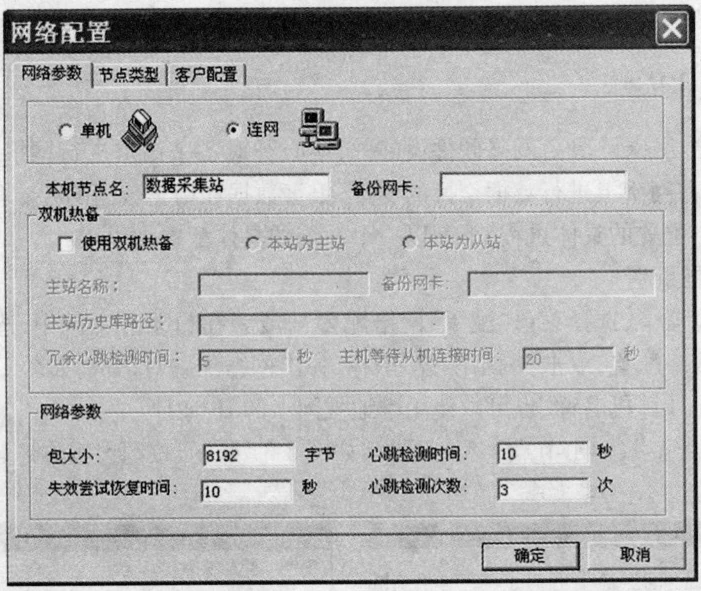

图 5-38　客户机网络配置

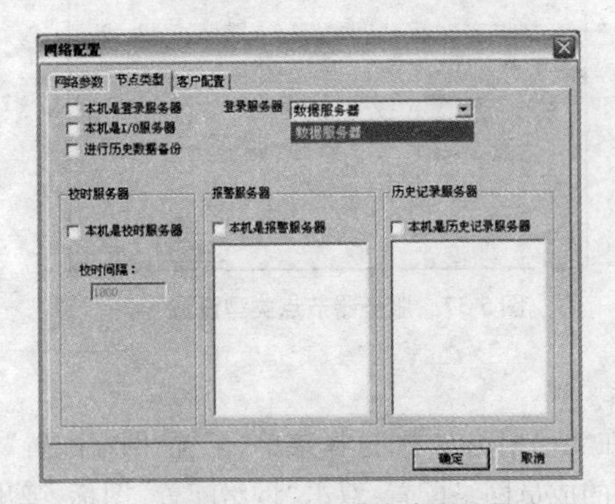

图 5-39　客户机节点类型设置

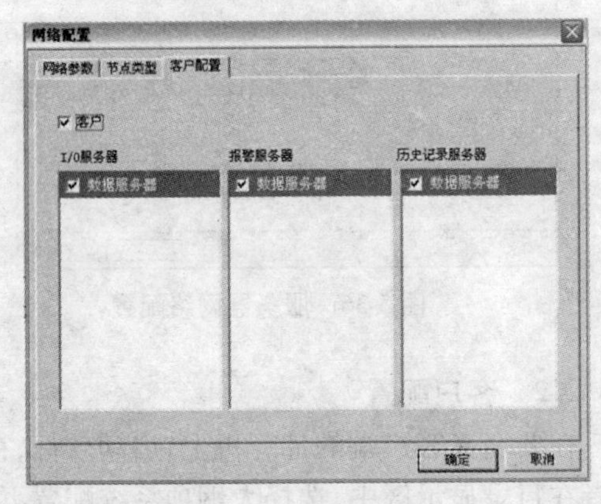

图 5-40　客户配置

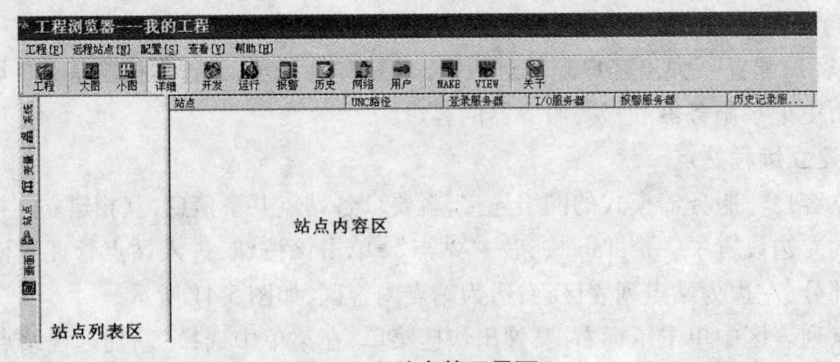

图 5-41　站点管理界面

读出来，自动添加到对话框中对应的剩下的各项中。

节点建立后，在工程浏览器——站点的站点列表区和站点内容区会显示出该站点的所有信息。此时,在客户机的数据词典中就能显示出远程站点(服务器)中建立的所有变量,在客户机上就可以像使用本机变量一样访问服务器上的变量了。

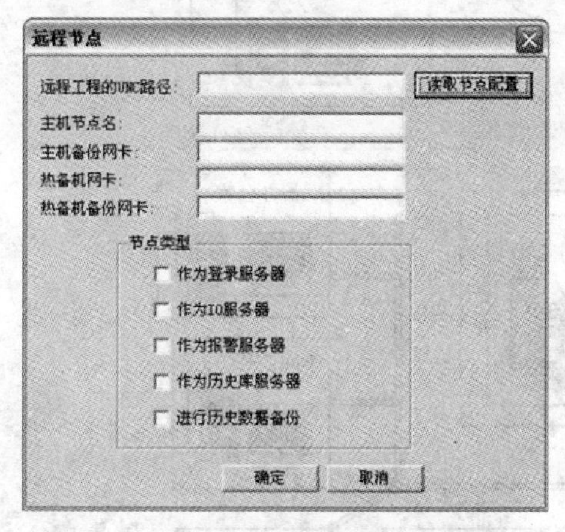

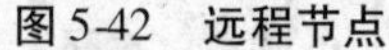
图 5-42　远程节点

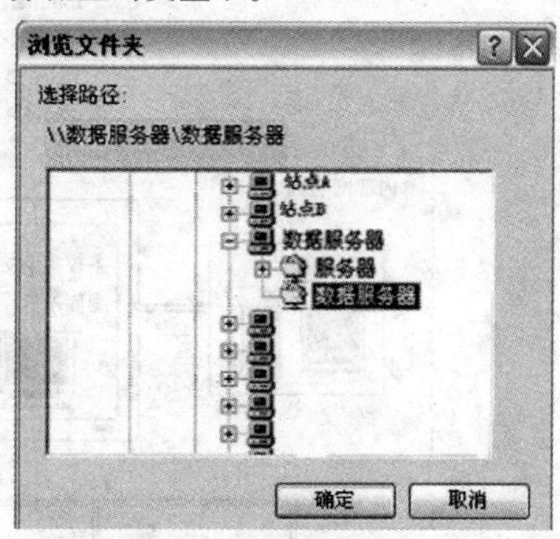

图 5-43　选择路径

5.5.3　组态王 For Internet 应用

随着 Internet 科技日益渗透到生活、生产的各个领域,传统自动化软件已发展成为整合 IT 与工业自动化的关键。系统提供了 For Internet 应用版本——Web 版,支持 Internet/Intranet 访问。Web 采用 B/S 结构,客户可以随时随地通过 Internet/Intranet 实现远程监控,而远程客户端仅仅需要的软件环境就是安装了 Microsoft Internet Explore5.0 以上或者 Netscape 3.5 以上的浏览器以及 JRE 插件(第一次浏览组态王画面时会自动下载并安装保留在系统上),IE 客户端获得与组态王运行系统相同的监控画面,IE 客户端和 Web 发布服务器保持高效的数据同步,通过网络人们能够在任何地方获得与在 Web 服务器上一样的画面和数据显示、报表显示、报警显示、趋势曲线显示等,以及方便快捷的控制功能。在客户端运行的程序有着强大的自主功能,在如图 5-44 所示的模拟工作场景中,局域网内部如厂长办公室的电脑通过浏览器实时浏览画面,监控各种工业数据,而与之相连的任何一台 PC 机亦可实现相同的功能,实现了对客户信息服务的动态性、实时性和交互性。

5.5.3.1　Web 功能介绍

1. Web 的技术特性

组态王 6.55 在以前版本经验的基础上,在功能和性能上做了重大修改,使运行结构更趋合理,可扩展性更好。系统具有以下技术特性:

(1)Java2 图形技术基础,支持跨平台运行,能够在 Linux 平台上运行,功能强大。

(2)支持多画面集成系统显示,支持与组态王运行系统图形相一致的显示效果。

(3)支持动画显示,客户端和主控机端保持高效的数据同步,达到亲临其境的效果。

(4)运行系统内嵌 Web 服务器系统处理远程 IE 端的访问请求。无须额外的 Web 服务器。

(5)基于通用的 TCP/IP、HTTP 协议,具有广泛的广域网互联。

(6)B/S 结构体系,只需普通的浏览器就可以实现远程组态系统的监视和控制。

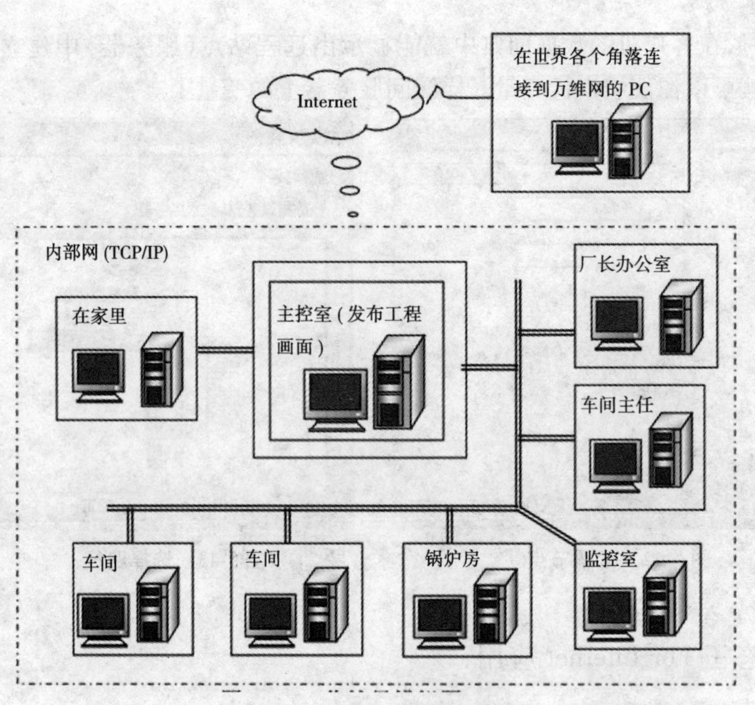

图 5-44　工作情景模拟图

(7) 远程客户端系统的运行不影响主控机的运行，而客户端也可以具有操作远程主控机的能力。

2. Web 版的新功能和特性

在组态王 6.55 中，采用了 Web 发布和浏览的分组方式。同一组内可以打开多个画面，这是对原有单画面系统的一个跨越，实现了画面的动态加载和实时显示。设计了新的网络安全权限设置、Web 连接和发布、画面调度算法等方案，同时加入了 IE 界面操作菜单、状态栏等使操作更方便快捷的功能，达到了远程组态系统浏览和组态王运行的一致效果。新的 Web 功能主要增加了以下功能：

(1) 支持无限色、过渡色。支持软件中的 24 种过渡色填充和模式填充。支持真彩色，支持粗线条、虚线等线条类型，实现了系统和 Web 系统真正的视觉同步。

(2) 报表功能。增加了 Web 版的报表控件功能，支持实时报表和历史报表，支持报表内嵌函数和变量连接，支持报表单元格的运算和求值，支持报表打印，支持报表内容下载功能。

(3) 命令语言扩充。扩充了运算函数和求值函数，支持报表单元格变量和运算，支持局部变量，支持结构变量，扩展了变量的域，增加了画面打开和关闭、IE 端打印画面、打印报表、报表统计等函数。

(4) 支持大画面。支持组态王的大画面功能，在 IE 端可以显示组态王的任意大画面。

(5) 支持远程变量。在网络结构中，可以引用远程变量到本地来显示、使用。而作为 Web 版本，也支持该功能。Web 发布站点上引用的远程变量用户同样可以在 IE 上看到。

(6) 报警窗的发布。增强了 Web 版的报警窗的发布功能。支持实时报警窗和历史报警窗的发布，发布的报警窗可以实时显示运行系统报警，支持在浏览器端按照用户要求的报警优先级、报警组、报警类型、报警信息源和报警服务器的条件过滤显示报警信息和事件信息。

(7)安全管理。在IE浏览器端支持用户操作权限和安全区的设置。即用户在IE操作画面中有权限设置的图素时也需要像在组态王中一样登录，达到安全许可后方可操作。另外，对于IE的浏览也有权限设置，不同的用户登录浏览能做的操作不同。普通用户只能浏览数据，不能做任何操作。

(8)多语言版本。可扩展性强，适合多种语言版本。

3. Web画面发布

进行Web画面发布时，作为Web发布站的计算机应该绑定TCP/IP协议。服务器端除本软件外，不需要安装其他软件，IE端需要安装Microsoft Internet Explore 5.0以上或者Netscape 3.5以上的浏览器以及JRE插件(第一次浏览画面时会自动下载并安装保留在系统上)。

(1)设置站点信息。

进入工程浏览器界面。在工程浏览器窗口左侧的目录树的最后一个节点为Web目录，双击“发布画面”，将弹出页面发布向导对话框，如图5-45所示。

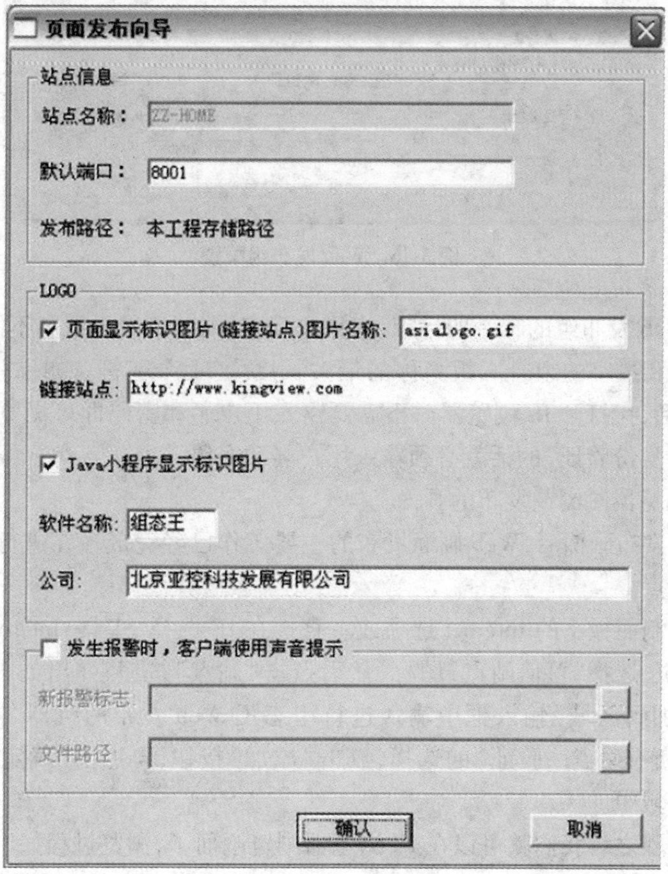

图5-45　页面发布向导

“默认端口”是指IE与运行系统进行网络连接的应用程序端口号，默认为8001。如果所定义的端口号与本机的其他程序的端口号出现冲突，用户则需要按照实际情况修改成不被占用的端口。画面发布功能采用分组方式。可以将画面按照不同的需要分成多个组进行发布,每个组都有独立的安全访问设置,可以供不同的客户群浏览。

(2)设置画面发布。

在工程管理器中选择 Web 目录,在工程管理器的右侧窗口,双击“新建”图标,弹出 Web 发布组配置对话框,如图 5-46 所示。

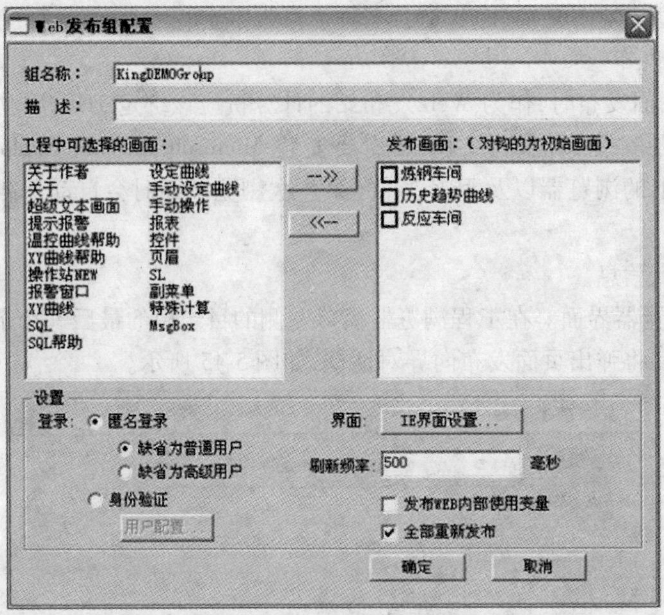

图 5-46　Web 发布组配置

组名称是 Web 发布组的唯一的标识,由用户指定,同一工程中组名不能相同,且组名只能使用英文字母和数字的组合。组名称的最大长度为 31 个字符。如果登录方式选择“匿名登录”选项的话,在打开 IE 浏览器时不需要输入用户名和密码即可浏览组态王中发布的画面,如果选择“身份验证”的话就必须输入用户名和密码。

(3)在 IE 浏览器端浏览发布的画面。

在开发系统发布画面后,Web 画面发布的主要工作已经完成。在进行 IE 浏览之前,需要先添加信任站点。

双击系统控制面板下的 Internet 选项或者直接在 IE 选择“工具\Internet 选项”菜单,打开“安全”属性页,选择“可信站点”图标,然后点击“站点”按钮,弹出如图 5-47 所示窗口。在“将该网站添加到区域”输入框中输入进行组态王 Web 发布的机器名或 IP 地址,取消“对该区域中的所有站点…验证”的选择,点击“添加”按钮,再点击“确定”按钮,即可将该站点添加到信任域中。

通过以上步骤之后我们就可以在 IE 浏览器浏览画面了,浏览过程如下:启动运行程序。打开 IE 浏览器,在浏览器的地址栏中输入地址,地址格式为: http://发布站点机器名(或 IP 地址):端口号如图 5-48 所示,点击组名即可浏览发布的画面。

使用 Web 功能需要 JRE 插件支持,如果客户端没有安装此插件的话,则在第一次浏览画面时系统会下载一个 JRE 的安装界面,将这个插件安装成功后方可进行浏览。

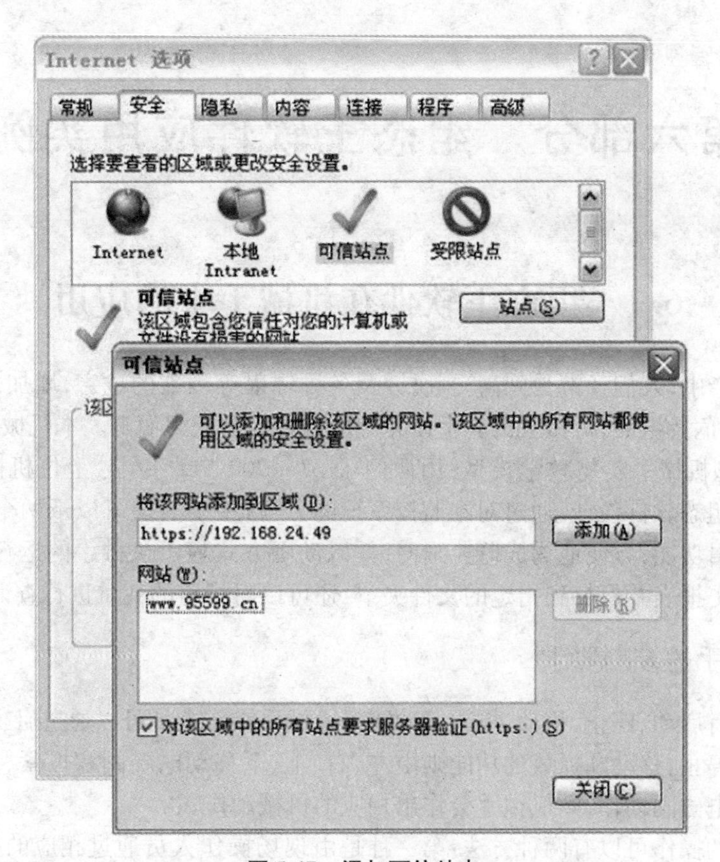

图 5-47　添加可信站点

图 5-48　浏览发布画面

第六部分　组态王软件应用实例

6.1　组态王软件在机械手中的应用

在工业生产中,人们经常受到高温、腐蚀及各种辐射等因素的危害,增加了操作人员的劳动强度,甚至危及生命,机械手的问世使相应的各种难题迎刃而解。本机械手控制系统采用 THFJX - 1 型机械手实物教学模型,用西门子 S7 - 200 PLC 控制,上位机监控系统采用 KingView6.55 组态软件设计,通过对本监控系统的分析,主要实现了以下两个功能:①充分利用了图形编辑功能,方便地构成监控画面,并以动画方式显示机械手的运行状态;②生成实时报表和历史报表并保存到指定的文件夹下,还可以对指定的变量进行查询。

6.1.1　机械手的控制要求

机械手具有启动、停止、移动、抓放等功能。机械手操作人员可以通过启、停按钮控制机械手的启动与停止,移动和抓放的功能则由左、右、上、下移动电磁阀和抓紧、放松电磁阀控制。当相应的电磁阀动作,则机械手会作出相应的机械动作。

对机械手的操作可以有两种方法:第一种是由现场操作人员通过相应的按钮控制机械手的动作;第二种是根据实际的生产工艺要求,编制出控制程序,按照事先预定的顺序控制机械手的动作。

这里采用第二种方法来实现对机械手的控制。具体的控制要求如下:

按下启动按钮 SB1,机械手向下移动 5 s,夹紧 2 s,随后上升 5 s,右移 10 s,放松 2 s,上移 5 s,左移 10 s,完成一个工作周期,回到开始位置,随后继续进行下一个周期的运行……

如果按下停止按钮 SB2,则当本周期的工作完成、机械手返回到开始位置后停止运行。

6.1.2　机械手硬件组成

机械手控制系统的硬件主要由机械手、S7 - 200 型 PLC、24 V 直流电源和计算机组成。

6.1.2.1　机械手

机械手的结构示意图及操作面板布置如图 6-1 所示。操作面板上有启动按钮 SB1 和停止按钮 SB2,这两个信号需要通过数字量输入接口送入工业控制计算机(以下简称工控机),以便实现系统的启动和停止。

机械手上设立有 6 个电磁阀,它们分别是:放松阀控制信号 HL1,夹紧阀控制信号 HL2,下移阀控制信号 HL3,上移阀控制信号 HL4,左移阀控制信号 HL5 和右移阀控制信号 HL6。这 6 个信号由工控机经过数字量输出接口输出,控制机械手的各个动作。

6.1.2.2　I/O 接口

I/O 接口是实现工控机输入/输出信号与外部设备之间进行连接的桥梁。这里采用一台三菱公司生产的 S7 - 200CPU226 型 PLC 作为工控机与机械手之间进行数据交换的设备。

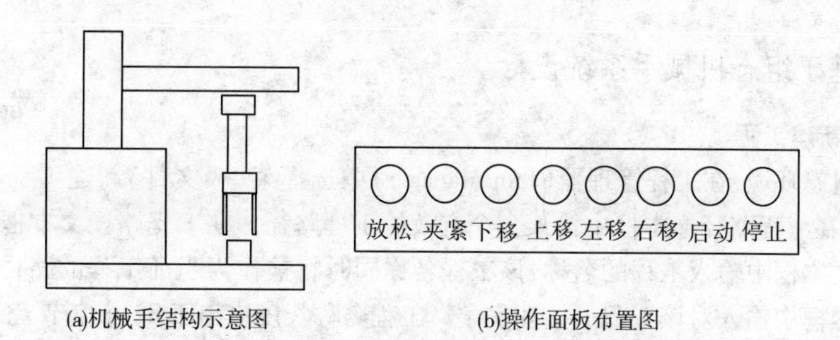

(a)机械手结构示意图 (b)操作面板布置图

图 6-1 机械手的结构示意图及操作面板布置图

它具有 24 点数字量输入和 16 点数字量输出，采用继电器触点输出，可以使用于交流负载或者直流负载，每点电流容量为 2 A，每个公共端最大电流为 8 A，电压在 AC250 V、DC30 V 以下。

S7 - 200 型 PLC 的编程口通过一根专用电缆（购买 PLC 时选配）与 IPC 的 RS232 串行通信口连接，以达到数据交换的目的，可以用于程序的写入和调试以及上位机监视。

6.1.2.3 工业控制计算机（IPC）

工业控制计算机是整个系统的核心部分，具功能是通过与 PLC 的通信接收外部信号，然后按照事先设定的程序运行，通过 PLC 发出控制信号给机械手，从而控制机械手的运行。

6.1.3 工作原理及流程

机械手的作用就是将加工部件从右台搬运到传送带上，由初始位置开始运动，要把右盘部件搬运到左边传送带上，机械手具有升降、夹紧、放松、左移、右移等基本功能。

工作流程如下：开始时机械手下降到部件的高度，然后夹紧部件，带着部件上升一定高度，带着部件向右移动到传送带上方，下降一定距离，放松把部件放在传送带上，上升回原位，向左移动回到最初位置，继续循环工作。

6.1.4 输入输出端子分配

该机械手的控制为纯开关控制，且所需 I/O 点数不多，一共使用了 9 个输入量和 9 个输出量。同时，为了确保今后系统的扩展，本系统采用性价比较高的西门子 S7 - 200 的 CPU226CN 模块，该模块具有 40 个 I/O 点。PLC 的 I/O 地址分配如表 6-1 所示。

表 6-1 PLC 的 I/O 地址分配表

输入	横轴正限位	I0.0	输出	横轴脉冲	Q0.0
	竖轴正限位	I0.1		竖轴脉冲	Q0.1
	横轴反限位	I0.2		横轴方向	Q0.2
	竖轴反限位	I0.3		竖轴方向	Q0.3
	旋转脉冲	I0.4		手正转	Q0.4
	手正转限位	I0.5		手反转	Q0.5
	手反转限位	I0.6		底座正转	Q0.6
	底座正限位	I0.7		底座反转	Q0.7
	底座反限位	I1.0		电磁阀动作	Q1.0

6.1.5 基于组态机械手系统设计

6.1.5.1 新建工程

运行组态环境,在工程管理器(Proj Manager)中选择菜单“文件\新建工程”或单击“新建”按钮。在工程路径文本框中输入一个有效的工程路径。在工程路径文本框中输入一在工程名称文本框中输入工程的名称,该工程名称同时将被作为当前工程的路径名称。在工程描述文本框中输入对该工程的描述文字。工程名称长度应小于32个字节,工程描述长度应小于40个字节。单击“完成”完成工程的新建。

6.1.5.2 系统控制界面设计

在组态王平台上建立“机械手控制系统”窗口并设置好窗口属性。通过绘图工具箱中的工具,绘制出组建系统所需的各个元件,调用系统控件制作控制按钮,利用文字标签对相应元件进行注释。最后生成的整体效果图如图6-2所示。

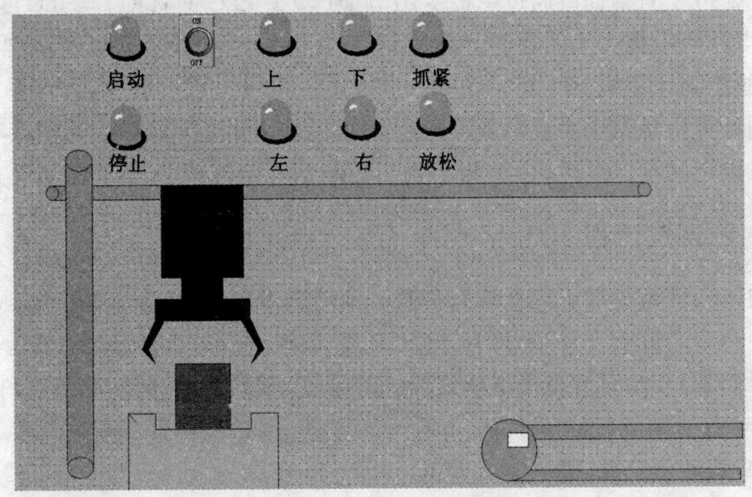

图6-2 机械手整体效果图

6.1.5.3 数据变量的定义

数据库是软件的核心部分,在工程管理器中,选择“数据库\数据词典”,双击“新建图标”,弹出“变量属性”对话框,创建机械手各个变量数据,如图6-3所示。

6.1.5.4 动画连接

由图形对象搭制而成的图形界面是静止不动的,需要对这些图形对象进行动画设计,真实地描述外界对象的状态变化,达到过程实时监控的目的。系统实现图形动画设计的主要方法是将用户窗1:3中的图形对象与实时数据库中的数据对象建立相关性连接,并设置相应的动画属性。

机械手水平移动连接如图6-4所示。

机械手垂直移动连接如图6-5所示。

传送带旋转连接如图6-6所示。

6.1.5.5 系统程序

```
if(a = =1){c1 =c1 +1;a7 =0;}
```

变量名	类型	序号
a	内存离散	21
a1	内存离散	22
a2	内存离散	23
a3	内存离散	24
a4	内存离散	25
a5	内存离散	26
a6	内存离散	27
a7	内存离散	28
a8	内存离散	29
a9	内存离散	30
a10	内存离散	31
a11	内存离散	32
a12	内存离散	33
b	内存整型	34
b1	内存整型	35
c	内存离散	36
c1	内存整型	37
c2	内存整型	38
b3	内存整型	39
d	内存整型	40
d1	内存整型	41
d2	内存整型	42

图 6-3　机械手各个变量数据

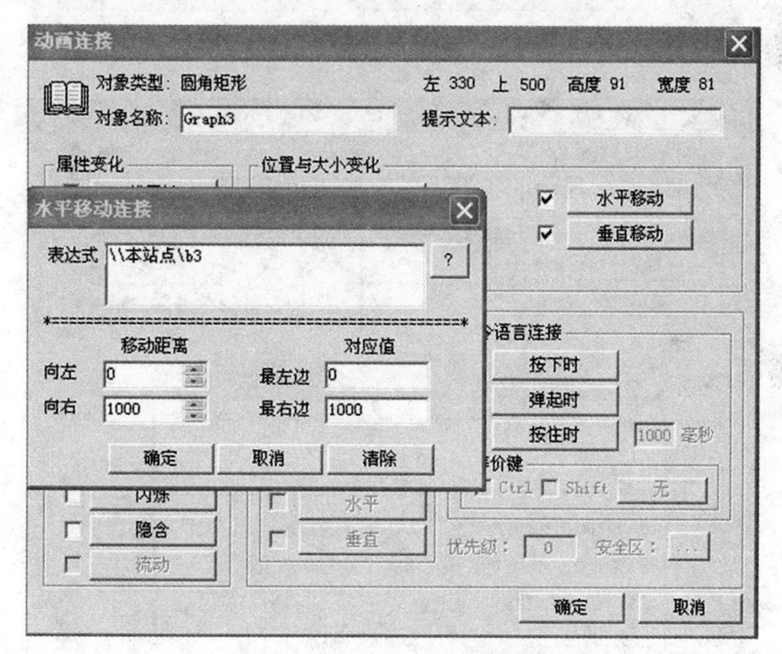

图 6-4　机械手水平移动连接

if(c1 >0&&c1 <9){a2 =1;a6 =1;\\本站点\b1 = \\本站点\b1 +10;}

if(c1 >9&&c1 <15){a6 =0;a5 =1;a2 =0;\\本站点\d1 = \\本站点\d1 +20;\\本站点\d2 = \\本站点\d2 +20;}

if(c1 >15&&c1 <24){a1 =1;\\本站点\b1 = \\本站点\b1 -10;\\本站点\c2 = \\本站点\c2 +10;}

if(c1 >24&&c1 <76){a4 =1;a1 =0;\\本站点\b = \\本站点\b +10;\\本站点\b3 = \\本站点\b3 +10;}

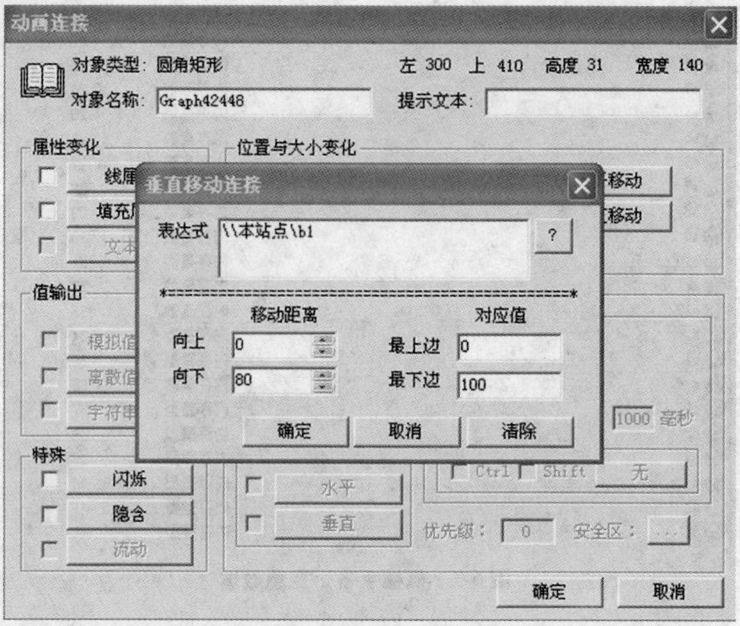

动画连接

对象类型：圆角矩形　　左 300　上 410　高度 31　宽度 140

对象名称：Graph42448　　提示文本：

属性变化：线属性　填充属性　文本色

位置与大小变化：水平移动　垂直移动

值输出：模拟值　离散值　字符串

特殊：闪烁　隐含　流动

水平　垂直　优先级：0　安全区：...

1000 毫秒　Ctrl　Shift　无

确定　取消

垂直移动连接

表达式 \\本站点\b1　?

移动距离　对应值

向上 0　最上边 0

向下 80　最下边 100

确定　取消　清除

图 6-5　机械手垂直移动连接

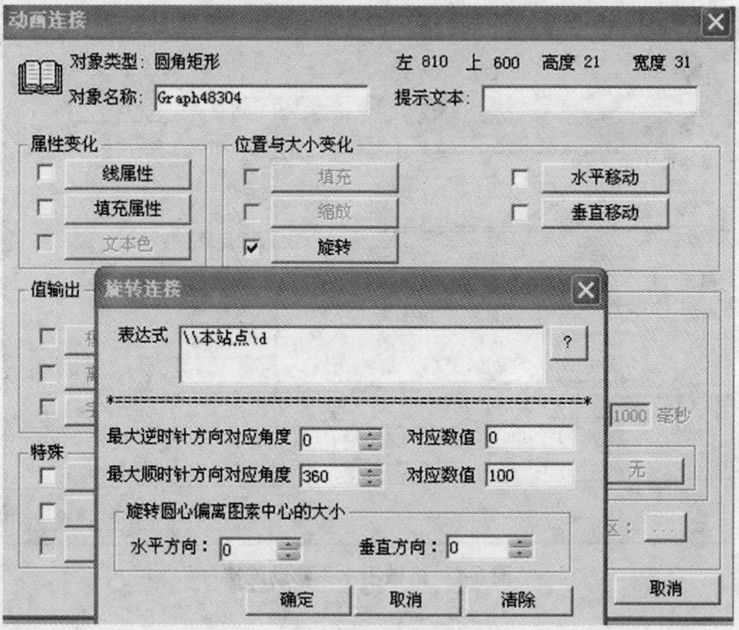

动画连接

对象类型：圆角矩形　　左 810　上 600　高度 21　宽度 31

对象名称：Graph48304　　提示文本：

属性变化：线属性　填充属性　文本色

位置与大小变化：填充　缩放　旋转　水平移动　垂直移动

值输出

特殊

1000 毫秒　无　区：...　取消

旋转连接

表达式 \\本站点\d　?

最大逆时针方向对应角度 0　对应数值 0

最大顺时针方向对应角度 360　对应数值 100

旋转圆心偏离图素中心的大小

水平方向：0　垂直方向：0

确定　取消　清除

图 6-6　传送带旋转连接

```
if(c1>76&&c1<85){a2=1;a4=0;\\本站点\b1=\\本站点\b1+10;\\本站点\c2=\\本站点\c2-10;}
if(c1>85&&c1<90){a2=0;a6=1;a5=0;\\本站点\d1=\\本站点\d1-20;\\本站点\d2=\\本站点\d2-20;}
if(c1>90){a1=1;\\本站点\b1=\\本站点\b1-10;}
```

if(c1 >99){a3 =1;a1 =0;\\本站点\b = \\本站点\b -20;\\本站点\d = \\本站点\d +2;\\本站点\b3 = \\本站点\b3 +5;}

if(c1 = =125){a3 =0;\\本站点\b3 =0;\\本站点\c1 =0;\\本站点\d =0;}

else{a7 =1;a1 =0;a2 =0;a3 =0;a4 =0;a5 =0;a6 =0;b =0;b1 =0;b3 =0;c1 =0;c2 =0;d =0;d1 =0;d2 =0;}

6.1.5.6 系统调试

(1)PLC 通信参数的设置。为了保证 FX2N -48MRPLC 能够正常与计算机进行通信,需要设置 PLC 的通信参数,其设置为:波特率 9600 b/s,7 位数据位,1 位停止位,偶校验,站号是 0。

(2)系统的一些配置。在工程浏览器中单击"配置"→"运行系统"菜单,出现"运行系统设置"对话框,单击"主画面配置"页面,选中"机械手控制系统"画面名,将此画面作为运行系统的启动画面。然后单击"特殊"页面,将运行系统基准频率和事件变量更新频率均设置为 100 毫秒,再单击"确定"按钮,完成对运行系统的设置工作。

(3)程序调试。系统接线和程序检查无误后,接通 PLC 和 24 V 稳压电源的交流输入电源,然后在计算机上单击工程浏览器中的"VIEW"按钮,进入运行系统。按下机械手上的"启动"按钮,可以观察到机械手按照设定的规律工作。如果机械手动作以及画面显示动作与控制要求不一致,则需要综合分析问题出现的原因,区分是硬件问题还是软件问题,并且根据具体情况予以处理。

6.2 组态王软件在自动门控制系统中的应用

6.2.1 自动门控制系统工艺过程及控制要求

(1)门卫在警卫室通过开门开关、关门开关和停止开关控制大门。

(2)当门卫按下开门开关后,报警灯开始闪烁,5 s 后,开门接触器闭合,门开始打开,直到碰到开门限位开关(门完全打开)时,门停止运动,报警灯停止闪烁。

(3)当门卫按下关门开关时,报警灯开始闪烁,5 s 后,关门接触器闭合,门开始关闭,直到碰到关门限位开关(门完全关闭)时,门停止运动,报警灯停止闪烁。

(4)在门运动过程中,任何时候只要门卫按下停止开关,门马上停在当前位置,报警灯停闪。

(5)在关门过程中,只要门夹住人或物品,安全压力就会受到额定压力,门立即停止运动,以防止发生伤害。

(6)开门开关和关门开关都按下时,两个接触器都不动作,并进行错误提示。

6.2.2 I/O 分配

I/O 分配表见表 6-2。

表 6-2　I/O 分配表

输入		输出	
对象	PLC 接线端子	对象	PLC 接线端子
SB1(开门开关),高电平有效	I0.0	开门接触器	Q0.0
SB2(关门开关),高电平有效	I0.1	关门接触器	Q0.1
SB3(停止开关),高电平有效	I0.2	报警灯	Q0.2
SQ1(关门限位开关),高电平有效	I0.3		
SQ2(开门限位开关),高电平有效	I0.4		
SQ3(安全压力挡板),高电平有效	I0.5		

6.2.3　画面设计与制作

参考画面如图 6-7 所示。画面中除了大门、墙体外,还可设计三个按钮,即开门、关门和停止按钮,作用与对象 SB1、SB2 和 SB3 相同,运行时按下其中一个按钮,门做相应动作。SQ1、SQ2 和 SQ3 分别是关门限位、开门限位和安全压力挡板开关。Q0.0、Q0.1、Q0.2 分别是开门接触器、关门接触器和报警灯。

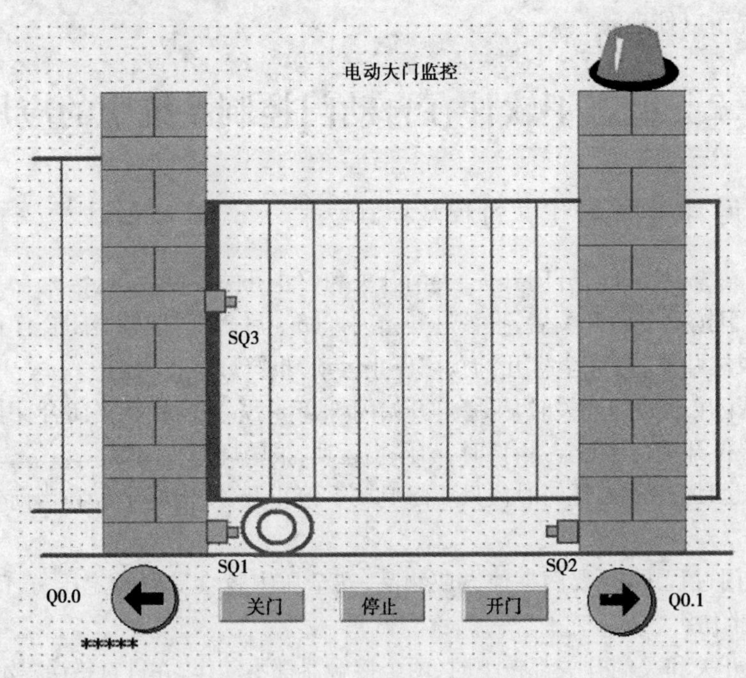

图 6-7　电动大门监控参考图

6.2.4　变量定义

参考变量定义如表 6-3 所示。

表 6-3　变量定义表

变量名	类型	初值	注释
开门开关	开关	0	开关量输入,反映开门开关状态,=1:要求开门
关门开关	开关	0	开关量输入,反映关门开关状态,=1:要求关门
停止开关	开关	0	开关量输入,反映停止开关状态,=1:要求停止
开门限位	开关	0	开关量输入,反映开门限位开关状态,=1:门已全开
关门限位开关	开关	0	开关量输入,反映关门限位开关状态,=1:门已全关
安全压力挡板	开关	0	开关量输入,反映安全压力挡板状态,=1:夹住物
开门接触器	开关	1	开关量输出,控制开门接触器通断,=0:接触器通
关门接触器	开关	1	开关量输出,控制关门接触器通断,=0:接触器通
报警灯	开关	1	开关量输出,控制报警灯指示,=0:灯亮
水平移动参数	数值	0	水平移动效果参数,实现大门移动效果
错误提示	开关	0	=1:代表开门和关门都按下,进行操作提示用
定时器启动	开关	0	定时器启动信号,1 有效,实现接触器延时动作
定时器复位	开关	0	定时器复位信号,1 有效,实现接触器延时动作
计时时间	数值	0	定时器计时时间,调试接触器延时动作程序用
计时到	开关	0	定时时间到信号,1 有效,实现接触器延时动作

6.2.5　动画连接与调试

以下给出基本动画连接要求与实现方法提示,对简单动画效果的制作,就不一一给出提示方法了。也可以设计出更多的动画效果,但要与题意相符。

(1)三个开关的动画效果。要求:运行时单击开关,相应变量置 1,再单击,置 0。同时显示开关接通与断开状态,显示方式可以采用文字显示或颜色变化显示或明暗变化显示等。

(2)限位开关和安全压力挡板动画效果。要求:与开门开关相同。另外,安全压力挡板安装在大门上,还应能随大门移动,提示采用水平移动动画连接。

(3)开门和关门接触器指示灯动画效果。要求:进行开关门状态指示和方向指示。

(4)报警灯动画连接。要求:进行报警灯状态指示。

(5)大门动画连接。要求:门能够根据运动状况进行移动。提示采用水平移动或水平缩放连接。另外,为了动画连接的方便,可将大门上所有元素(包括轮子)构成一个图符,再进行动画连接,但不要将门上的安全压力挡板包含在图符里,因为它的动画连接与大门不完全相同。水平移动连接需设定一个变量,即水平移动参数,并与脚本程序配合。

(6)文字标签“＊＊＊＊＊”的动画连接。要求:运行时如果操作人员将开门和关门开关同时按下,在画面上闪烁提示信息:“错误操作!开门和关门开关不能同时按下”,直到操作人员改正错误。

6.2.6　控制程序的编写与调试

6.2.6.1　按钮的取反操作

以关门按钮为例。双击该按钮,弹出“属性设置”窗口,单击“弹起时”,弹出命令语言连接窗口，输入：关门开关=1；单击“确认”按钮，再单击“确定”按钮。

6.2.6.2　定时功能的实现

可通过以下方法实现定时功能：

(1)设两个内存整型变量：开始时间和运行时间。

(2)欲实现按下开门开关，延时 5 s，门动作，报警灯亮，画面上大门水平向右移动，可利用工程浏览器中的“事件命令语言”。

(3)单击工程浏览器左侧的“文件”大纲下“命令语言”下的“事件命令语言”选项，右侧窗口出现事件命令语言列表。

(4)双击“新建”图标，弹出窗口，如图 6-8 所示。

(5)在“事件描述”、“发生时”分别输入图 6-8 所示的命令语言；在“存在时”输入如图 6-9所示的语言，即可实现定时功能。

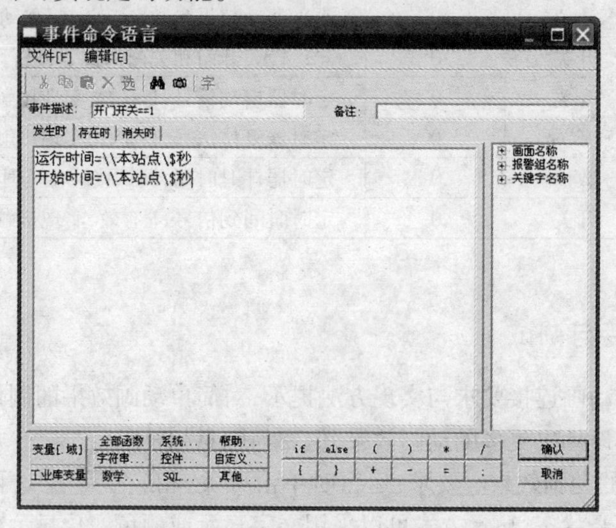

图 6-8　事件命令语言—发生时

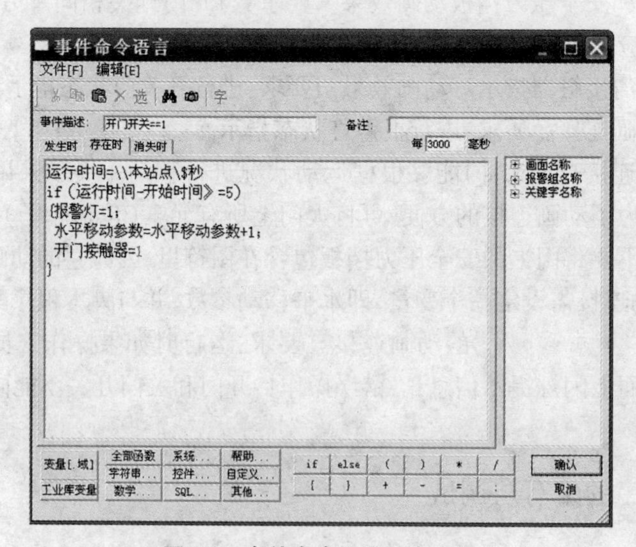

图 6-9　事件命令语言—存在时

(6)停止和开门的动作控制与开门类似。

(7)开门限位、关门限位和安全压力挡板控制都可通过事件命令语言实现。

6.3 组态王软件在升降机控制系统中的应用

6.3.1 升降机控制要求

各种各样的升降机广泛应用在生活与生产中,如楼宇中的电梯、建筑工地上的上料提升机、工业生产中的物料升降机等。各种升降机虽然应用场合不同,但它们的负载特性和控制要求基本相同。以工业生产中的物料升降机为例,物料升降机担负着运料的繁重任务,在整个生产中占据着比较重要的位置。其负载特性为:启动速度慢,转矩大,加减速要平缓,停车要准确、平稳。

以前物料升降机系统的调速方法是:采用绕线式三相异步电动机,在转子中串入若干段电阻,通过时间继电器和接触器的配合,来控制接入电阻的多少以控制转速,但存在能耗高、可调速度范围小、低速机械特性软、速度跳跃变化钢丝绳易疲劳、设备易损坏等缺点。

现在流行的控制方法是采用 PLC 监控 - 变频器调速的方法,控制要求如下:

(1)起动和制动性能好,能快速、平稳和准确地起动和制动。

(2)全速范围内都有很好的恒转矩性能。

(3)重物下降时(除空载或轻载外),都依靠自重下降。为了克服重力加速度的不断加速,电动机必须产生足够的制动转矩,使重物在所需的转速下平稳下降。

(4)停车控制在进料口和出料口一定的范围内,且重物在空中停住的前后不得有“溜钩”现象。

6.3.2 PLC 和变频器控制的调速升降机

6.3.2.1 小型升降机的控制系统

小型升降机的控制系统采用结构简单、价格低廉的鼠笼式电动机,并利用 PLC 及变频器进行控制,可实现升降机电动机的软起动和软制动,即起动时缓慢升速,制动时缓慢停车,还可实现多挡速度的程序控制,让中间的升降过程加快,货物上下传输快速、平稳、安全。

升降机的升降过程是利用电动机正反转卷绕钢丝绳带动吊笼上下运动来实现的。小型货物升降机一般由电动机、滑轮、钢丝绳、吊笼以及各种主令电器等组成,其基本结构如图 6-10 所示。SQ1 ~ SQ4 可以是行程开关,也可以是接近开关,用于位置检测,起限位作用。

6.3.2.2 PLC 和变频器控制的升降机调速系统

1. 多挡速度控制

根据吊笼在升降过程中,要求有一个由慢到快然后再由快到慢的过程,即起动时缓慢升速,达到一定速度后快速运行,当接近终点时,先减速再缓慢停车,为此将图 6-10 中的升降过程划分为三个行程区间,各区间段的升降速度如图 6-11 所示。按下提升起动按钮 SB2(或下降按钮 SB3),吊笼以较低的一速速度平稳起动,运行到预定位置时,以二速速度快速运行,等再到达预定位置时,以一速实现平稳停车。

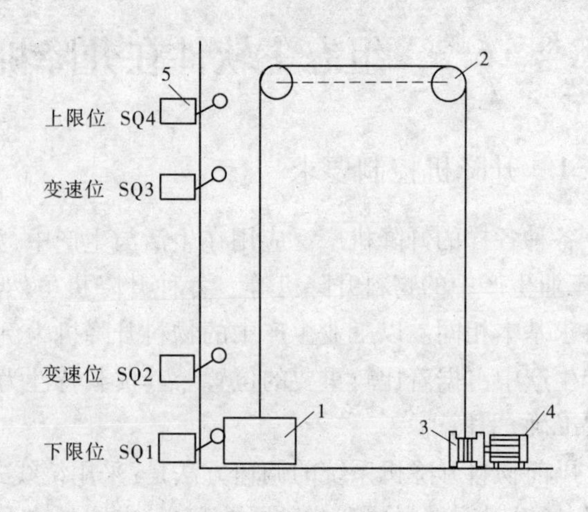

1—吊笼;2—滑轮;3—卷筒;4—电动机;5—SQ1～SQ4 限位开关

图 6-10 小型货物升降机

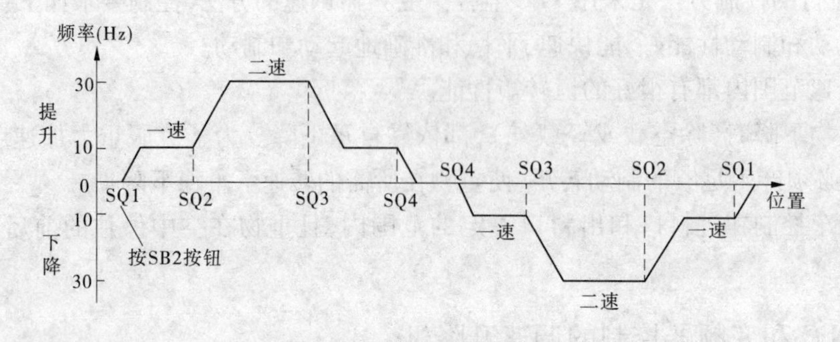

图 6-11 升降机升降速度图

2. 系统的硬件构成

升降机自动控制系统主要由三菱 FX2N－32MR 可编程控制器、三垦 SAMCO－i 变频器、三相鼠笼式异步电动机组成。系统的硬件接线如图 6-12 所示。

图中 QF 为断路器,具有隔离、过电流、欠电压等保护作用。急停按钮 SB1、上升按钮 SB2、下降按钮 SB3 根据操作方便可安装在底部和顶部,或者两地都安装,操作时,只需按下 SB2 或 SB3,系统就可自动实现程序控制。

PLC 控制一方面代替继电线路,另一方面,对系统所要求的提升和下降,以及由限位开关获取吊笼运行的位置信息,通过 PLC 内部程序的处理后,在 Y0～Y2 端输出相应的“0”、“1”信号来控制变频器输入端子 2DF、FR、RR 的状态,使变频器及时按图 6-12 所示输出相应的频率,从而控制升降机的运行特性。

速度挡由 2DF 选择,每挡速度的大小则通过对变频器进行功能预置设定,再通过 PLC 的程序来控制频率切换。当 PLC 输出端 Y0Y1Y2 的状态为“010”时,变频器输出一速频率,升降机以 10 Hz 对应的转速上升,当为“110”状态时,变频器输出二速频率,升降机以 30 Hz 对应的转速上升;相应地,当 Y0Y1Y2 的状态为“001”、“101”时,升降机分别以 10 Hz、30 Hz

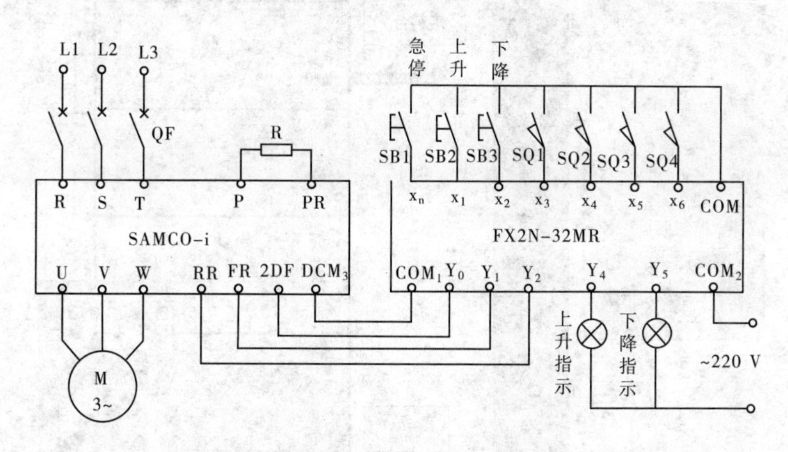

图 6-12　系统的硬件接线

对应的转速下降。

当吊笼在底部位置，且 SQ1 常开触点闭合时，按下 SB2，电动机以一速缓慢上升，到达 SQ2、SQ3 位置时，依次以快速、慢速上升。下降时与此类似，当遇到紧急情况时，按下 SB1，升降机会停在任意位置。

6.3.3　组态王监控的升降机系统

6.3.3.1　设计图形界面（定义画面）

建立新的组态王工程，工程名称为“升降机控制”。进入新建的组态王工程，选择工程浏览器左侧大纲项“文件\画面”，在工程浏览器右侧用鼠标左键双击“新建”图标，弹出“新画面”对话框，在“画面名称”处输入新的画面名称“升降机”。点击“确定”按钮进入组态王画面开发系统。

在组态王开发系统中从“工具箱”中分别选择“矩形”、“按钮”和“文本”等工具，绘制升降机控制系统的监控画面，如图 6-13 所示。正方形表示货箱，控制面板上的 3 个圆形表示指示灯。

6.3.3.2　定义设备

选择工程浏览器左侧大纲项“设备\COM1”，在工程浏览器右侧用鼠标左键双击“新建”图标，运行“设备配置向导”，在出现的“设备配置向导”中单击“PLC”→“三菱”→“FX2”→“编程口”，如图 6-14 所示。然后，再单击“下一步”按钮，在下一个窗口中给这个设备取一个名字“FXPLC”，单击“下一步”按钮，再在下一个窗口中为设备指定一个地址“0”（注意，这个地址应该与 PLC 通信参数设置程序中设定的地址相同），再单击“下一步”按钮，出现“通信故障恢复策略”设定窗口，使用默认设置即可，再单击“下一步”按钮，出现“信息总站”窗口，检查无误后单击“完成”按钮，完成设备的配置。此时在工程浏览器的目录内容显示区中出现了“FXPLC”图标。

双击工程目录显示区中“设备”大纲项下面的“COM1”成员名，然后在出现的窗口中输入串行通信口 COM1 的通信参数，如图 6-15 所示，然后单击“确定”按钮，这就完成了对 COM1 的通信参数配置。

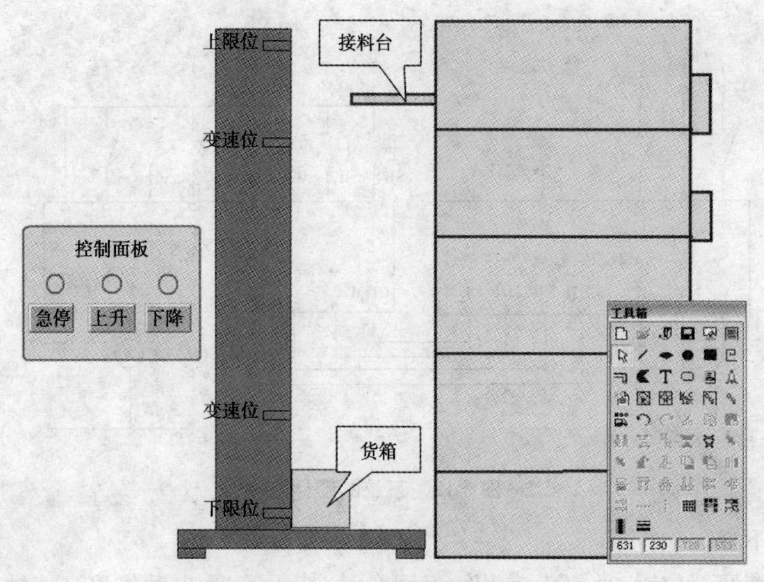

图 6-13　升降机控制系统的监控画面

图 6-14　选择设备

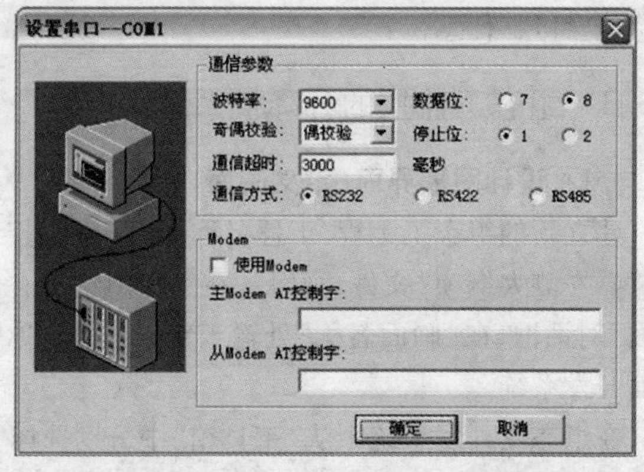

图 6-15　设置串行通信口 COM1 的通信参数

6.3.3.3　定义变量

在工程浏览器中，单击“系统”标签下的“数据库/数据词典”，然后在目录内容显示区中双击“新建”图标，出现“定义变量”窗口，如图 6-16 所示。在“基本属性”页中输入变量名“PLC 急停”，变量类型设置为“I/O 离散”，连接设备设置为“FXPLC”，寄存器设置为“X0”，数据类型设置为“Bit”，读写属性设置为“读写”，采集频率设置为 1000 毫秒。

按照以上方法分别建立其他变量，如图 6-17 所示。其中“急停”、“上升”、“下降”三个内存离散变量用于指示等控制。

6.3.3.4　建立动画连接

(1)为“货箱”建立动画连接。在“货箱”图形上单击鼠标右键，弹出快捷菜单，单击“动画连接向导/垂直移动连接向导”。移动鼠标指定图形的移动范围后，弹出“垂直移动连接”对话框，单击“?”选择“\\本站点\位移”作为表达式，改写“对应值”，如图 6-18 所示。

(2)为“控制面板”上的指示灯建立动画连接。双击急停指示灯，弹出“动画连接”对话

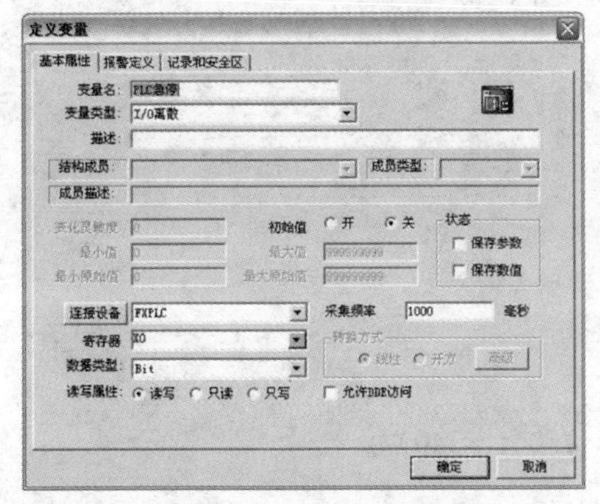

图 6-16　定义变量窗口

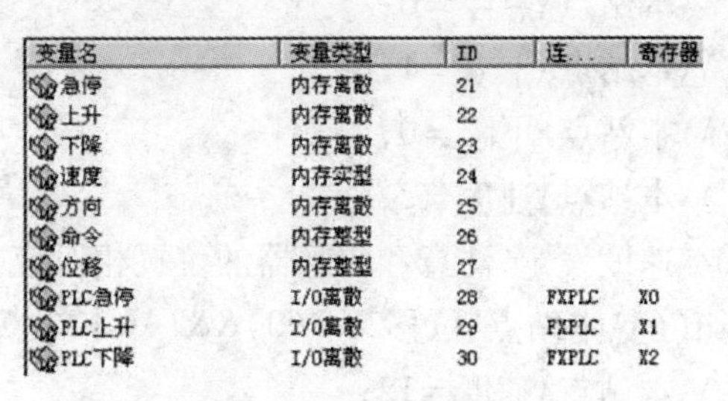

变量名	变量类型	ID	连...	寄存器
急停	内存离散	21		
上升	内存离散	22		
下降	内存离散	23		
速度	内存实型	24		
方向	内存离散	25		
命令	内存整型	26		
位移	内存整型	27		
PLC急停	I/O离散	28	FXPLC	X0
PLC上升	I/O离散	29	FXPLC	X1
PLC下降	I/O离散	30	FXPLC	X2

图 6-17 变量列表

框，单击"填充属性"按钮，弹出"填充属性连接"对话框，选择"表达式"并调整"刷属性"如图 6-19 所示。按照相同的方法依次设置"上升"和"下降"指示灯的动画连接。

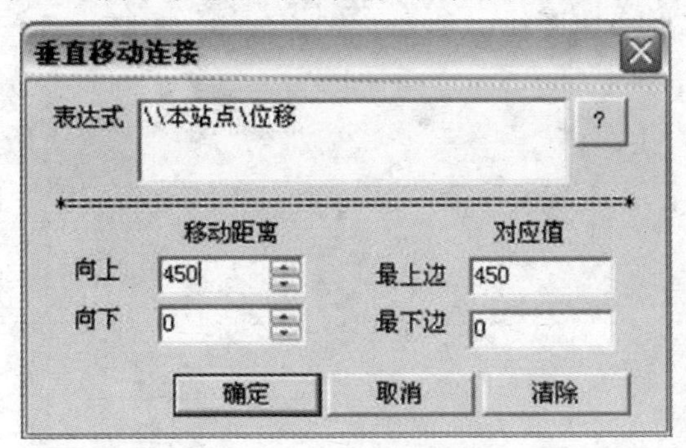

图 6-18　垂直移动连接

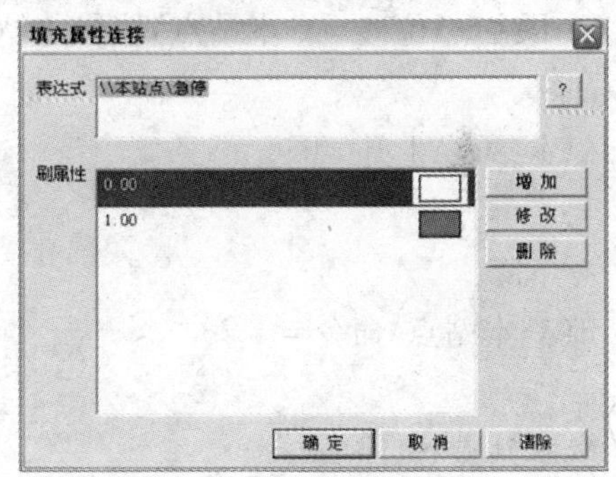

图 6-19　填充属性连接

(3)为"控制面板"上的控制按钮建立动画连接。双击"急停"按钮，弹出"动画连接"对话框，单击"按下时"按钮，弹出"命令语言"对话框，输入"\\本站点\命令=0;"语句。

按照相同的方法为"上升"按钮输入"\\本站点\命令=1;"语句，为"下降"按钮输入"\\本站点\命令=2;"语句。

6.3.3.5　画面命令语言

在画面空白处单击鼠标右键，在弹出的快捷菜单中单击"画面属性"，弹出"画面属性…"对话框，单击"命令语言"按钮，弹出"画面命令语言…"对话框，在"存在时"编辑区输入下面的程序，并设置"每 200 毫秒"运行。

```
//急停
if(\\本站点\命令==0)
{
\\本站点\急停=1;
\\本站点\上升=0;
\\本站点\下降=0;
}
```

```
//上升
if(\\本站点\命令 = =1)
{
\\本站点\急停 =0;
\\本站点\上升 =1;
\\本站点\下降 =0;
\\本站点\速度 =2;
//速度设定,注意和传感器的位置相对应
if((\\本站点\位移 > =60)&&(\\本站点\位移 < =340))
\\本站点\速度 =12;
else
\\本站点\速度 =4;
if(\\本站点\位移 < =450)
\\本站点\位移 = \\本站点\位移 + \\本站点\速度;
else
\\本站点\上升 =0;
}
//下降
if(\\本站点\命令 = =2)
{
\\本站点\急停 =0;
\\本站点\上升 =0;
\\本站点\下降 =1;
\\本站点\速度 =2;
//速度设定,注意和传感器的位置相对应
if((\\本站点\位移 > =110)&&(\\本站点\位移 < =390))
\\本站点\速度 =12;
else
\\本站点\速度 =4;
if(\\本站点\位移 > = \\本站点\速度)
\\本站点\位移 = \\本站点\位移 - \\本站点\速度;
else
\\本站点\下降 =0;
}
```

本程序实现在没有实际 PLC 硬件时的模拟运行。若连接实际硬件,只要按照下面的方法简单修改:

将“if(\\本站点\命令 = =0)”改成“if(\\本站点\PLC 急停 = =1)”;

将“if(\\本站点\命令 = =1)”改成“if(\\本站点\PLC 上升 = =1)”;

将“if(\\本站点\命令 = =2)”改成“if(\\本站点\PLC 下降 = =1)”。

6.3.3.6 运行与调试

启动组态王的运行系统,打开“升降机”画面。点击“控制”按钮,观察监控画面运行效果。

如果能连接实际的硬件系统,可能会出现画面上的“货箱”和实际系统中的运行不同步现象,可以通过改变程序中的速度值和改变程序的运行周期来调整。

参考文献

[1] 汪志峰.工控组态软件[M].北京:电子工业出版社,2007.
[2] 姜重然,等.工控软件组态王简明教程[M].哈尔滨:哈尔滨工业大学出版社,2007.
[3] 严盈富.监控组态软件与 PLC 入门[M].北京:人民邮电出版社,2006.
[4] 覃贵礼.组态软件控制技术[M].北京:北京理工大学出版社,2008.
[5] 翟庆一.典型工业过程的组态控制[M].天津:天津大学出版社,2009.